Electron
入门与实战

潘 潇 ◎编著

清华大学出版社
北京

内 容 简 介

本书围绕 Electron 最核心的功能展开，讲解了如何使用 Electron 技术快速开发桌面应用。本书内容简单易学，从实际场景引入，由浅入深，循序渐进，带领读者一步步地去理解、运用 Electron 的核心功能。本书理论与案例相结合，不仅对 Electron 的核心功能及其原理进行了详细讲解，还将它们融合到真实场景的案例中，通过项目实战来让读者深入地理解 Electron 并将学会的知识完美地应用于实践。书中的代码示例整洁且清晰，为便于读者更好地理解，笔者对这些代码做了详尽的注释和描述。

本书适合前端开发人员、后台开发人员和桌面客户端开发人员阅读，可以为他们提供有益的参考和借鉴。

图书在版编目（CIP）数据

Electron 入门与实战/潘潇编著. —北京：清华大学出版社，2022.1（2024.8重印）

ISBN 978-7-302-59707-0

Ⅰ. ①E… Ⅱ. ①潘… Ⅲ. ①程序开发工具 Ⅳ. ①TP311.561

中国版本图书馆 CIP 数据核字（2021）第 270914 号

责任编辑：贾小红
封面设计：姜 龙
版式设计：文森时代
责任校对：马军令
责任印制：丛怀宇

出版发行：清华大学出版社
　　　　　网　　址：https://www.tup.com.cn，https://www.wqxuetang.com
　　　　　地　　址：北京清华大学学研大厦 A 座　　　　　邮　　编：100084
　　　　　社 总 机：010-83470000　　　　　　　　　　邮　　购：010-62786544
　　　　　投稿与读者服务：010-62776969，c-service@tup.tsinghua.edu.cn
　　　　　质量反馈：010-62772015，zhiliang@tup.tsinghua.edu.cn
印 装 者：三河市人民印务有限公司
经　　销：全国新华书店
开　　本：185mm×230mm　　　　印　　张：20.5　　　　字　　数：418 千字
版　　次：2022 年 3 月第 1 版　　　　　　　　　印　　次：2024 年 8 月第 2 次印刷
定　　价：89.80 元

产品编号：091719-01

序

谨以此书献给热爱技术的你。

机缘巧合，笔者在 2016 年初次接触到 Electron 技术，从那时起到现在已有六年左右的时间。当时，公司迫切需要开发出一款能运行在计算机上的桌面客户端产品，但由于我们的开发组人员绝大部分精通的是 Web 前端技术栈，缺少传统桌面客户端技术栈的开发经验，因此我们不得不去寻找一款基于 Web 前端开发的桌面客户端技术。最后在众多相关技术中，我们选择了 Electron。选择 Electron 的原因，你在阅读本书的过程中可以找到相应的答案。

Electron 是一个开源的，能让开发人员使用 JavaScript、HTML 以及 CSS 等 Web 前端技术实现桌面应用的框架。Electron 巧妙地将 Chromium 和 Node.js 结合在一起，使得开发桌面应用不再是 C#、C++等技术栈开发人员的专利，Web 前端开发者也能使用他们熟悉的技术开发桌面应用。Chromium 和 Node.js 在 Windows、Mac、Linux 都有对应的版本，因此它们本身都是跨平台的技术，这使得用 Electron 框架开发的应用具有较强的跨平台性，也就是大家熟知的"Write once, run everywhere"。

Electron 对于 Web 前端开发人员来说是非常友好的，它将大部分与系统层交互的逻辑封装了起来，免去了开发时对接系统底层的烦琐事务，让开发者在开发桌面应用时有着与开发 Web 相近的体验。大部分情况下，只要你掌握了前端常说的"三板斧"（JavaScript、HTML、CSS）以及 Node.js 技术，下载并运行过官方的 Demo，稍加探索，就能比较容易地理解 Electron 框架中的奥秘，很快地掌握这门技术并构建一款桌面应用。

在了解和学习 Electron 之前，你可能没有意识到，平时接触到的或经常使用的桌面应用中，有很多是使用 Electron 实现的，例如常用的代码编辑器 Visual Studio Code、Atom 等，又或者是迅雷。你会惊讶地发现这些应用运行得如此流畅，从而让你感觉不到它们是用 Web 前端技术实现的。到目前为止，已经有 1000 多个应用使用 Electron 技术开发并被世界各地的用户使用。但这不算多，我相信这只是刚刚开始。

随着 Electorn 的流行，越来越多的开发人员开始学习和使用 Electron 框架。在笔者这些年与一些开发者接触的过程中发现，一些会让初学者感到困惑的问题，总结为如下几点。

➢ **官方文档缺乏场景案例**。虽然官方文档详尽地列举了 Electron 提供的 API 以及其调用的方式和参数说明，你可以清晰地知道这些 API 该如何调用。但是在实际项目中使用时你会发现，只了解 API 如何调用还不足以支撑你实现想要的功能。例如，官方文档虽然提供了在 Electron 崩溃时如何收集崩溃日志的 API，但是在实际项目中，开发者获取崩溃日志并不是最终目的，接下来还需要将记录崩溃信息的文件上传服务器，并从崩溃信息中分析出问题的原因。由于官方文档中没有对收集日志和分析的整个场景进行说明，开发人员对此感到困惑，需要去搜索更多的资料来解决问题。

➤ **讲解基本原理的中文资料偏少。**对于初学者来说，如果不了解 Electron 的基本组成、Electron 是如何将 Chromium 与 Node.js 结合起来的，以及主进程与渲染进程的概念等知识，会在应用开发的过程中感到困惑。在缺少这些知识的情况下，开发人员容易分不清一个业务逻辑应该实现在主进程还是渲染进程。如果错误地将原本应该实现在渲染进程的逻辑实现在了主进程，或者反之，往往会造成意想不到的错误或崩溃，对于程序的稳定性和可维护性来说将非常不利。

➤ **多窗口应用的案例偏少。**无论是网上关于 Electron 应用开发的教学 Demo，还是使用 Electron 开发的正式产品，大多数为单窗口加载 SPA 页面的架构。关于需要使用到多窗口并存且窗口之间需要联动的业务场景的介绍和讲解非常少。这两个场景的不同点在于，单窗口加载 SPA 页面只需要考虑 SPA 页面本身的可靠性以及可维护性，而多窗口并存且联动的场景不仅要考虑上述问题，还需要考虑如何保证多个窗口能稳定运行及如何实现它们之间的相互配合。例如，在多窗口应用场景中，当其中一个窗口崩溃后，要保证它能自动重新打开并恢复崩溃前的状态，其他窗口需要得到通知做相应的处理。目前这方面的实践文档是偏少的，当开发者遇到需要考虑这种场景的产品时，也会感到困惑。

本书特点

本书是一本简单易学、实践性强的 Electron 技术图书，具有如下特点。

➤ **循序渐进，简单易学。**本书的目标读者为对 JavaScript、HTML、CSS 以及 Node.js 已经有一定基础，并准备学习或是使用 Electron 开发桌面应用的 Web 前端开发人员。因此，本书不会用较长的篇幅对 JavaScript、HTML、CSS 以及 Node.js 等相关技术进行讲解，大部分内容将围绕 Electron 本身展开，从介绍 Electron 基础概念，再到概念与案例结合，最后学习一个基于 Electron 的开源框架。

➤ **理论与案例结合。**本书不是单纯地对理论知识进行讲解，也不会深入探讨某个知识点的底层实现。通篇将以最通俗易懂的案例辅助理论知识的讲解，使读者能快速地掌握 Electron 的基本使用方法。

➤ **整洁且清晰的代码示例。**俗话说，"Take is cheap, show me your code"。我相信一本好的实战类书籍，整洁清晰的代码是最主要的。一段好的代码示例能胜过一堆的文字描述。你不用担心看不懂本书中的代码示例，因为第段代码旁都有着编写详尽的注释和描述。如果一遍看不懂，可以再看一遍，同时可以亲手编写代码并运行，直到理解并掌握为止。书中示例的完整代码可以扫描二维码获取。

在阅读本书的过程中，你能对 Electron 的基本概念、基本原理有一个较为全面的了解，从而能在开发过程中更合理地实现业务逻辑。与此同时，你能在场景代码示例中学习到高频使用的 API 是如何被调用的，而不仅仅是从官网文档中了解 API 的作用。

本书目标读者

第一类读者：从事 Web 前端开发，有一定的前端知识基础，出于兴趣开始学习 Electron 框架，或是项目即将使用 Electron 进行开发，想快速上手 Electron 的开发人员。

第二类读者：从事传统桌面客户端开发，想了解 Electron 框架，对扩展自己技术广度有诉求的开发人员。

第三类读者：已经使用 Electron 框架开发过项目，熟悉 Electron 的基本使用，但想学习更多案例实践的开发人员。

本书主要内容

本书共包含 10 章，各章的主要内容如下。

第 1 章介绍 Electron 的由来以及同类技术，让你对 Electron 有一个大概的了解。

第 2 章通过讲解一个系统信息展示应用的实现，让你了解用 Electron 框架开发应用的目录结构。这个过程中你会初步接触到 Electron 的一些重要概念，如主进程、渲染进程以及窗口等。如果你在阅读本章节时对这些概念感到困惑，不用担心，后面章节会重点讲解它们。

第 3 章讲解开发人员在使用 Electron 框架开发应用时必须要掌握的重要概念——主进程、渲染进程以及进程间通信。掌握这些概念之后，将第 2 章中的系统信息展示应用独立实现一遍，你就可以基本掌握 Electron 框架的使用了。

第 4 章讲解窗口相关的知识。在该章节中，你不仅可以学习如何在应用中使用 Electron 提供的 API 实现一个简单的窗口，还可以学习一些复杂窗口的实现方式，如组合窗口、透明圆角窗口以及可伸缩窗口等。与此同时，学习完本章，你还可以了解到 Windows 窗口的运行机制。

第 5 章讲解应用启动过程中涉及的相关知识，包括启动参数设置、自定义启动协议、设置开机启动以及优化应用启动速度等。

第 6 章讲解应用如何与本地能力进行交互，包括在应用中操作 Windows 注册表、调用 C 或 C++语言实现模块以及利用本地存储来存储应用数据。本章内容会大量涉及 Node.js、C 以及 C++相关的知识。如果你先了解相关知识再阅读本章节，将会更容易理解。

第 7 章讲解应用如何使用硬件设备和系统 UI 组件。涉及的硬件设备包括常见的键盘、显示器、麦克风以及打印机。系统 UI 组件包括托盘菜单和系统通知。

第 8 章讲解开发人员在应用研发的过程中保障应用质量所使用的方法。将涉及如何在开发过程中编写单元测试和集成测试，以及当应用出问题时常见的处理方式。

第 9 章讲解在应用准备发布时，将源代码打包成安装包并上架到应用商店的方法。应用升级是一个非常重要的功能，本章也将详细讲解。本章的内容对于开发一个正式的、完整的应用来说非常重要，如果你现阶段还未涉及要发布正式应用的场景，可以先跳过本章节的学习。

第 10 章属于进阶内容，介绍一个基于 Electron 实现的应用层框架 Sugar-Electron。内容上首先会讲解该框架的使用场景、设计原则及其核心模块的使用方式，然后讲解如何运用该框架开发应用。

致谢

感谢很多人对本书的付出。

由于本书的撰写时间都安排在平时下班后和周末，极少能抽出时间陪伴处于孕晚期的妻子，深感愧疚。因此，首先要感谢我的妻子，在我撰写本书的这段时间里对我的充分理解和包容，让我能专心地投入到创作中。期待本书能和小 Baby 一样顺利地来到这个世界，也希望这本书能成为一个父亲送给小 Baby "Hello World" 的第一份礼物。

书中很多知识和案例都源自工作实践，很感谢我的工作单位给我提供了宝贵的工作、实践和学习环境，也很感谢部门的澈哥、正哥和阿宽对我写作的鼓励和支持，他们给我提出了非常多的宝贵意见。

几位来自全国各地的技术专家帮忙审阅了本书的大部分内容，同时为本书写了推荐语。这个过程占用了他们非常宝贵的时间，我在此深表感谢！

最后，非常感谢清华大学出版社编辑杨璐老师给予我这次创作的机会，同时也非常感谢出版社的其他编辑老师，本书能够顺利出版离不开他们的辛苦付出。

由于水平有限，书中难免会存在一些不足之处，恳请大家指正，共同成长。

潘潇

目 录

第 1 章　初识 Electron..1

1.1　Web 应用与桌面客户端...1

1.2　初识 Electron...4

1.3　Electron 与 NW.js...7

1.4　跨平台新星 Flutter..11

1.5　总结...13

第 2 章　尝试构建第一个 Electron 程序..15

2.1　Node.js 环境搭建...15

　　2.1.1　下载 Node.js..15

　　2.1.2　安装 Node.js..15

　　2.1.3　配置环境变量..18

2.2　Electron 环境搭建...19

2.3　实现一个系统信息展示应用..20

　　2.3.1　初始化项目..20

　　2.3.2　程序目录结构..22

　　2.3.3　应用主进程..23

　　2.3.4　窗口页面..27

2.4　总结...33

第 3 章　进程..35

3.1　主进程与渲染进程..35

　　3.1.1　进程与线程..36

　　3.1.2　主进程..39

　　3.1.3　渲染进程..42

3.2　进程间通信..49

　　3.2.1　主进程与渲染进程通信..51

　　3.2.2　渲染进程互相通信..59

3.3　总结...65

第 4 章　窗口 67

4.1　窗口的基础知识 67

4.1.1　窗口的结构 67

4.1.2　重要的窗口配置 68

4.2　组合窗口 73

4.3　特殊形态的窗口 75

4.3.1　无标题栏、菜单栏及边框 76

4.3.2　圆角与阴影 76

4.4　窗口的层级 80

4.4.1　Windows 窗口层级规则 80

4.4.2　置顶窗口 81

4.5　多窗口管理 82

4.5.1　使用 Map 管理窗口 82

4.5.2　关闭所有窗口 87

4.5.3　窗口分组管理 88

4.6　可伸缩窗口 91

4.6.1　单窗口方案 91

4.6.2　多窗口方案 96

4.7　总结 101

第 5 章　应用启动 103

5.1　启动参数 103

5.1.1　命令行参数 103

5.1.2　根据命令行参数变更应用配置 104

5.1.3　给可执行文件加上启动参数 109

5.2　Chromium 配置开关 109

5.2.1　在命令行后追加参数 110

5.2.2　使用 commandLine 111

5.3　通过协议启动应用 112

5.3.1　应用场景 112

5.3.2　实现自定义协议 113

5.3.3　通过自定义协议启动时的事件 115

5.3.4　应用首次启动前注册自定义协议 117

5.4　开机启动 118

5.5　启动速度优化 120

　5.5.1　优化的重要性 120

　5.5.2　使用 V8 snapshots 优化启动速度 121

5.6　总结 131

第 6 章　本地能力 132

6.1　注册表 132

　6.1.1　reg 命令 133

　6.1.2　查询注册表项 135

　6.1.3　添加或修改注册表项 139

　6.1.4　删除注册表 142

6.2　调用本地代码 143

　6.2.1　node-ffi 144

　6.2.2　N-API 149

6.3　本地存储 154

　6.3.1　操作文件存储数据 155

　6.3.2　使用 indexedDB 172

6.4　总结 181

第 7 章　硬件设备与系统 UI 183

7.1　键盘快捷键 183

7.2　屏幕 189

　7.2.1　屏幕截图 190

　7.2.2　屏幕录制 201

7.3　录制声音 211

7.4　使用打印机 220

7.5　系统托盘与通知 228

7.6　总结 231

第 8 章　应用质量 232

8.1　单元测试 232

8.2　集成测试 239

8.3　异常处理 244

　8.3.1　全局异常处理 244

　8.3.2　日志文件 247

　8.3.3　上报异常信息文件 252

　　　　　8.3.4　Sentry 256

　　8.4　崩溃收集与分析 260

　　　　　8.4.1　生成与分析 Dump 文件 260

　　　　　8.4.2　在服务器端管理 Dump 文件 263

　　8.5　总结 268

第 9 章　打包与发布 269

　　9.1　应用打包 269

　　　　　9.1.1　asar 269

　　　　　9.1.2　生成可执行程序 271

　　　　　9.1.3　安装包 273

　　9.2　应用签名 278

　　9.3　应用升级 279

　　　　　9.3.1　自动升级 279

　　　　　9.3.2　差分升级 282

　　9.4　发布应用到商店 287

　　9.5　总结 291

第 10 章　Sugar-Electron 293

　　10.1　应用环境的切换 294

　　　　　10.1.1　集中管理多环境配置 294

　　　　　10.1.2　基础配置与扩展 295

　　　　　10.1.3　设置应用环境 296

　　10.2　进程间通信 299

　　　　　10.2.1　请求响应模式 299

　　　　　10.2.2　发布订阅模式 302

　　　　　10.2.3　向主进程发送消息 304

　　10.3　窗口管理 305

　　10.4　数据共享 307

　　10.5　插件扩展 309

　　　　　10.5.1　实现自定义插件 310

　　　　　10.5.2　安装插件到框架 311

　　　　　10.5.3　在代码中使用插件 312

　　10.6　服务进程 312

　　10.7　总结 314

第 1 章　初识 Electron

1.1　Web 应用与桌面客户端

在讲桌面应用之前，我们先来看看 Web 应用的发展。在过去的 10~15 年，Web 应用发展迅猛，它从最早的 Web 1.0 时代，发展到了 Web 2.0 时代，再到今天的 Web 3.0 时代。Web 1.0 时代以资讯内容为核心，Web 应用单方面提供信息流给到用户，用户在静态网页中找到并被动接收自己想要的信息。在这个时代，你可以把这种静态网页理解为电子化的报纸。到了 Web 2.0 时代，其显著的特点是用户与网页内容的交互性。例如我们曾经使用过的人人网和 QQ 空间，你可以在这些网站上面发表自己的内容，与你的好友进行信息互动。Web 2.0 并不是改变了既有的技术标准，而是在产品交互层面的一种进步。Web 3.0 时代首先得益于基础设施性能的大幅增强（如硬件、V8、网络等），我们能在 Web 上使用诸如 office、3D 看房等交互更为复杂的产品；其次得益于大数据人工智能技术的进步，用户行为会被采集并进行分析，使得我们在网页上看到的信息流会更趋向于自己感兴趣的内容。我们在 Web 发展的过程中会发现，用户对于交互体验以及内容信息相关性上的要求是越来越高的。

与此同时，由于 B/S 架构能力的提升，以及其云端化带来的便利性，大量基于 C/S 架构的桌面客户端应用也迁移到了 B/S 架构上。我们能明显感受到的是，桌面客户端应用的数量是越来越少了。可能有开发者会问，桌面客户端程序会逐渐消失吗？我认为在未来相当长的一段时间内是不会的。虽然现在基于 B/S 架构的 Web 应用有 PWA 或者是 Browser App 的加成，使得应用能做到离线化使用并调用系统的部分能力，但是在一些针对性的场景中，以 B/S 架构为基础的 Web 应用还无法完全满足产品的需要。

首先，C/S 架构能带来更为沉浸式的体验。

（1）客户端程序可以独立显示在系统的任务栏或者托盘中，方便让用户感知到当前应用的状态，并且能快速地打开和关闭应用窗口，如图 1-1 所示。而在 Web 应用中，大部分情况下用户看到的只是一个浏览器图标。如果想要进入某个网页时，需要先打开浏览器，再找到对应的 tab，十分烦琐。

图 1-1　任务栏中的应用图标

（2）客户端程序可以实现各种形状的窗口，并且使多个窗口配合起来，实现复杂的交互逻辑，给用户带来非常好的用户体验。以一款教师与学生课堂互动的软件交互为例，如图 1-2 所示。

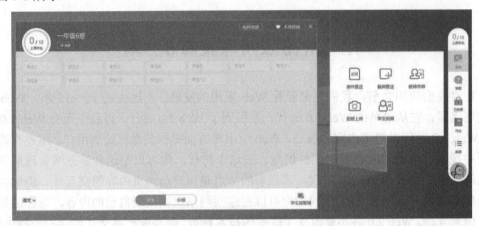

图 1-2　包含多窗口的互动软件界面

当老师在授课过程中使用如"课件推送"功能时，可以同时在其他窗口选择想要推送的学生。当老师在不使用该软件而使用其他软件时，可以将该软件最小化到悬浮窗，避免干扰其他软件的操作，如图 1-3 所示。这种复杂的交互场景也是 Web 应用难以实现的。

（3）客户端程序可以默认进入全屏状态，给用户带来沉浸式体验，如图 1-4 所示。对于开发 Web 应用有一定经验的前端开发者可能知道，浏览器出于安全考虑，禁止了自动进入全屏操作的功能。即使在支持网页进入全屏的浏览器中，也是不能通过代码直接让网页进入全屏的。想要浏览器在网页中进入全屏状态，只能在用户操作的事件回调中调用浏览器提供的全屏 API requestFullScreen 来实现。这里还特别强调，必须是用户操作的事件回调。虽然用户单击按钮也能进入全屏，但相比默认全屏而言，体验相差甚远。另外，在大部分全屏的场景中，你也不期望用户能随时退出全屏模式，而在浏览器中是可以随时被用户退出的。

其次，C/S 架构还具备一些 B/S 架构不具备的能力。

（1）操作本地文件能力。在一些场景下，应用程序需要去读写系统中的文件来实现功能。例如 VSCode 编辑器，它需要读取你本地的代码文件内容并展示在可编辑区域内，让开发人员可以对代码进行编辑。由于基于 B/S 架构的浏览器对网页安全性有较多的考虑，所以引入了沙箱机制来保护用户计算机的安全。我们可以想象一下，如果打开任意

图 1-3　软件最小化时的
悬浮窗口

一个未知的网页，都能通过 JavaScript 脚本读取或修改我们系统中的文件，那将是一件多么可怕的事情。出于安全的考虑，浏览器禁止了网页中 JavaScript 脚本与计算机本地内容进行交互，自然也就无法实现 VSCode 所需要的功能。

图 1-4 应用全屏界面的功能

（2）基础网络通信能力。在一些场景下，应用程序需要基于 Tcp 或 Udp 协议来实现应用层协议，应用程序之间使用应用层协议来进行通信。到目前为止，受限于浏览器特性，在绝大部分浏览器中还只能使用基于 Tcp 的 Http 协议、Websocket 协议进行数据通信。在 Chrome 浏览器中，虽然能借助 Chrome Extension 或 Chrome App 的方式来使用 Tcp 和 Udp，但其本质还是非 Web 应用，而且 Chrome Extension 和 Chrome App 提供的 Tcp 和 Udp API 比较简陋，长久没有得到维护，因此开发过程中会遇到非常多的问题。

（3）调用系统组件库能力。在一些场景下，应用程序需要借助系统已有组件的能力来实现功能。在 Windows 系统中，很多系统功能是由 DLL（dynamic link library）提供的，如 ActiveX、控制面板以及驱动程序等。假设你的应用程序需要通过驱动操作鼠标、打印机等设备，那就需要调用 DLL 库来完成。例如，我们要开发一个桌面端的 Monkey 测试工具，该工具的主要功能是让鼠标在一段时间内随机在屏幕上进行单击来测试应用的稳定性。出于安全考虑，这些功能在浏览器中也是很难实现的。如果在浏览器中开放这个能力，可以想象一下当我们打开一个网页之后看见鼠标乱点的场景。

（4）纯离线化能力。在一些场景下，我们的应用可能并不需要借助互联网来发送、获取数据。例如在第三点中提到的 Monkey 测试工具，它的功能仅仅只是随机单击屏幕一段时间，并生成一份测试报告保存在特定的文件夹中。我们在使用它的时候，环境内也许就没有互联网。如果是使用基于 B/S 架构的 Web 技术实现，由于没有外网，界面都无法打开，所以也无法使用这个工具。而 C/S 架构的程序在安装完成后，即拥有了运行所必需的资源，可以在没有外网的情况下直接运行。你可能会问，PWA 技术不是也可以让 Web 应用离线使用吗？PWA 确实有能力让 Web 应用离线化，但这种离线是二次离线。

可以看到，C/S 架构有其独特的能力，它可以实现一些传统 Web 应用无法实现的场景。因此，如果你即将开发的应用涉及前文所描述的场景时，可以考虑使用 C/S 架构技术来实现你的产品。一旦你确定使用 C/S 架构来实现你的产品，那选择一个合适的开发框架将是非常重要的，这个选择能直接决定你的开发效率、体验和质量。正如前面所提到的，如果你是对 Web 前端技术比较熟悉的开发人员，那 Electron 框架将是一个非常不错的选择。

1.2　初识 Electron

Electron 是一款能让桌面应用开发者使用 Web 前端技术（HTML5、CSS、JavaScript）开发跨平台桌面应用的开源框架。它最早由就职于 Github 的工程师 Cheng Zhao 在 2013 年发起，当时他们正在开发一款现在被大家熟知的代码编辑器 Atom。在开发 Atom 编辑器之初，他们的目标就不仅仅是完成一个代码编辑器，他们更想创造一个能让熟悉 Web 前端技术的开发者轻松地使用 Web 前端技术来打造跨平台桌面应用的框架。

接下来的几年，Electron 在不断地更新迭代，几乎每年都有一个重大的里程碑。

❑ 2013 年 4 月 11 日，Electron 以 Atom Shell 为名起步。

❑ 2014 年 5 月 6 日，Atom 以及 Atom Shell 以 MIT 许可证开源。

❑ 2015 年 4 月 17 日，Atom Shell 改名为 Electron。

❑ 2016 年 5 月 11 日，Electron V1.0.0 版本发布。

❑ 2016 年 5 月 20 日，允许向 Mac 应用商店提交软件包。

❑ 2016 年 8 月 2 日，支持 Windows 商店。

2014 年，Electron 的前生 Atom Shell 项目被开源，并于 2015 年正式更名为 Electron。2016 年，Electron 发布了它的 V1.0.0 版本。到目前为止，Electron 的版本已经更新到了 V11.1.1。从下面的 Electron 历史版本概览图可以看到，随着 Electron 版本的升级，其内置的核心组件 Chromium 和 Node.js 的版本也在持续升级。在最新的稳定版本 V11.x.x 中，搭载了 Chromium V87 版本和 Node.js V12.x 版本，而目前 Chromium 最新的版本为 V89，Node.js 最新的版本为 V14.x，可以看到它们是紧跟 Chromium 与 Node.js LTS 版本步伐的，如图 1-5 所示。

Release	Status	Release date	Chromium version	Node.js version	Module version	N-API version	ICU version
v12.0.x	Nightly	TBD	TBD	14.15[19]			
v11.0.x	Current	2020-11-16	87	12.18	82	5	65.1
v10.0.x	Active	2020-08-25	85	12.16	82	5	65.1
v9.0.x	Active	2020-05-18	83	12.14	80	5	65.1
v8.3.x	End-of-Life	2020-02-04	80	12.13	76	5	65.1
v7.3.x	End-of-Life	2019-10-22	78	12.8	75	4	64.2
v6.1.x	End-of-Life	2019-07-29	76	12.4	73	4	64.2
v5.1.x	End-of-Life	2019-04-24	73	12.0	70	4	63.1
v4.2.x	End-of-Life	2018-12-20	69	10.11	69	3	62.2
v3.1.x	End-of-Life	2018-09-18	66	10.2	64	3	?
v2.0.x	End-of-Life	2018-05-01	61	8.9	57	?	?
v1.8.x	End-of-Life	2017-12-12	59	8.2	57	?	?

图 1-5　各 Electron 版本中对应的 Chromium 与 Node.js 版本

从 2017 年开始，Electron 项目在 Github 由专项团队维护，并持续与社区进行交流，得到了社区长期的支持。Electron 项目的知名度现在已经超过了 Atom，并且成为 Github 维护的迄今为止最大的开源项目。

Electron 现已被多个开源应用软件所使用，其中被广大程序员所熟知和使用的 Atom 和 VSCode 编辑器就是基于 Electron 实现的。尝试打开 VSCode 软件，单击"帮助"菜单中的切换开发人员工具，可以在界面上看到我们熟悉的调试工具 Chrome Devtools，如图 1-6 所示。

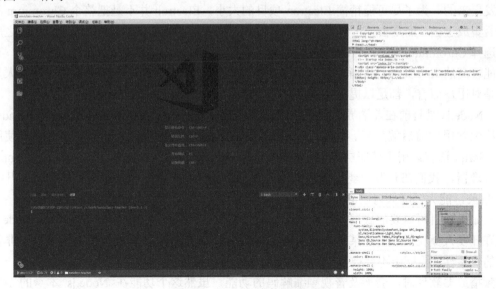

图 1-6　VSCode 中的调试工具

由于场景在桌面系统上开发应用，Electron 为了让开发者既能使用 Web 前端技术开发 GUI 界面，又能使用 Web 前端技术充分利用系统底层能力，Electron 集成了 Node.js 和 Chromium 两大开源项目。Node.js 主要负责应用程序主进程逻辑控制、窗口管理以及底层交互等功能，Chromium 主要负责窗口内界面渲染相关的业务逻辑。其主要的架构如图 1-7 所示。

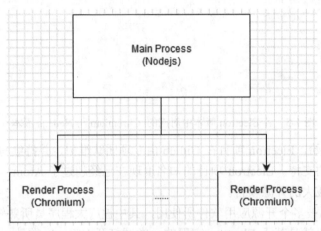

图 1-7　Electron 进程架构图

Chromium 是 Google 开源的 Web 浏览器，著名的 Chrome 浏览器是基于 Chromium 开发出来的。为了尽可能精简 Electron 项目的大小，Electron 并不是把整个 Chromium 浏览器集成进去，而是去掉了很多不需要的组件，只保留了核心的渲染引擎。Electron 之所以选择 Chromium 作为其 GUI 的渲染引擎，是因为 Chromium 支持最新的 Web 标准，有性能较高的 JavaScript V8 解析器以及好用的 Web 调试工具。这些特性无论是对开发人员还是对用户而言，都足以提供非常良好的体验。

Node.js 是目前在前端界比较流行的服务端开发语言，在 BFF（backends for frontends）架构中常用作前后端分离。它是一个基于 JavaScript V8 引擎的运行框架，能支持使用 JavaScript 语言调用系统底层能力，如 OS、File System 以及 Socket 等。得益于强大的 npm 包管理器，我们在开发中能比较容易地在 npm 仓库中找到符合自己需求的第三方开源 package，能大幅降低自己的开发时间。

如果项目所需要的底层能力在 Node.js 的 API 中没有提供怎么办？不用担心，Node.js 允许开发人员在代码中以某种方式调用 C、C++或 Objective-C 写的组件，这提供了非常好的扩展性，程序中不会被 Node.js 本身的 API 范围所限制。例如，当我们准备实现一个视频播放器软件时，会涉及音视频编解码的功能，虽然这个功能在 Node.js 本身的 API

中是没有提供的，但你可以使用 C++ 语言自己实现或使用现成的一个视频解码库供 Node.js 调用。在后面的章节中，会专门讲解如何使用 Node.js 调用 C 和 C++ 语言实现的组件。

Electron 巧妙地将 Chromium 与 Node.js 结合在了一起，既利用了 Chromium 的高性能 Web 渲染引擎渲染 GUI 界面，又利用了 Node.js 提供的能力让 JavaScript 也能操作底层 API，使得 Web 前端开发人员能借助 Electron 非常快速地开发出体验良好的桌面应用程序。不仅仅如此，由于 Electron 的两大核心技术 Chromium 和 Node.js 都是跨平台的，可以运行在 Windows、MacOS 和 Linux 系统上。因此，你几乎只需要编写一套代码，就能让你的应用程序运行在这 3 个操作系统上，大大降低了开发一款跨平台应用所需要的成本，这也是 Electron 框架的强大之处。

1.3　Electron 与 NW.js

Electron 与 NW.js 是在同类应用场景中非常相似的两个开源框架，它们都是一种可以让开发者使用 Web 前端技术来实现桌面应用的技术。虽然本书主要讲解的是 Electron 框架，但我们还是利用一个小节的内容来简单介绍一下 NW.js 的基本特性、原理以及两者之间的差异。了解这些知识不仅能更好地帮助你理解 Electron 的知识，也能让你在技术选型时有相应的理论知识作为依据。

NW.js 最早诞生于 2011 年，一开始它被命名为 "node-webkit"。取这个名字的原因是，当时 Roger Wang 想寻找一种方式，能在 Web 页面中通过 JavaScript 调用 Node.js 的 API，从而借助 Node.js 与系统交互的能力来实现功能。2012 年，Cheng Zhao 加入 Intel 并参与到 node-webkit 项目的建设中，随后的一段时间该项目一直在持续迭代，其间也涌现了一些基于 node-webkit 开发的应用。但不久之后 Cheng Zhao 从 Intel 离开，加入了 GitHub，并被安排了使用 node-webkit 构建 Atom 编辑器的任务。在尝试了一段时间之后，Cheng Zhao 遇到了比较多的问题，所以他决定开发一个新的框架来支持 Atom 项目，用一种不同于 node-webkit 的方式将 Chromium 和 Node.js 结合起来。此后，node-webkit 项目与 Atom Shell 项目各自发展，并最终被重新命名为 NW.js 与 Electron。下面，我们来看看 NW.js 与 Electron 的相同点与不同点。

无论是 NW.js 还是 Electron，它们的核心模块都是 Node.js 与 Chromium，所以它们在能力范围方面都有着很多相同的地方，例如以下这三点。

（1）提供了使用 Web 前端技术（Html、CSS、JavaScript）来开发桌面应用界面的能力。开发者可以通过 JavaScript 创建应用程序窗口，并在其中使用 Html+CSS 布局页面。

（2）提供了通过 JavaScript 调用系统本地 API 的能力。开发者可以通过 JavaScript 访问文件系统、注册表以及网络等系统相关的模块，能让前端开发者无须切换语言就能实现原本在浏览器端无法实现或者是实现起来非常困难的功能。

（3）提供了开发跨平台桌面应用程序的能力。Web 前端工程师可以通过一套技术（Html、CSS、JavaScript）来实现能运行在 Windows、MacOS 以及 Linux 系统上的桌面应用程序。

虽然它们的核心模块都是 Node.js 与 Chromium，但是它们在 Node.js 与 Chromium 内核的结合方式上有着本质的区别。我们都知道，开发者在使用 Node.js 与 Chromium 进行开发时，用的开发语言都是 JavaScript，而它们背后都是利用 V8 引擎来将 JavaScript 编译成本地代码来执行。既然背后都是 V8，那是不是将它们的模块放在一起就可以了呢？实际上，还有很多问题要解决。例如：

（1）全局变量需要同时可用。在 Node.js 中，开发者们会经常用到 require、process 以及 global 等全局变量。在浏览器中，则会经常用到 window、document 以及 setTimeout 等全局变量。首先要保证在同一个环境中这些变量都是能正常被使用的。并且，Node.js 中有些全局变量与浏览器中是重名的（如 setTimeout），当 setTimeout 被调用时，框架需要知道究竟调用的是 Node.js 环境的，还是浏览器环境的。

（2）在基于异步的编程模式中，事件循环机制是必不可少的，Node.js 与 Chromium 都有相应的事件循环机制来处理异步逻辑。但是，由于它们实现事件循环所使用的底层库并不一样，所以它们的事件循环机制有比较大的差异。Node.js 的事件循环基于 Libuv 库实现，如图 1-8 所示。而 Chromium 基于 MessageLoop 和 MessagePump，如图 1-9 所示。此时需要有一种方式让两种事件循环机制结合在一起。

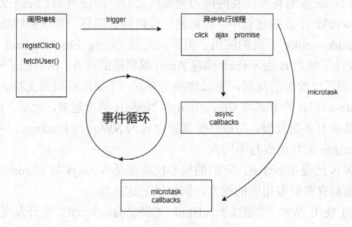

图 1-8　浏览器中的事件循环机制

首先，我们来看看NW.js是如何实现的。为了能在同一个上下文中既能使用Chromium提供的全局变量，又能使用 Node.js 提供的全局变量，NW.js 的实现方式是在初始化时将 Node.js 的上下文复制到了 Chromium 的上下文中，如图 1-10 所示。那么对于 Chromium 与 Node.js 都有的全局变量（如 console、setTimeout），在执行的时候怎么判断它用的是 Chromium 环境的，还是 Node.js 环境的呢？在 NW.js 中，不同的变量有着不同的策略。对于 console，NW.js 会优先选择使用 Chromium 环境的。而对于 setTimeout，则要看当前的 JavaScript 文件具体在什么环境中执行。如果该 JavaScript 文件运行在 Node.js 环境中，使用的就是 Node.js 提供的 setTimeout。如果是运行在NW.js 的窗口中，使用的是Chromium 提供的 setTimeout。

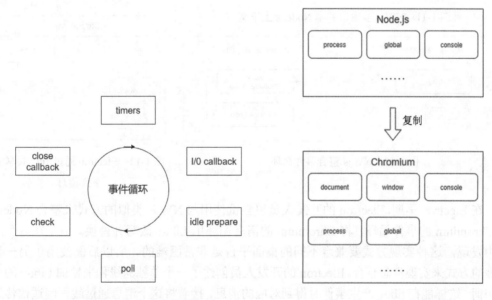

图 1-9　Node.js 中的事件循环机制　　　　图 1-10　上下文复制示例

在多窗口的场景中，NW.js 并不会把 Node.js 的上下文都分别复制一份到各个窗口的上下文中，而是所有的窗口都使用同一份复制的引用。因此，NW.js 中每个窗口所访问的都是同一个 Node.js 上下文。这表示 Node.js 的全局变量、状态等信息在各个窗口之间都是共享的，开发者可以在应用窗口中利用 global 对象来实现多窗口之间的数据共享，如图 1-11 所示。

在事件循环机制方面，为了能将 Chromium 与 Node.js 原本不同的事件循环机制结合在一起，NW.js 通过重新将 Chromium 使用的 MessagePump 模块用 Libuv 改写，使得两者的事件能在同一个循环中进行，如图 1-12 所示。

接着，我们来看看 Electron 的实现。Electron 并没有像 NW.js 那样通过复制 Node.js 的上下文到 Chromium 的上下文来实现双方的结合，而是采用了一种更加松耦合的方式。在 Electron 中，全局变量共享实际上是通过程序内部进程间通信完成的，如图 1-13 所示。

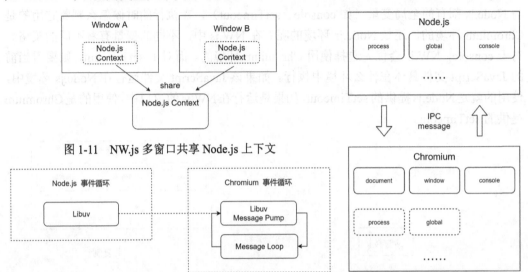

图 1-11　NW.js 多窗口共享 Node.js 上下文

图 1-12　NW.js 整合事件循环

图 1-13　Electron 通过 IPC 共享上
下文信息

在 Electron 早期，Electron 的开发人员也尝试使用与 NW.js 类似的方式来整合 Node.js 与 Chromium 的事件循环，将 Chromium 的消息循环用 Libuv 改写并替换。但是在这个过程中发现，这种实现方式要兼容不同的桌面平台是非常困难的，所以后面改用了另一种巧妙的方式来实现消息整合。Electron 的开发人员创建了一个单独的线程来轮询 Libuv 的事件句柄，这样能在 libuv 产生事件时得到对应的消息，接着将这个消息通过线程间通信传递到 Chromium 的事件循环中，如图 1-14 所示。通过这种通信的方式将 Node.js 与 Chromium 的事件循环打通，能很大程度上避免这两个核心组件的耦合，使得升级 Node.js 与 Chromium 内核的版本更为容易。如果你的业务对这两个核心组件的版本有特殊的要求，甚至可以自己更换它们其中一个的版本，重新编译出一个定制的 Electron 版本来使用。

当然，它们之间的不同还远远不止上面提到的这些内容。Electron 与 NW.js 各有特点，例如 Electron 的架构能方便地升级它的核心组件，但它对于应用程序源码的保护是非常弱的。而 NW.js 的架构虽然让核心组件强耦合在一起，但它最终发布应用时，可以对源码进行编译，因此对应用程序源码的保护相对来说是非常好的。

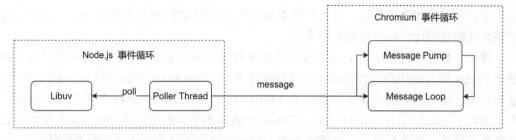

图 1-14　Electron 整合事件循环

阅读完本小节，你应该对 Electron 与 NW.js 的基本原理以及它们之间的差异有了一个基本的了解。这里对两个框架做部分对比，目的并不是想展示孰优孰劣，而是期望能通过对比这部分差异让你能更了解它们，从而在动手开发项目之前，能根据应用的场景选择出更加合适的框架。

1.4　跨平台新星 Flutter

在移动端应用刚兴起的时期，由于不同手机平台都具有一定数量的用户群体，开发一款移动端应用的成本是非常高昂的。每开发一款应用，虽然功能一模一样，但是都需要使用两种不同的开发语言和框架来开发。在 Android 系统上运行的原生应用需要使用 Java 语言进行开发，而在 iOS 系统运行的原生应用则需要使用 Objective-C 或 Swift 语言进行开发。为了解决这个问题，一些跨平台开发解决方案应运而生。从最早期的 PhoneGap 通过 App 内嵌 Webview 的方式来实现跨平台，再到后来的 ReactNative 通过将 JavaScript 代码转换成 Native 代码实现跨平台，都一定程度上满足了不同时期的跨平台开发需要。但这些技术都有它的不足之处，其中比较突出且具有共性的就是性能问题。

Flutter 于 2017 年发布了第一个稳定的 release Alpha 版本，支持 Android 和 iOS 两大移动端操作系统。Google 推出 Flutter 的主要目的也是想让开发者用一套代码同时运行在两大操作系统上，同时在 UI 上具备良好的性能，期望使用它开发的应用能与原生 App 相媲美。不同于前面提到的内嵌 Webview 或转换代码的方式，Flutter 基于 Google 的 Skia 绘图组件实现了一个绘图层，在该绘图层上自定义了一套 UI 绘制的规则（可以理解为，在浏览器页面中不采用浏览器提供的 DOM 来构建 UI，而是将 UI 层抽象到 canvas，在 canvas 的基础上实现 UI 绘制）。基于该规则，Flutter 提供了一个完整的 UI 框架用于实现 App 界面。由于 UI 层只有底层绘图相关的接口依赖平台实现，所以 App 的 UI 层能在不同平台给用户带来一致的高性能体验。同时得益于采用了支持 AOT（预编译）的 Dart

语言来处理逻辑相关的代码，其执行效率相比上述采用 JIT 的方案要高得多，因此 App 的整体性能也相比传统方案要高很多。

就在不久前，Flutter 官方宣布实验性地支持桌面操作系统。这意味着允许开发者将使用 Flutter 编写的应用源代码编译成对应操作系统（Windows、Mac 和 Linux）的原生桌面客户端，从而达到在桌面操作系统上"Write once，run every where"的目的。因此，在未来除了 Electron 与 NW.js 之外，Flutter 给需要使用到跨平台桌面端开发框架的开发者提供了另外一种选择方案。在笔者看来，Flutter 的如下几点特性是值得期待的。

（1）提供强大的布局组件。Flutter 提供如 Column、Container 以及 Align 等标准的布局组件，能让开发者通过编写少量的代码完成想要的布局。而在使用 HTML+CSS 的布局系统中，如网格布局和浮动布局等常用布局都需要开发者编写 CSS 代码或是使用第三方样式库实现。

（2）支持热更新。Flutter 天然支持代码的有状态热更新。它能在开发者修改代码后，无须重新完整编译整个应用和重启应用，就能看到新代码的执行结果，帮助开发者快速地布局 UI、调整逻辑以及修复 Bug。

（3）代码预编译。Flutter 选择了支持 AOT 的 Dart 作为主要的开发语言，在应用准备发布时，可以使用 Dart 编译器将应用程序源码编译成原生 ARM 或者 X64 机器码。经过预编译的程序，相比 JIT 的程序，会有更快的启动速度和运行速度。

图 1-15 为 Flutter 官方提供的 Windows 桌面应用 Demo。由于本书的重点并不在 Flutter，所以不会详细对这个 Demo 进行讲解。如果你对这部分内容感兴趣，可以链接 https://flutter.dev/desktop，按照文档提示搭建开发环境并下载 Demo 来进行体验。

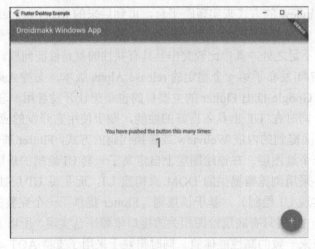

图 1-15　Flutter Windows 桌面应用界面

　　从发布到现在，Flutter 桌面端的更新进展并不理想，特别是体现在对 Windows 系统的支持上。在目前看来，Flutter 团队的主要精力还是投入移动端的研发，对于桌面端的支持相对较少。现阶段处于试验性质的版本存在不少的 bug，其运行的稳定性也没有得到保障，而且底层适配三大桌面操作系统还有很多的工作要做，所以要将它真正运用到正式的项目中仍然有很长路要走。但我相信，这并不妨碍 Flutter 在未来成为一款优秀的跨平台开发框架。

　　Flutter 未来是否会完全取代 Electron？至少笔者认为不会。虽然两者都是因跨平台应用而生，但影响选择的还有另外一个比较重要的因素，那就是应用开发者所熟悉的技术栈。如果应用的主要开发者原本就是熟悉 Web 前端技术的，那么在大多数情况下使用 Electron 会是一个不错的选择。而如果要用 Flutter，还需要重新学习一门新的编程语言（Dart），熟悉一套新的布局模式（Widgets）。

1.5　总　　结

- 虽然基于 B/S 架构的 Web 应用是现在互联网的主流场景，但基于 C/S 架构的桌面应用因其具备前者所不具备的多项能力，仍然在很多应用场景中占有一席之地。
- Electron 将 Chromium 和 Node.js 结合在一起，提供了一个能使用 Web 技术开发桌面客户端的平台，Web 开发人员能沿用熟悉的技术栈来完成跨平台桌面客户端应用的开发。
- 在 Electron 中，Chromium 主要负责渲染窗口 UI，Node.js 主要负责提供访问系统能力的 API。
- Electron 主要通过进程间通信的方式整合 Chromium 和 Node.js，而 NW.js 则主要通过将 Node.js 的上下文复制到 Chromium 上下文中的方式进行整合。
- 在 Electron 中，Chromium 和 Node.js 的耦合度较低，这使得升级 Chromium 和 Node.js 是相对简单的，并且在必要的情况下可以实现 Chromium 和 Node.js 的单独升级。
- 在桌面端，Flutter 有可能在未来成为一款重要的跨平台开发框架。
- Flutter 桌面端目前的完成度较低，特别是在用户量最多的 Windows 系统上。距离它被正式用于产品的开发还有较长的一段时间。

　　本章节的内容能让你对使用 Electron 进行桌面应用开发有一个初步的了解。对于一个 Web 前端开发者而言，在 Electron 出现之前想要开发一款桌面应用是非常不容易的，不仅要学习 Native 的桌面应用开发语言和框架（C++ - QT 或 C# - WPF），还需要在开发的时候关注应用要运行在什么平台上。每个平台都有它"奇特"的地方，如果你想开发一款适用于多个平台的应用，那你需要对这些"奇特"的地方非常了解才能在开发时得心应手。Electron 很大程度上帮开发者屏蔽了这个问题。对于一个熟悉 Web 前端技术的开发人员，并且有开发跨平台桌面应用的需求，那么选择 Electron 框架更加合适。

第 2 章　尝试构建第一个 Electron 程序

学习完第 1 章的内容，你应该对 Electron 的背景以及它的基本原理有了一个初步的了解，现在开始进入实战环节了。在本章的内容中，我们会通过从 0 到 1 搭建一个简单的 Electron 应用，让大家对 Electron 的开发环境、基本项目结构以及主进程与渲染进程的使用有一个基本的了解。我们期望你在学习完本章后，已经具备了开发一个 Electron 应用所需要的最小知识集合，从而有能力自己动手开发一个简单的 Electron 应用。由于目前用户量最大的操作系统还是微软的 Windows 操作系统，所以后面所有的示例都是在 Windows 环境上开发和运行的。使用 Mac 或 Linux 作为开发环境的小伙伴不用担心，得益于 Electron 的跨平台性，除了个别与操作系统特性强关联的接口外，本章节中的 Demo 程序源码都是可以完整在 Mac 或 Linux 上开发和运行的。

接下来我们就开始尝试构建第一个 Electron 程序吧！在这之前，我们需要搭建好开发 Electron 应用所需要的环境。

2.1　Node.js 环境搭建

由于我们需要使用 npm 包管理器来安装 Electron，而 npm 依赖于 Node.js，所以我们需要先在计算机中安装 Node.js 环境。

2.1.1 下载 Node.js

打开 Node.js 的官网，我们可以看到官方提供了两个版本，一个是 14.15.3 LTS，另一个是 15.5.0 Current，如图 2-1 所示。这里我们只需要下载 14.15.3 LTS 版本即可。

图 2-1　Node.js 官网主页

2.1.2　安装 Node.js

当安装包下载完成后，双击安装程序进入安装界面，如图 2-2 所示。

单击"Next"按钮，进入权限许可确认的界面，如图 2-3 所示。

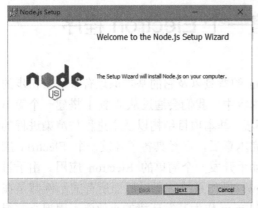
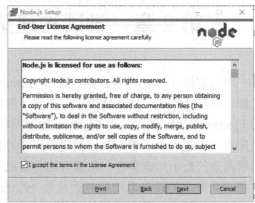

图 2-2　Node.js 安装界面　　　　　　　　　　图 2-3　权限许可界面

此处阅读完 Node.js 的权限说明后，选中"I accept the terms in the License Agreement"复选框，然后继续单击"Next"按钮进入安装目录选择界面，如图 2-4 所示。

默认情况下，Node.js 会安装到计算机系统盘的 Program Files 文件夹下，并在该文件夹中创建一个文件名为 nodejs 的目录，Node.js 的所有文件都会存放在这个目录中。一般情况下，你无须更改这个默认路径。如果你对安装目录有特殊的需求，可以通过单击"Change"按钮更改安装路径。笔者当前所使用的计算机的系统盘为 C 盘，所以我们能从图中看到默认安装目录是 C:\Program Files\nodejs\。

单击"Next"按钮进入选择安装 Node.js 相关组件的界面，如图 2-5 所示。

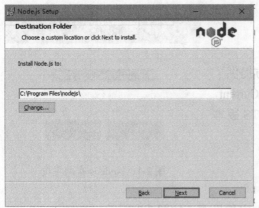
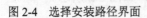
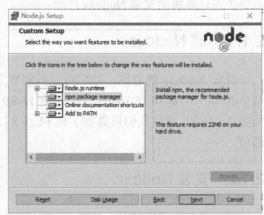

图 2-4　选择安装路径界面　　　　　　　　　　图 2-5　选择安装组件界面

界面中提供了多个选项，分别如下。

❑ Node.js runtime 是 Node.js 运行时所需要的核心组件。

❑ npm package manager 是我们准备用来安装 Electron 及其他三方模块的包管理组件。

❑ Add to Path 可以在 Node.js 安装成功后，自动将 Node.js 和 npm 运行路径添加到 Windows 系统的 Path 环境变量中，这样我们就可以在安装完成后直接打开命令行工具执行 Node.js 和 npm 命令了。

当然，这些组件可以选择不在当前安装，而在真正用到它们的时候才自动安装，如图 2-6 所示。

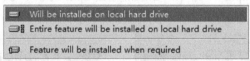

图 2-6　选择组件安装策略

为了保证日后开发时的连贯性，这里建议在当前默认安装完。单击 "Next" 按钮进入安装原生模块工具集界面，如图 2-7 所示。

许多 npm 模块需要在安装的时候进行编译，如果你的操作系统缺少这些对应的编译环境或工具，那么在执行 npm install 命令的过程中就会报错，导致无法成功安装。此时选中图 2-7 中的复选框，会自动安装需要的编译环境和工具。取消选中，则需要自己在用到时视情况安装。如果你对这些编译环境相关的知识不是很了解，那么此处我们建议选中。

接下来单击 "Finish" 按钮完成安装，如图 2-8 所示。

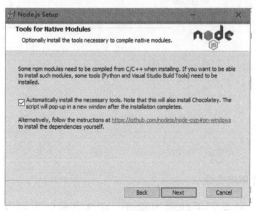

图 2-7　原生模块安装界面

图 2-8　Node.js 安装成功界面

2.1.3　配置环境变量

在上一小节讲解的安装过程中，如果默认选择了 Add to Path，那么在 Node.js 安装完成时，环境变量就已经配置好了。此时我们打开 Windows 的 CMD 命令行工具，测试一下 Node.js 和 npm 包管理器是否配置成功。

在命令行中输入 node -v 命令，如正确输出 Node.js 的版本号，说明 Node.js 已经安装并配置成功，如图 2-9 所示。

在命令行中输入 npm -v 命令，如正确输出 npm 的版本号，说明 npm 已经安装并配置成功，如图 2-10 所示。

图 2-9　CMD 命令行中执行 node -v 的结果　　　图 2-10　CMD 中执行 npm -v 的结果

如果版本号没有显示出来，而是提示找不到 node 或 npm 命令，则需要在系统的系统属性设置里面，检查一下 node 的环境变量是否添加。可以通过右键单击"计算机→系统属性→环境变量"找到 Path 变量，确认 Path 变量中是否有 Node.js 的安装路径，如图 2-11所示。

图 2-11　配置环境变量

如果 Path 变量中无 Node.js 的安装路径，只需要手动添加即可。在这之后，重新开启 CMD 命令行工具，就能正常使用 node 和 npm 命令了。

2.2　Electron 环境搭建

在 Node.js 的环境准备就绪后，我们接着开始准备 Electron 的环境。正如上一小节内容中所提到的，我们要通过 npm 来安装 Electron。为了后续更方便地使用 Electron 的相关命令，我们现在准备使用下面的命令把 Electron 安装在全局。

npm install electron -g

执行该命令后，npm 包管理器会从 Electron 的官方源地址下载 Electron 并安装。但是由于网络的原因，国内使用官方源下载 Electron 经常会遇到下载超时或无故中断的情况，所以这里我们还需要配置一个淘宝的镜像源来解决这个问题。要更改 Electron 的下载源，需要安装前在 CMD 中执行下面这条命令。

npm config set ELECTRON_MIRROR https://npm.taobao.org/mirrors/electron/

配置完 Electron 的下载源之后，重新执行安装命令进行安装。安装完成后，我们同样通过执行 electron -v 命令来判断 Electron 是否安装成功，如图 2-12 所示。

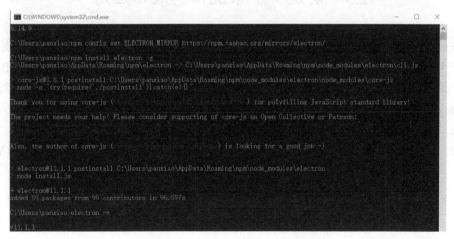

图 2-12　CMD 中安装 Electron 的界面

默认情况下，Electron 会安装与你计算机处理器架构匹配的版本（例如在 X64 架构的计算机上会下载 X64 版本的 Electron）。如果你需要在 X64 架构的计算机上安装其他处理器架构的 Electron 版本，则需要在安装命令中单独加上 --arch 参数。

npm install electron --arch=ia32 -g

在 Windows 操作系统中，可以通过"控制面板→系统和安全→系统"路径打开系统信息窗口，在这个窗口中看到计算机处理器的架构信息，如图 2-13 所示。

图 2-13　计算机信息查看窗口

2.3　实现一个系统信息展示应用

在前两节中，我们已经准备好了 Node.js 和 Electron 环境，那么接下来可以开始动手创建一个简单而又相对完整的 Electron 项目了。在这一小节中，我们准备通过从 0 开始实现一个用于展示系统信息的桌面应用，来让大家对 Electron 应用开发有一个相对全面的了解。在开始之前，我们还需要完成两项工作。

- ❑ 在磁盘中创建一个名称为 SystemInfoApp 的文件夹。
- ❑ 打开一个代码编辑器，并在编辑器中打开 SystemInfoApp 文件夹（推荐使用 Visual Studio Code，后续简称 VSCode）。

2.3.1　初始化项目

在 VSCode 的终端中，输入 npm init 命令来创建一个基于 npm 包管理的工作空间。执行该命令后，终端会提示需要输入多个步骤的信息。由于我们现在属于 DEMO 项目，这些并不是重点，所以这里可以通过一直按 Enter 键跳过。跳过所有步骤之后，在项目中生成了一个名为 package.json 的文件。package.json 是存在于项目根目录的 JSON 文件，用于记录和描述当前项目的基本信息，如项目名、版本号等。同时它也负责管理当前项目所依赖的第三方包。这里生成的 package.json 文件内容如下。

```
{
    "name": "systeminfoapp",
    "version": "1.0.0",
    "description": "",
    "main": "index.js",
    "scripts": {
        "test": "echo \"Error: no test specified\" && exit 1"
    },
    "author": "",
    "license": "ISC"
}
```

name 属性的值是在初始化项目时根据当前所在文件夹的名称而定的,它用来表示当前项目的名称。你可以将它改为其他任意的名字,但是要注意以下规则。

❑　必须是一个单词且全部字母必须是小写。

❑　不能用下画线（_）或点（.）开头。

❑　可以包含连字符以及下画线（_）。

version 属性表示当前项目的版本,往往在发布该项目的时候用到。

scripts 属性是一个 json 对象,用于自定义项目的脚本命令。我们在命令行中进入项目根目录,通过 npm run ×××命令可以执行在 scripts 中自定义的脚本命令。当前项目中自定义了一个 test 命令用于打印信息,我们通过执行 npm run test 命令可以在命令行中看到相应的输出,如图 2-14 所示。

```
C:\Users\panxiao\Desktop\Demos\SystemInfoApp>npm run test

> systeminfoapp@1.0.0 test C:\Users\panxiao\Desktop\Demos\SystemInfoApp
> echo "Error: no test specified" && exit 1
```

图 2-14　npm run test 命令执行结果

一般情况下,为了让启动命令规范化,我们期望团队中每个项目使用统一命令来启动程序,例如 npm run start。因此,在 scripts 属性中我们需要增加如下代码来满足这个要求。

```
"scripts": {
"start": "electron .",
"test": "echo \"Error: no test specified\" && exit 1"
},
```

main 属性描述当前项目的程序入口，它的值为应用入口文件相对于项目根目录的路径。在使用命令自动初始化的项目中，main 的默认值为根目录下 index.js 文件的相对路径。使用 electron 命令启动当前项目时，会从 main 属性中读取入口文件并启动。我们通过如下命令尝试启动应用：

```
electron .
```

或

```
npm run start
```

当我们执行上面的命令后，看到屏幕中弹出了错误提示框，如图 2-15 所示。不用担心，由于目前项目根目录下还没有 index.js，所以这是正常现象。在后面的内容中，我们会重点补全 index.js 的代码并讲解它。

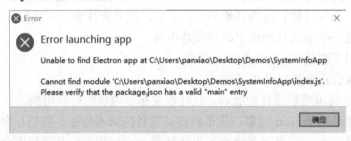

图 2-15　启动应用时的错误提示

2.3.2　程序目录结构

到目前为止，项目的文件夹中还只有一个 package.json 文件。这显然是不够的，为了完成这个项目的需求，我们还需要在根目录为项目创建如下几个必要的文件。

- ❑ index.js 文件：整个程序的入口，也是 Electron 应用主进程（主进程的概念会在下一个章节中详细讲解）的代码所在。该文件内容主要负责控制 Electron 程序的生命周期、窗口的创建等逻辑。
- ❑ index.html 文件：窗口中页面的 html 元素代码。
- ❑ window.js 文件：窗口中页面的 JavaScript 脚本代码。
- ❑ index.css 文件：窗口界面的 CSS 样式代码。

补齐必要文件后，项目目录结构如图 2-16 所示。

图 2-16　项目目录结构

2.3.3　应用主进程

在第 1 章的内容中，我们在介绍 Electron 时提到了主进程的概念。主进程在 Electron 中是非常重要的，应用程序需要通过运行在主进程中的代码来实现程序启动、窗口管理以及系统调用。对于当前这个项目，index.js 就是运行在主进程中的代码。它负责控制 Electron 程序的生命周期以及窗口的创建。在这个文件内容的开头，我们先把需要使用到的模块引入，代码如下所示。

```
// Chapter2/index.js
const electron = require('electron');
const app = electron.app;
const url = require('url');
const path = require('path');
```

electron 模块包含了 Electron 框架提供给开发人员在开发过程中所需要用到的 API。接下来我们需要通过 electron 模块来获取到其中的 app 模块。

app 模块负责控制应用程序的生命周期，提供了各个生命周期的回调来让开发者在这些关键的时间点上实现业务逻辑。系统信息展示应用将会用到其中的"ready""window-all-closed"等生命周期事件，在接下来的内容中会进行展示。

url 和 path 将用来生成窗口需要加载的 html 文件的本地路径。

接下来我们在 index.js 文件中加入创建窗口相关的代码，代码如下所示。

```
// Chapter2/index.js
let window = null;

function createWindow() {

  window = new electron.BrowserWindow({
```

```
  width: 600,
  height: 400
})

const url = url.format({
  protocol: 'file',
  pathname: path.join(__dirname, 'index.html')
})

window.loadURL(url)

window.on('close', function(){
  window = null;
})
}
```

  这段代码首先声明了一个默认值为 null 的变量 window。window 会在下面创建窗口的代码中被赋值为窗口的引用，用于后续对窗口进行操作。接着声明了一个名为 createWindow 的函数，在该函数中，使用 electron.BrowserWindow 创建一个宽 600px、高 400px 的窗口，将 new 操作返回的对象引用赋值给 window 变量。窗口创建完毕后，通过 window.loadURL 方法加载一个本地的 html 文件，作为窗口内展示的内容。

  loadURL 方法需要传入一个本地 html 文件的路径。在当前项目中，该路径为根目录下的 index.html 文件路径。这里我们并没有直接传入手动拼接的 index.html 文件路径，而是用 url 模块的 format 方法来生成文件路径。url 模块提供的 format 方法，能通过配置化的方式来生成一个完整的 url 路径，比手动拼接更加方便，也更加标准化。我们在调用 format 方法时主要传入如下两个参数来生成 url 路径。

- □ protocol：字符串类型。protocol 属性定义了生成 url 的协议。比较常见的协议有 "http" "file" "ftp" 等。由于我们此处要加载的是本地文件，所以需要使用 "file" 协议。
- □ pathname：字符串类型。pathname 属性定义了 url 中的路径部分。例如在 https://www.electronjs.org/docs/api 这个 url 中，pathname 为/docs/api。由于在这个项目中使用的 url 协议为 file，所以 pathname 需要设置为 index.html 文件的绝对路径。为了能让生成的路径字符串有更好的兼容性，这里通过 path.join(__dirname, 'index.html')生成绝对路径。在 Node.js 中，__dirname 总是指向被执行 JavaScript 文件的绝对路径，当前被执行的 js 文件为根目录中的 index.js，所以__dirname 在这里指向的是项目根路径。format 方法在执行完后生成的 url 为 file://C:\Users\panxiao\Desktop\Demos\SystemInfoApp\index.html。

　　在代码的最后，我们通过 window 对象注册了一个在窗口关闭时触发 close 事件的回调。当 close 事件触发时，意味着窗口被销毁，我们将保存该窗口引用的 window 变量重新赋值为 null 值。

　　还记得前面提到的能控制 Electron 应用程序生命周期 app 模块吗？接下来我们将使用到它。app 对象提供了一系列生命周期相关的事件，例如 "ready" "active" "will-quit" 以及 "quit" 等。通过注册这些事件的回调函数，我们可以在这些事件触发时，执行对应的业务逻辑。在这个示例中，我们使用到了 app 模块提供的两个重要事件，即 window-all-closed 和 ready，代码如下所示。

```
// Chapter2/index.js
...
app.on('window-all-closed', function () {
  app.quit();
})

app.on('ready', function () {
  if (window === null) {
    createWindow();
  }
})
...
```

我们来看看这两个事件的定义。

❑ window-all-closed：该事件在所有已创建的窗口全部关闭时触发，此时意味着用户已经关闭了应用的所有窗口。在大部分的场景中，当所有窗口都已被关闭时，应用的默认行为是退出。但不排除一些例外情况，例如，一些支持托盘运行的应用，即使窗口都关闭了，还是希望应用能继续保持在后台运行，并在用户需要使用的时候单击托盘重新打开窗口。值得注意的是，在主进程代码中显示调用 app.quit() 方法之后，Electron 会自动关闭所有窗口，但并不会触发 window-all-closed 事件。

❑ ready：该事件的触发表示 Electron 已经初始化完成。在 Electron 中，很多 API 是需要在 ready 事件触发之后才能被正常调用的，例如，我们即将使用到的 BrowserWindow 对象，该对象用于创建一个窗口。如果在 ready 事件的回调之外调用 new BrowserWindow()，那么应用程序将会无法启动，并弹出如图 2-17 所示的错误提示。因此，在使用 Electron 提供的 API 时，需要注意它可以被正常调用的生命周期范围是什么。

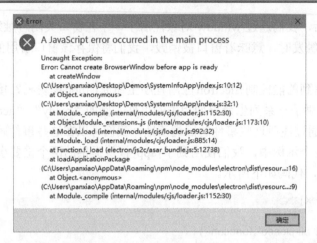

图 2-17　在 ready 事件回调之外创建窗口的错误提示

　　我们不期望在这个示例中有两个相同的窗口同时存在，因此当 Electron 初始化完成并触发 ready 事件之后，我们需要在该事件的回调函数中先对 window 变量进行判断，确认窗口是否已经被创建。如果 window 变量为 null，说明该窗口尚未被创建，接着就可以开始通过上面提到过的 createWindow 方法创建窗口并显示了。

　　在这个示例中，应用不需要在没有窗口的情况下保持后台运行。如果窗口都被用户手动关闭了，那么我们认为用户的意图是想要完全退出这个应用。因此，当 window-all-closed 事件触发时，我们调用 app.quit 方法让整个应用退出。

　　现在主进程（index.js）所有的代码已经编写完成，代码如下所示。

```
// Chapter2/index.js
const electron = require('electron');
const app = electron.app;
const url = require('url');
const path = require('path');

let window = null;

function createWindow() {

  window = new electron.BrowserWindow({
    width: 600,
    height: 400,
    webPreferences: {
      nodeIntegration: true
    }
```

```
  })

  const urls = url.format({
    protocol: 'file',
    pathname: path.join(__dirname, 'index.html')
  })

  window.loadURL(urls);

  window.on('close', function(){
    window = null;
  })
}

app.on('window-all-closed', function () {
  app.quit();
})

app.on('ready', function () {
  if (window === null) {
    createWindow();
  }
})
```

2.3.4　窗口页面

在上一小节中我们主要实现了主进程的相关逻辑，接下来我们开始实现渲染进程的相关逻辑。在主进程中我们通过 new electron.BrowserWindow()代码来创建了一个窗口，该窗口内页面所在的进程就是渲染进程,每个渲染进程本质上是一个基于 Chromium 的浏览器。你会在接下来的学习过程中发现，在 Electron 窗口中实现界面跟在普通浏览器中没有什么太大的区别。本示例的窗口中将使用 index.html、window.js 以及 index.css 3 个文件，它们的代码都运行在这个"浏览器"环境之内。

在开始开发之前，我们先来看看这个项目的窗口页面，如图 2-18 所示。

如图 2-18 所示,我们需要在页面中展示 5 个系统硬件相关的信息,分别为 CPU 型号、CPU 架构、平台类型、当前剩余内存及总内存。在系统信息没有获取并显示之前,统一用 Loading 字符串做占位符。

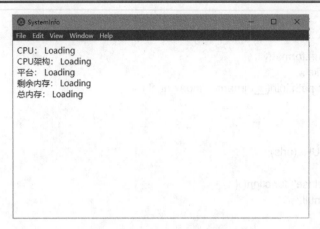

图 2-18　系统信息展示应用的界面

出于安全性的考虑，这些系统相关的信息原本在浏览器的 Web 页面中是无法获取的，但是在 Electron 的窗口页面中却可以。在 Electron 中开发页面与在浏览器中开发页面的主要区别在于，Electron 页面中的 JavaScript 脚本可以使用 Node.js 的模块，例如，你可以在 JavaScript 脚本中通过 require 引入 OS 模块来获取系统相关的数据（这个模块也会在本项目中使用到），或者可以直接访问 process、__dirname 以及 global 等 Node.js 中才有的全局模块或变量。正如第 1 章所述，Electron 底层通过进程间通信实现了这一切。因此，在 Electron 中开发页面会比浏览器中开发页面具有更高的自由度，这同时也使得开发者能在 Electron 的窗口页面中，开发出原本在浏览器中很难实现甚至是无法实现的功能。

在主进程的代码中，我们在使用 BrowserWindow 对象创建窗口的时候，给构造函数传入了一个特殊的参数 nodeIntegration，代码如下所示。

```
window = new electron.BrowserWindow({
    width: 600,
    height: 400,
    webPreferences: {
        nodeIntegration: true
    }
});
```

当 nodeIntegration 设置为 true 时，渲染进程中运行的 JavaScript 脚本将允许引用 Node.js 中的模块来实现功能（这里需要注意的是，在 Electron 5.0 版本之前，nodeIntegration 的默认值为 true。而在 Electron 5.0 版本之后，默认值变更为 false。如果开发者在代码中没有指定它为 true 时，渲染进程将无法使用 Node.js 模块）。

窗口准备就绪，接下来我们开始编写页面的 html 代码。首先，我们在 index.html 中添加一个基础的模板框架，代码如下所示。

```
// Chapter2/index.html
<!DOCTYPE html>
<html lang="en">
<head>
    <meta charset="UTF-8">
    <meta name="viewport" content="width=device-width, initial-scale=1.0">
    <title>SystemInfo</title>
    <link rel="stylesheet" href="./index.css">
</head>
<body>
...
    <script type="text/javascript" src="./window.js"></script>
</body>
</html>
```

在这段基础的 html 代码中，我们在 head 标签中通过 link 标签来引入根目录下的样式文件 index.css，同时在 body 标签的结尾处通过 script 标签引入根目录下的脚本文件 window.js。引入脚本和样式的方式与 Web 浏览器中是一样的，只不过这里所引用的资源都存在本地，而不是在服务器中。紧接着，我们需要根据页面的布局和信息内容，在 body 中编写对应的 html 元素，代码如下所示。

```
// Chapter2/index.html
    <div id='cpu'>
      CPU：
      <span>Loading</span>
    </div>
    <div id='cpu-arch'>
      CPU 架构：
      <span>Loading</span>
    </div>
    <div id='platform'>
      平台：
      <span>Loading</span>
    </div>
    <div id='freemem'>
      剩余内存：
      <span>Loading</span>
    </div>
    <div id='totalmem'>
      总内存：
```

```
<span>Loading</span>
</div>
```

在上面的代码中，我们给每一个 div 元素都根据内容特征设定了一个唯一的 id 标识。例如，存放 CPU 信息的外层 div 元素，我们给它定义了一个名为"cpu"的 id。这么做的目的是便于在页面的脚本中通过 id 定位到对应的元素并填充内容。span 元素是最终显示系统信息的地方，在未被填充新内容前先使用 Loading 占位，等到脚本获取到对应的内容后就会将内容插入 span 元素中替换 Loading 占位符。将以上两部分代码整合后，通过 npm run start 命令运行程序，可以看到图 2-18 的效果。

页面基本的骨架已经搭建完毕，接下来我们需要在 window.js 文件中编写代码来获取系统信息填入对应的元素中。除了能在 window.js 中使用 Node.js 模块以外，编写 window.js 中的代码与编写普通 Web 前端页面中的代码没有本质上的区别。在 window.js 文件开头，我们通过如下代码引入 Node.js 的 OS 模块，它提供了一系列操作系统相关的方法和属性，通过这些方法和属性可以得到我们所需要的系统信息。

```
const os = require('os');
```

接着我们定义一系列方法来获取对应的系统信息，代码如下所示。

```
// Chapter2/window.js
...
function getCpu() {
  const cpus = os.cpus();
  if (cpus.length > 0) {
    return cpus[0].model;
  } else {
    return '';
  }
}

function getFreemem() {
  return `${convert(os.freemem())}G`;
}

function getTotalmem(){
  return `${convert(os.totalmem())}G`;
}

function convert(bytes) {
  return (bytes/1024/1024/1024).toFixed(2);
}
```

```
...
```

getCpu 方法调用了 OS 模块的 cpus 方法来获取当前计算机的 CPU 信息。cpus 方法返回的是一个数组，该数组的长度等于当前计算机所使用的 CPU 的核心数。以笔者的计算机为例，使用的是四核 I5 的处理器，在调用 cpus 方法后，返回了一个长度为 4 的数组，如图 2-19 所示。

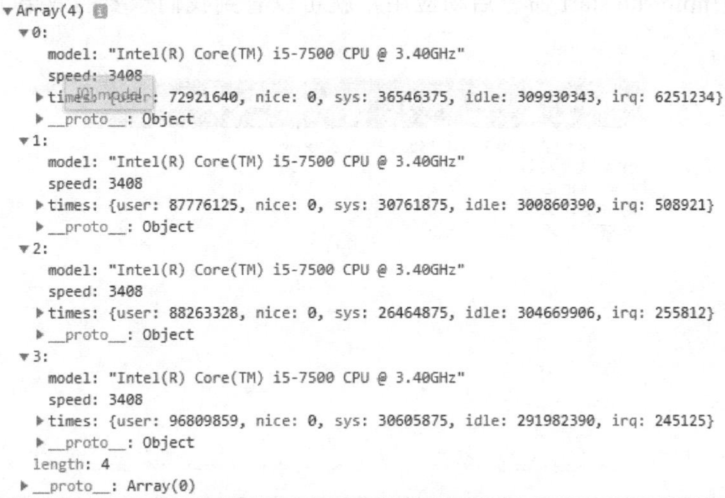

```
▼ Array(4) 
  ▼ 0:
      model: "Intel(R) Core(TM) i5-7500 CPU @ 3.40GHz"
      speed: 3408
    ▶ times: {user: 72921640, nice: 0, sys: 36546375, idle: 309930343, irq: 6251234}
    ▶ __proto__: Object
  ▼ 1:
      model: "Intel(R) Core(TM) i5-7500 CPU @ 3.40GHz"
      speed: 3408
    ▶ times: {user: 87776125, nice: 0, sys: 30761875, idle: 300860390, irq: 508921}
    ▶ __proto__: Object
  ▼ 2:
      model: "Intel(R) Core(TM) i5-7500 CPU @ 3.40GHz"
      speed: 3408
    ▶ times: {user: 88263328, nice: 0, sys: 26464875, idle: 304669906, irq: 255812}
    ▶ __proto__: Object
  ▼ 3:
      model: "Intel(R) Core(TM) i5-7500 CPU @ 3.40GHz"
      speed: 3408
    ▶ times: {user: 96809859, nice: 0, sys: 30605875, idle: 291982390, irq: 245125}
    ▶ __proto__: Object
    length: 4
  ▶ __proto__: Array(0)
```

图 2-19　CPU 信息

数组中每个元素都是一个对象，每个对象代表其中一个 CPU 核心的信息。除了 CPU 型号和主频率外，还能在 times 属性中看到核心的使用情况。由于在本项目中只需要展示 CPU 的型号信息，所以这里只需要取数组 0 号元素的 model 属性值来进行展示即可。为了让程序更加健壮，代码中在获取数组 0 号元素之前要先对数组的长度进行判断。当长度大于 0 时，返回 0 号元素的 model 属性值；当长度小于 0 时，直接返回字符串。

getFreemem 和 getTotalmem 方法分别通过调用 os.freemem 与 os.totalmem 方法返回当前内存的剩余空间和总空间。需要注意的是，这两个方法返回的内存数值的单位是 bytes，为了更直观地展示内存信息，需要通过 convert 方法将单位 bytes 转换成 GB，并通过 toFixed 方法保留两位小数。

在文件的最后，我们通过经典的 DOM 操作将系统信息显示在页面中，代码如下所示。由于架构信息与平台信息可直接通过 os.platform 与 os.arch 直接获取到，并且不需要进行特殊的处理，所以这里并没有将其单独封装成方法。

```
// Chapter2/window.js
```

```
...
document.querySelector('#cpu-arch span').innerHTML = os.arch();
document.querySelector('#cpu span').innerHTML = getCpu();
document.querySelector('#platform span').innerHTML = os.platform();
document.querySelector('#freemem span').innerHTML = getFreemem();
document.querySelector('#totalmem span').innerHTML = getTotalmem();
```

现在通过 npm run start 命令启动应用，就可以看到我们想要的效果了，如图 2-20
所示。

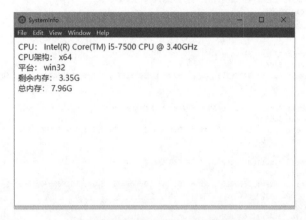

图 2-20　展示系统信息的界面

到目前为止，index.css 文件的内容还空着。为了让页面更美观一些，我们来添加一
些简单的样式，使得系统信息内容可以对齐并且有独立的颜色。在编写样式代码之前，
我们需要稍微改造一下 index.html 文件，给 body 中的元素增加如下所示的类名和标签。

```html
<div id='cpu' class='info'>
      <label>CPU：</label>
      <span>Loading</span>
</div>
```

接着使用新增加的类名来编写对应的 CSS 样式，代码如下所示。

```css
// Chapter2/index.css
.info{
   padding: 5px;
}

.info label{
   display: inline-block;
   width: 100px;
```

```
}

.info span{
    color: blue;
}
```

现在通过 npm run start 命令启动应用，就可以看到带样式的页面了，如图 2-21 所示。

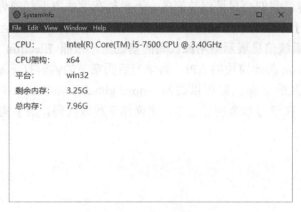

图 2-21　添加样式后的界面

2.4　总　　结

- ❑ 在安装 Electron 之前需要先安装 Node.js 环境，并在安装完成后通过 node -v 命令确认是否安装成功。
- ❑ Node.js 的安装包会在安装完成后，自动设置 Windows 的环境变量。如果使用 node 或 npm 命令时提示无法找到该命令，需要去环境变量设置中检查是否设置成功。
- ❑ 通过设置国内的镜像源，可以加速 Electron 的下载。
- ❑ Electron 会默认下载与当前计算机处理器架构匹配的版本，也可以在安装命令中指定 arch 来下载适配其他处理器架构的 Electron 版本。
- ❑ 在系统信息展示项目中，主进程主要负责管理程序和窗口的生命周期。渲染进程负责显示窗口页面内容，执行页面脚本。
- ❑ Electron 5.0 版本之后，通过将创建窗口时传入的 webPreferences 对象内的 nodeIntegration 属性设置为 true，可以让在渲染进程中执行的脚本有权限使用 Node.js 模块。

❑　Node.js 提供的 OS 模块能让开发人员获取到系统相关的信息。

　　本章节的内容通过讲解一个最简单的 Electron 应用的开发过程，来帮助你入门 Electron。学习完这些内容，你已经可以自己搭建并开发一个简单的 Electron 应用了。为了内容上更关注 Electron 的相关知识，在系统信息展示应用功能实现中，我们没有使用在 Web 前端开发中常用的框架，而是使用最基础的 Html、JavaScript 和 CSS 完成的。Electron 之外的内容，我们会尽量保持简单，不希望在这些方面耗费你额外的学习精力。这个约定不仅适用于本章节，后续的章节也是如此。如果你已经完全掌握本章节内容，我们建议你可以在系统信息展示应用源代码的基础上，按照 Electron 官方文档的说明，尝试使用一下 Electron 其他模块的 API，为学习后面章节的内容打下基础。

　　本章节中所涉及的完整代码可以访问 https://github.com/ForeverPx/ElectronInAction/tree/main/Chapter2。在学习本章的过程中，建议你下载源代码，亲手构建并运行，以达到最佳学习效果。

第 3 章 进　　程

系统信息展示应用是一个简单且完整的 Electron 应用，通过对它的学习，你应该已经掌握如何开发一个功能简单的 Electron 应用了。在本章中，我们将重点讲解系统信息展示应用中所涉及的两个重要的概念：主进程和渲染进程。

3.1　主进程与渲染进程

在 Electron 应用启动之后，我们能在系统的任务管理器中看到应用启动了至少两个进程。现在以上一章中的系统信息展示应用为例，在启动该应用之后，右键单击 Windows 系统底部的任务栏，出现如图 3-1 所示的菜单。

选择"任务管理器"选项打开任务管理器窗口，然后在任务管理器窗口中的"进程"菜单栏中找到 Electron 应用，如图 3-2 所示。

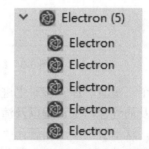

图 3-1　任务栏右键菜单　　　　图 3-2　Electron 应用启动的进程

我们能从图中观察到，应用启动后开启了 5 个名为 Electron 的进程。这些进程在 Electron 中可以分为两种类型，一类叫"主进程"，另一类叫"渲染进程"，我们接下来会对这两类进程进行更详细的讲解。为了让你更容易理解后面小节的内容，我们先来做个有趣的实验：在任务管理器中寻找一下如图 3-2 中显示的进程中哪些是主进程，哪些是渲染进程。

结合第 1 章和第 2 章的内容，我们了解到 Electron 的主进程是程序的入口，并且控制着应用程序的生命周期。这意味着在程序启动时它首先被创建，在退出时它最后被销毁。如果我们在进程管理器中手动地将主进程杀死，那么整个程序就会终止并退出。在

图 3-2 所示的 5 个进程中，我们无法直观地看出哪个是主进程，因此我们将尝试逐个终止进程，根据主进程的特性和进程结束后的现象来寻找主进程。在逐个排查的过程中，当我们通过右击第 5 个进程并选择结束进程时，发现整个应用退出了，并且所有与 Electron 相关的进程也都消失了。那么这时候可以判断出，第 5 个进程即为该应用的主进程。

接下来我们要在剩下的 4 个进程中寻找渲染进程。渲染进程负责窗口内页面的渲染，如果结束了渲染进程，那么应用程序窗口中的内容也将消失。在系统信息展示应用中，我们只创建了一个窗口，所以这 4 个进程中只有 1 个是渲染进程。现在我们依旧按照上面的方法来依次结束进程，同时观察现象。当我们结束掉第 1 个进程时，会发现窗口内变成了空白页面，如图 3-3 所示。这个时候可以判断出，第 1 个进程为渲染进程。

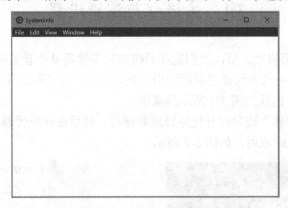

图 3-3   结束渲染进程后的窗口效果

做完这个小实验，你应该对主进程与渲染进程的概念有了一个具象的了解。对于上文中频繁提及的进程、主进程以及渲染进程等概念，会在接下来的小节中进行更详细的讲解。另外，这里引出一个问题："我们常说的'渲染进程'，是指窗口进程还是指这个浏览器进程呢？"这个问题我们会在后面讲解渲染进程的章节中进行解答。

3.1.1 进程与线程

1. 进程与线程的概念

关于进程的概念及其原理，在互联网上已经有很多讲得非常专业的文章，同时进程原理相关内容并不是本小节的重点，因此在接下来的内容中我们不会深入讲解，而是通过一些举例和类比的方式，让你大概了解进程在应用程序中所扮演的角色以及它的作用。这样便于你在阅读主进程和渲染进程内容的小节时，能更容易地理解它们。如果你想了解更多与进程相关的更加深入的内容，可以在互联网上进行搜索。

应用是提供给用户在操作系统中进行交互的程序,Chrome 浏览器、Visual Studio Code 以及 Office 和 Word 等都属于应用。而进程是一个正在运行的应用的实例。一个应用可以包含一个进程实例,也可以包含多个进程实例。例如,很多现代的浏览器应用如 Chrome、Edge 等会在运行时使用多个进程,每当在这些浏览器中打开一个新 tab 页面时,都有一个独立的进程被创建出来,这个新的 tab 页面将运行在这个新的进程中。除浏览器之外,一些功能复杂的应用也会在运行时创建多个进程。例如 Visual Studio Code 这款应用,在运行时将代码编辑的功能放在一个进程中处理,而同时会把编译代码这种比较消耗资源的功能放在另一个进程中处理。

讲进程的同时,我们不能不提及线程的概念。线程是在进程中实际运行代码逻辑的基本单位,它也是处理器分配计算时间的基本单位,一个进程可以包含一个或多个线程。这样描述可能非常的抽象,容易混淆进程和线程的概念。接下来我们将进程和线程的概念与现实生活中具体的事物结合起来进行讲解,也许能让你对进程与线程的概念有更清晰的认识。

2. 进程与线程的关系

假设你现在开了一家电竞俱乐部,你作为俱乐部的老板兼教练请了五位职业选手备战 LOL 比赛。我们把电竞俱乐部的运作比作一个应用程序的运行。由于目前俱乐部还小,只需要参加一款游戏的比赛,所以这个团队作为这个"应用"中独立的一个"进程"在运行。在这个"进程"中,每个人都有自己要执行的任务。例如职业选手,他们的主要工作是训练和参加比赛,而你的工作是安排选手的工作并指挥比赛,如图 3-4 所示。

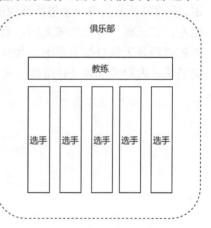

图 3-4　俱乐部组织架构

在这个团队中的每一个人都好比一个"线程",因为"人"才是真正执行任务的基本单位。因此,在这个团队中一共创建了 6 个"线程"来同时执行任务。作为老板兼教练,你这个"线程"创建了另外 5 个"线程",有决定这些"线程"做什么任务的权利,因此你就是"主线程",如图 3-5 所示。
由于俱乐部中的如食物、计算机等物资都是共用的,所以俱乐部中的每个人都可以使用。同样地,一个进程中拥有的资源,该进程中的所有线程都有权利使用,这叫作"进程资源共享"。

俱乐部经过一段时间的经营,在 LOL 比赛中取得了不错的成绩,俱乐部的资金也因此充裕了起来。这个时候你准备组建一个 DOTA 分部扩大俱乐部的业务范围。由于精力有限，无法同时覆盖两个项目，同时不想因为这个分部未来可能存在的经营风险影响原来的 LOL 业务。因此，你聘请了一位 DOTA 经理兼教练成立了一个 DOTA 分部来进行运作，如图 3-6 所示。

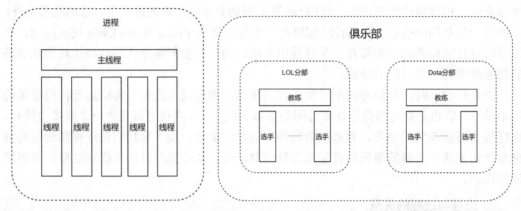

图 3-5　俱乐部进程架构　　　　　　图 3-6　新俱乐部组织架构 1

　　这种场景类似于在一个应用中创建了两个独立的进程，它们各自管理各自的业务范围。它的好处是其中一个进程结束的时候，不会影响其他进程的正常运行，如图 3-7 所示。但是，俱乐部与分俱乐部之间，食品、计算机等资源是不能共用的，相当于这两个进程内的资源是无法直接共享的，如果一个进程想要使用另一个进程的资源，需要通过进程间通信、内存共享以及管道等方式来实现。

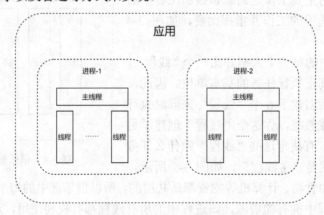

图 3-7　新俱乐部进程架构 2

　　这就是进程、线程的概念以及它们之间的关系。理解了这部分内容，你就能更容易地掌握接下来要学习的知识。

3.1.2　主进程

1. 传统 Web 页面的限制

在浏览器中开发 Web 页面时，我们所编写的代码无论是 HTML、CSS 还是 JavaScript，都是运行在浏览器的沙盒（Sandbox）机制中的。什么是沙盒机制？沙盒机制是浏览器默认提供的一种安全机制，它使得在浏览器中打开的页面都运行在一个访问受限制的环境中。你可以把它想象成一个真实且封闭的房间，在这个房间中你可以很自由地乱涂乱画，随意摆放物品。但是，由于房间是封闭的，没有任何途径能与外界接触，所以你的行为只能影响这个房间内部的状态。无论如何，你是无法影响到房间外部的。这跟运行在沙盒中的 JavaScript 脚本很像，JavaScript 脚本可以在沙盒内部操作 DOM 元素、读写 localstorage 存储介质，但无法访问本地的文件内容。正是由于沙盒机制的存在，页面脚本无法越过浏览器的权限访问系统本身的资源，代码的能力被限制在了浏览器中。而浏览器之所以这么设计，是为了安全考虑。设想一下，我们在使用浏览器的时候，会打开各式各样不同来源的网站，如果 JavaScript 代码有能力访问并操作本地操作系统的资源，那将是多么可怕的事情。

在常规浏览器中，这种安全保障机制是非常重要的。但是切换到桌面应用的场景中，脚本无法访问到本地的资源肯定是不行的，这会导致很多的需求将会无法实现。例如，我们有一个需求是要实现一个本地的文件管理器，或者是实现一个本地的视频播放器，在受沙盒限制的情况下，程序读取不到本地资源的内容，那么这个需求也就无从实现了。

2. 主进程的能力与运用

为了既能保持原有的 Web 开发体验，又能给页面脚本提供访问本地资源的能力，Electron 将 Node.js 巧妙地融合了进来，让 Node.js 作为整个程序的"管家"。"管家"拥有较高的权限，Electron 中的页面可以借助"管家"的能力来访问和操作本地资源，使其具有原本在浏览器中不提供的高级 API。同时管家也"管理"着整个 Electron 应用程序的生命周期以及窗口的创建和销毁。这个"管家"就是 Electron 应用程序中的主进程。在使用 Electron 开发的程序中，开发人员会指定一个 JavaScript 脚本文件作为程序的主入口，该文件内代码执行的逻辑就是主进程中执行的逻辑。

讲到这里，我们最后来列举几个主进程所拥有的功能。

❑　管理 Electron 应用程序的生命周期。

❑　访问文件系统以及获取操作系统资源。

    ❑　处理操作系统发出的各种事件。

    ❑　创建并管理菜单栏。

    ❑　创建并管理应用程序窗口。

    回顾第 2 章节中我们开发过的系统信息展示应用，它在主进程脚本 index.js 中监听了 Electron 生命周期中的 ready 事件，并在该事件回调中创建了一个窗口。这基本上是最简单的一个在主进程中运行的逻辑。那么在正式的项目中，还有哪些逻辑也需要在主进程中进行处理呢？下面我们来看一个示例。

    假设我们需要开发这样一个功能：应用在同一个操作系统的同一时间只允许有一个实例存在，也就是说这个应用只能同时打开一个。因此，当这个应用已经在系统中运行时，如果通过双击应用图标或者以右键打开的方式试图再次启动这个应用，我们需要自动终止正在启动的应用实例。分析这个需求，其本质上是一个基于 Electron 应用生命周期来控制应用行为的功能。我们在前面的内容提到过，Electron 应用的生命周期是在主进程中管理的，所以这个需求需要在主进程中实现。这里我们基于第 2 章节中的主进程代码来做一些改造，代码如下所示。

```
// Chapter3-1-2/index.js
...

let window = null;

const winTheLock = app.requestSingleInstanceLock();
if(winTheLock){
  app.on('second-instance', (event, commandLine, workingDirectory) => {
    if (window) {
      if (window.isMinimized()){
        window.restore();
      }
      window.focus();
    }
  })

    ...

    function createWindow() {...}

    app.on('window-all-closed', function () {...})

    app.on('ready', function () {...})
}else{
```

```
      app.quit();
}
```

在上面的代码中，我们使用了 app 模块中提供的 requestSingleInstanceLock 方法来实现这个功能。requestSingleInstanceLock 方法执行后会返回一个布尔值（我们在代码中把这个值赋值给 winTheLock 变量），这个值表示当前正在启动的应用实例是否成功地抢占到运行锁。怎么理解？我们现在假设把第一次、第二次启动的应用实例分别称为 A、B。由于 A 先启动，所以 A 会先抢占到运行锁，那么在 A 中调用 requestSingleInstanceLock 方法的返回值为 true。由于 B 是后于 A 启动的，所以在 B 中调用该方法的返回值为 false。按照需求，我们需要将后启动的 B 实例退出，所以当判断到 winTheLock 变量为 false 时，调用 app.quit() 方法退出当前实例（B 实例）。相对应地，在 A 实例启动时，winTheLock 为 true，我们就按照正常流程继续执行后续的代码即可。

为了让应用的用户体验更好一些，我们期望在 B 实例启动时，能把 A 实例中被最小化的窗口自动显示出来，这个交互显然是非常符合用户预期的。否则在这种情况下，A 实例不会有任何响应，同时 B 实例也没启动成功，就会让用户感到困惑。因此，我们在 A 实例的正常启动代码中，通过 app 提供的 second-instance 生命周期事件来实现这个交互。

当 second-instance 事件被触发时，表示除自己之外还有另一个实例正在尝试启动。我们在这个事件的回调函数中，判断已经创建好的 window 实例是否被最小化了，如果是，则调用 window 实例的 restore 方法将窗口还原，使得窗口重新显示出来，然后通过 focus 方法让窗口获得系统焦点。现在，用户无须额外的操作就能直接使用该应用了。该功能完成后的主进程代码如下所示。

```
// Chapter3-1-2/index.js
const electron = require('electron');
const app = electron.app;
const url = require('url');
const path = require('path');

let window = null;

const winTheLock = app.requestSingleInstanceLock();
if(winTheLock){
  app.on('second-instance', (event, commandLine, workingDirectory) => {
    if (window) {
      if (window.isMinimized()){
        window.restore();
      }
      window.focus();
    }
```

```
})

function createWindow() {
  window = new electron.BrowserWindow({
    width: 600,
    height: 400,
    webPreferences: {
      nodeIntegration: true
    }
  })

  const urls = url.format({
    protocol: 'file',
    pathname: path.join(__dirname, 'index.html')
  })

  window.loadURL(urls)
  console.log(urls);

  window.on('close', function(){
    window = null;
  })
}

app.on('window-all-closed', function () {
  app.quit();
})

app.on('ready', function () {
  if (window === null) {
    createWindow()
  }
})
}else{
  app.quit();
}
```

3.1.3　渲染进程

1. 真正的渲染进程

在 3.1.2 节讲 Electron 主进程的内容中，我们提到了主进程的其中一项能力是创建、管理以及销毁窗口，那么这些窗口所运行的环境就是渲染进程吗？在很多初学者的理解中，Electron 窗口所在的进程就是渲染进程。但实际上并不是，Electron 中的渲染进程其实另有所指，接下来我们一起来一探究竟。

还记得我们前面做的寻找 Electron 主进程和渲染进程的实验吗？当时在寻找的过程中，我们发现一个现象，即当我们一开始把第 1 个进程结束时，窗口并没有被关闭，但是窗口中页面的内容却消失了，内容区域变成了一片空白。从这个现象中，其实可以推断出被我们关闭的这个进程，是跟窗口中内容显示区域有关的。其实，我们当时结束的这个进程是 Electron 中基于 Chromium 创建的内容页面渲染进程，也就是我们常说的渲染进程。

在 Electron 中，渲染进程指的是真正加载并渲染页面的那个进程。这些进程之间的关系如图 3-8 所示。

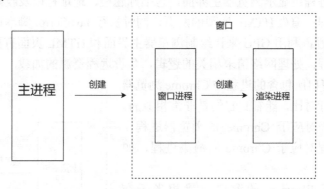

图 3-8 渲染进程与其他进程之间的关系

结合之前我们编写过的主进程代码与图 3-8，我们知道主进程在执行完 new electron.BrowserWindow 代码后，将会创建了一个窗口进程，该进程用于展示窗口框架、标题栏以及菜单栏等界面。此时渲染进程还未创建，所以你能看到内容区域还是一片空白，如图 3-9 所示。

当主进程执行完 window.loadURL(urls) 这行代码后，渲染进程被创建，随后渲染进程开始加载 html 文档并进行渲染。等待渲染结束后，我们就能在窗口中看到对应的页面内容，如图 3-10 所示。

由于 Electron 基于 Chromium 来实现窗口页面渲染，所以它在这方面的架构与正式发行版本的 Chrome 浏览器非常的相似。当我们打开 Chrome 浏览器时，会发现它创建了 4 个进程。这 4 个进程分别为浏览器进程、渲染进程、GPU 进程和网络进程。

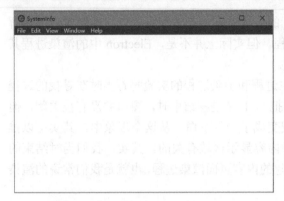
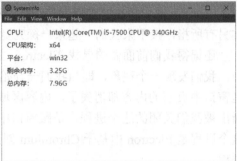

图 3-9　未创建渲染进程时的窗口界面　　　　图 3-10　渲染进程创建成功后的窗口界面

- 浏览器进程：显示浏览器主界面，包括标题栏、地址栏以及收藏夹等。
- 渲染进程：渲染 HTML 实现的网页，同时执行 JavaScript 脚本让页面可交互。
- GPU 进程：利用 GPU 来让绘制浏览器主界面和 HTML 页面有更好的性能。
- 网络进程：处理网络请求相关的逻辑，负责远程资源的加载。

将 Electron 窗口所包含的进程与 Chrome 浏览器一部分的进程进行对比，能看到它们是非常相似的。Electron 窗口进程对应于 Chrome 的浏览器进程，Electron 渲染进程对应于 Chrome 的渲染进程，如图 3-11 所示。

每创建一个 Electron 的窗口，就相当于在 Chrome 浏览器中新建了一个 tab。在 Chrome 浏览器中，每次打开一个新 tab 页面，都会创建一个渲染进程来运行该 tab 页面的内容，Electron 应用也是如此，这样设计的初衷是为了防止其中一个 tab 页面的崩溃导致其他 tab 页面无法显示。如果我们使用

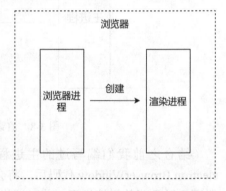

图 3-11　浏览器中进程间的关系

Electron 创建多个窗口并加载不同的 HTML 页面，那么这些窗口都将会共用一个进程，这个进程在 Chrome 浏览器中相当于浏览器进程。与此同时，每一个窗口都会单独创建渲染进程来渲染页面，如图 3-12 所示。得益于这些窗口页面都是基于独立的渲染进程运行的，所以它们之间互不干扰，即使其中一个崩溃了也不会影响其他窗口中页面的正常显示。

接下来我们继续做一个试验，看看多窗口场景下是否真的创建了多个渲染进程，并且这些渲染进程之间互不影响。这里我们稍微改动了一下系统信息展示应用的主进程代码，让它在 ready 之后同时创建两个窗口，代码如下。

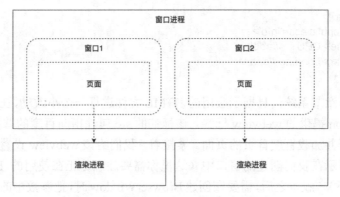

图 3-12　多窗口应用中进程之间的关系

```
app.on('ready', function () {
  createWindow()   // 窗口 1
  createWindow()   // 窗口 2
})
```

等待窗口创建完毕并显示，打开任务管理器，找到其中一个窗口页面的渲染进程并结束。结果只有被结束的这个进程所关联的页面变为一片空白，而另一个窗口中的页面还能正常显示，符合我们的预期，如图 3-13 所示。

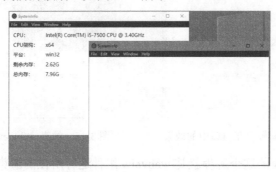

图 3-13　结束其中一个渲染进程时的界面

2. 窗口与渲染进程的关系

在一个 Electron 窗口中，只能拥有一个渲染进程吗？答案是否定的，因为一个窗口中可能不止一个 Web 页面。Electron 提供了<webview>标签来让开发者能在窗口的 Web 页面中同时加载其他的页面，为了更好地理解这个场景，我们先来看下面的代码。

```
<body>
    <webview src="https://www.baidu.com/"
style="width:300px; height:200px;display:block">
```

```
</webview>
<div id='cpu' class='info'>
    <label>CPU：</label>
    <span>Loading</span>
</div>
```

　　我们对第 2 章节系统信息展示应用的 HTML 文件进行一个小改动，在 body 标签之后插入一个 Electron 提供的 webview 标签。该标签的 src 属性指向百度的首页，当 webview 初始化时将打开并加载百度首页的页面。紧接着，我们给该 webview 设置固定的宽和高，使它能完整地显示在我们创建的窗口中（这里你需要注意你正在使用的 Electron 版本是多少。在 Electron V5 版本之后，需要在创建 BrowserWindow 时，把参数中的 webPreferences 对象中的 webviewTag 属性设置为 true，窗口才能正常显示 webview 的内容）。修改完毕后，重新运行应用，可以看到如图 3-14 所示的效果。

　　这个时候我们打开 Windows 的任务管理器，能看到该 Electron 应用创建了 6 个进程。回想我们在 3.1.1 小节中刚运行系统信息展示应用时，Electron 应用创建了 5 个进程。我们加了 webview 标签后，进程相比之前多出来了一个。我们使用与之前一样的实验方法，将多出来的这个进程结束之后，能看到如图 3-15 所示的效果。

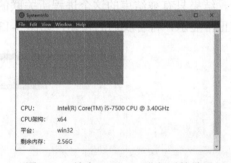

图 3-14　webview 标签在窗口中的效果　　　　图 3-15　结束 webview 进程后的效果

　　从图中可见，结束的这个进程就是 webveiw 组件运行所在的渲染进程。由于 webveiw 所在的渲染进程与其他进程是相互独立的，因此在这个渲染进程被结束之后，并没有影响外部页面的正常显示。由此可见，在 Electron 应用中窗口进程和渲染进程并不是一对一的关系，每一个窗口都可以包含多个渲染进程。

3. 渲染进程的特殊能力

　　Electron 通过引入 Node.js 来让原本受限于浏览器沙盒的 Web 页面（渲染进程）拥有了更多的本地能力，如访问本地文件资源、读取系统信息等，这些能力在前面的章节中也多次提到。另外，渲染进程不仅能使用 Node.js 的模块，还能直接使用 require 引入

Electron 模块，调用 Electron 提供的部分功能，接下来我们将分别展示这两个部分的内容。

首先，我们先来学习如何在渲染进程中使用 Node.js 的模块。在实现系统信息展示应用的过程中其实我们已经在渲染进程中使用过 Node.js 模块了。Electron 在创建窗口时提供了名为 nodeIntegration 的参数来控制是否启用 Node.js 集成特性。当这个参数设置为 true 时，允许开发者在对应窗口的脚本中，通过 require 的方式引入 Node.js 的模块，如下面代码所示。

```
const os = require('os');
const cpus = os.cpus();
```

os 原本是 Node.js 环境中才能使用的模块，但是在启动该特性后，运行在窗口渲染进程中的页面脚本也可以直接使用它了。这里需要注意的是，开启这个特性只有运行窗口脚本的主线程有这样的能力。那么通过页面脚本创建的 Web Worker 线程、iframe 的脚本该如何也拥有这样的能力呢？

我们都知道 Web 页面脚本（也就是 JavaScript）采用的是单线程模型，它在同一时间只能处理一件事情。如果在脚本的逻辑中出现重计算等耗时较长的代码，会使得页面在一定时间内无法及时响应用户的操作。在如今计算机 CPU 核数越来越多的情况下，单线程无法充分地利用多核的资源，因此浏览器中出现了 Web Worker 技术。它能让开发人员在主线程之外，再创建 Worker 线程来处理一些耗时的任务，并通过事件机制将结果告知主线程，以此来充分发挥多核 CPU 的优势。

在开发应用的时候我们不可避免地要在 Worker 线程中使用 require 引入 Node.js 的模块，为此 Electron 也允许通过配置的方式开启这个功能。与开启主线程 Node.js 集成的方式类似，我们需要在创建窗口时，将 nodeIntegrationInWorker 参数设置为 true，以允许在 Worker 线程中使用 Node.js 模块。

同理，Electron 也提供了 nodeIntegrationInSubFrames 参数来设置是否允许窗口中 iframe 页面的脚本使用 Node.js 模块，代码如下所示。

```
window = new electron.BrowserWindow({
  width: 600,
  height: 400,
  webPreferences: {
    nodeIntegration: true,
    nodeIntegrationInWorker: true,
    nodeIntegrationInSubFrames: true
  }
})
```

　　接着我们来学习如何在渲染进程中使用 Electron 提供的模块，我们将借助 Electron 模块中比较有代表性的 ipcMain 和 ipcRenderer 模块来辅助讲解。IPC 通信相关的内容我们会在后续的章节中进行详细讲解，现在只需要知道它是一种在主进程和渲染进程之间进行数据交换的方式即可。

　　在主进程脚本的开头引入 ipcMain 模块，然后通过 ipcMain 的 on 方法注册一个名为"system-message"的事件回调，在该回调中打印"I am from Renderer"，代码如下所示。

```
//主进程
const { ipcMain } = require('electron')

ipcMain.on(system-message', (event, arg) => {
    console.log('I am from Renderer');
})
```

　　在渲染进程脚本的开头引入 ipcRenderer 模块，然后通过 ipcRenderer 的 send 方法给主进程发一个对应名为"system-message"的消息，代码如下所示。

```
//渲染进程
import { ipcRenderer } from 'electron'
ipcRenderer.send('system-message', '');
```

　　通过 npm run start 启动应用，我们能在控制台中看到打印出来的"I am from Renderer"字符串，说明渲染进程的 IPC 消息发送到了主进程。

　　除此之外，渲染进程还能使用诸如 desktopCapturer、remote 以及 webFrame 等 Electron 模块提供的功能，这些功能会在后面的章节中进行讲解。最后，我们通过一张直观体现主进程和渲染进程能力范围的示意图来结束本节内容，如图 3-16 所示，希望此图对你学习本节内容有一定的帮助。

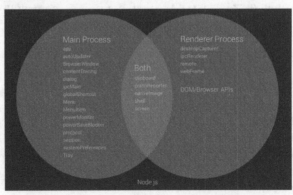

图 3-16　Electron 模块适用范围示意图

3.2　进程间通信

随着应用功能的复杂度日益增加，单进程的应用在很多场景下已经无法满足使用要求，基于多进程架构的应用逐步成为主流。在多进程架构的应用中，进程间的通信机制是必不可少的。

进程间通信（interprocess communication，简称 IPC）不是 Electron 中才有的概念，而是由操作系统提供的允许应用中各进程间进行交流的机制，这种交流机制能让一个进程将数据传输到其他进程。进程间通信的示意图如图 3-17 所示。

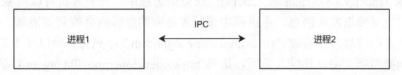

图 3-17　进程间通信

进程间通信是一类机制的集合，其中包含内存共享、管道、套接字以及文件等机制。在本节内容中，我们只需要了解进程间通信是不同进程间数据共享和交换的方式。如果你对它们感兴趣，可以在各操作系统的官方文档中查找相关资料进行学习。

在 Electron 中，我们主要关注的是两类进程：主进程和渲染进程。Electron 为这两类进程分别提供了名为 ipcMain 和 ipcRenderer 的模块来实现这两类进程之间的通信。

1. 主进程中的 ipcMain

ipcMain 模块需要在主进程中使用，这个模块负责发送消息到渲染进程以及处理从渲染进程发送过来的消息。从渲染进程发出对应的消息，会在 ipcMain 提供的事件中得到响应。ipcMain 模块常用的方法如下。

❑ ipcMain.on(channel, listener)：on 方法用于监听某个频道发送过来的消息。该方法第一个参数 channel 是一个自定义字符串，用于指定当前需要监听的是哪个频道的消息。第二个参数 listener 是一个回调函数，在当前频道有新消息抵达时，执行该函数。listener 被调用时将会以 listener(event, args...)的形式被调用。其中 event 参数会包含当前事件的一些原始信息，发送消息时自定义传入的参数将会跟随 event 参数在后面传入。

❑ ipcMain.once(channel, listener)：once 方法与 on 方法非常类似，唯一的区别在于 on 方法调用后会一直监听 channel 的消息，而 once 方法只监听一次，在收到消息后该监听器将被去掉。

- ❑ ipcMain.removeListener(channel, listener)：removeListener 方法用于将 on 方法创建的监听器删除。在此方法被调用之前，通过 on 方法创建的监听器将一直监听对应频道的消息，直到应用程序退出。

2. 渲染进程中的 ipcRenderer

ipcRenderer 模块需要在渲染进程中使用，这个模块提供了一些方法让开发人员可以发送消息到主进程，同时也可以响应主进程发送过来的消息，在事件回调中得到相应的数据。ipcRenderer 模块常用的方法如下（ipcRenderer 模块中的 on、once 以及 removeListener 方法的参数及其使用方式与 ipcMain 模块几乎一样，下面不重复进行讲解）。

- ❑ ipcRenderer.send(channel, ...args)：在渲染进程中，开发人员可以用 send 方法给自定义频道发送消息，主进程中该频道对应的监听器会收到该消息。send 方法传递的消息内容将被"structured clone algorithm"序列化，所以并不是所有的数据类型都支持，开发人员可以访问 https://developer.mozilla.org/en-US/docs/Web/API/Web_Workers_API/Structured_clone_algorithm 查看数据类型的支持情况。
- ❑ ipcRenderer.sendTo(webContentsId, channel, ...args)：sendTo 方法与 send 方法的区别是，send 方法是往主进程发消息，而 sendTo 方法是往渲染进程发送消息。sendTo 方法的第一个参数 webContentsId 为窗口中某个渲染进程的 id，指定该 id 后消息将会发送到 id 对应的渲染进程中。

ipcMain 与 ipcRenderer 其实是 Node.js 中 EventEmitter 模块的实例，所以这两个模块的使用方式与 EventEmitter 非常类似。EventEmitter 允许开发者在一个消息频道中监听事件，同时也允许开发者往一个消息频道中发送事件。这个消息频道可以通过一个自定义的字符串来指定，如下面代码所示。

```
// event.js
const EventEmitter = require('events').EventEmitter;
const event = new EventEmitter();
event.on('customEvent', function() {
    console.log('自定义触发事件');
});
module.exports = event;

//index.js
var event = require('./event.js');
event.emit('some_event');

//bash
```

```
$ node index.js    // console.log('自定义触发事件');
```

在上面的代码中，我们通过 EventEmitter 对象实例监听了名为 customEvent 的自定义频道，在收到消息的回调中打印"自定义触发事件"字符串。然后在 index.js 中向该频道发送消息，控制台中将会输出对应的日志内容。可以看到的是，EventEmitter 的 API 是基于发布订阅模式实现的，ipcMain 与 ipcRenderer 也是如此。

3.2.1　主进程与渲染进程通信

下面我们将通过实现一个简单的网络数据缓存功能来讲解主进程与渲染进程间通信的实现方式。

1. 应用场景

通过网络请求数据在传统 Web 应用中是很常见的场景，而对于一款桌面应用来说，离线使用也是一个重要的特性。要实现在没有网络的情况下应用依然能在界面中正常显示内容，其中非常重要的一步是需要在有网络情况下将请求到的数据缓存在本地。等到无网络时，直接读取本地的数据以供界面进行展示。接下来我们将展示如何实现这一步。

在该场景中，我们在窗口的渲染进程中通过 HTTP 请求获取数据，在请求成功时将返回的数据通过进程间通信的方式发送给主进程。主进程收到消息后，将数据写入本地文件中。该功能的数据流如图 3-18 所示。

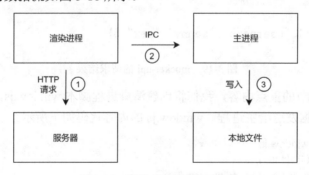

图 3-18　离线功能流程示意图

2. 功能实现

由于我们没有正式的服务器，这里将使用开源的"mocker-api（https://github.com/jaywcjlove/mocker-api/blob/master/README-zh.md）"项目来模拟一个可以返回数据的 HTTP 服务器。

首先我们通过如下命令将 mocker-api 安装到全局。

```
npm install mocker-api -g
```

接着在项目根目录下新建一个 **api.js** 文件，用于定义我们想要模拟的请求以及返回的数据，文件内容代码如下所示。

```
// Chapter3-2-1/api.js
const proxy = {
  '/api/user': {
    id: 1,
    username: 'kenny',
    sex: 6
  },
}

module.exports = proxy;
```

接着执行如下命令启动 HTTP 服务。

```
mocker ./api.js --host localhost --port 8000
```

最后在浏览器地址栏中输入 http://localhost:8000/api/user，查看是否返回我们预期 mock 的数据，如图 3-19 所示。

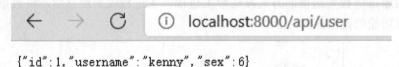

{"id":1,"username":"kenny","sex":6}

图 3-19　mocker-api 的请求结果

接下来是本小节的重点内容，我们将创建渲染进程脚本 window.js，在该脚本中实现 HTTP 请求并将数据发送给主进程。window.js 的内容代码如下所示。

```
// Chapter3-2-1/window.js
const http = require('http');
const { ipcRenderer } = require("electron");

//http 请求相关配置
const options = {
  hostname : 'localhost' ,
  port : 8000 ,
  path : '/api/user' ,
  method : 'GET' ,
```

```
    headers : {
      'Content-Type' : 'application/x-www-form-urlencoded'
    }
};

const req = http.request(options, function (res) {
  res.setEncoding('utf8');
  res.on('data', (data) => {
    console.log(`数据: ${data}`);
    try {
      //通过 ipc 将数据发送给主进程
      ipcRenderer.send('data', JSON.stringify(data));
    } catch (error) {
      console.log(error);
    }
  });
})

req.write('');
req.end();
```

在 window.js 脚本中，引入了 Node.js 内置的 http 模块来向 mock server 发送 http 请求，并在该请求的回调函数中，注册"data"事件等待数据返回。随后通过 ipcRenderer.send 方法将返回的数据发送给主进程。在发送之前，我们将数据通过 JSON.stringify 方法转换成 JSON 字符串，以字符串的形式给到主进程。

接下来我们实现在主进程中接收消息的逻辑，代码如下所示。

```
// Chapter3-2-1/index.js
const { ipcMain } = require('electron')

ipcMain.on('data', (event, data) => {
  console.log('收到渲染进程数据：',data)
// 打印 "{\"id\":1,\"username\":\"kenny\",\"sex\":6}"
})
...
```

利用 ipcMain 模块的 on 方法在主进程中监听"data"频道，就可以在回调函数中收到渲染进程向 data 频道发送的数据并打印出来。在确认收到数据后，接下来我们需要实现将数据缓存到文件系统中的功能。这里我们直接使用一个第三方模块 electron-store（https://github.com/sindresorhus/electron-store）来实现，代码如下所示。

```
// Chapter3-2-1/index.js
```

```
const { ipcMain } = require('electron')
const Store = require('electron-store');
const store = new Store();

ipcMain.on('data', (event, data) => {
  try {
    store.set('cache-data',data);
    console.log('cache-data', store.get('cache-data'));
  } catch (error) {
    console.log(error);
  }
})
```

　　我们先在文件开头处引入了 electron-store 模块并创建 store 对象，在接收到数据后将数据通过 store 提供的 set 方法写入缓存。为了验证是否写入成功，在写入之后立刻从 store 中将值取出进行验证。除此之外，你也可以去 app.getPath('userData')返回的路径中，寻找 config.json 文件并查看其中的内容来验证是否成功写入数据。

　　到这里我们已经实现了从渲染进程请求数据，然后将数据发送到主进程进行缓存的逻辑了。但是目前在逻辑上还存在一个不足，那就是在渲染进程中给主进程发送完消息后，无法得知主进程是否收到消息并缓存数据成功了，没办法对成功或失败进行提示。因此，接下来我们需要实现在主进程缓存数据成功后，将结果发送回渲染进程进行提示的功能。有两种方式可以实现主进程往渲染进程发送数据：一种是通过 ipcMain.on 方法参数中 event 对象的 reply 方法将消息发送给发送者（渲染进程）；另一种是拿到窗口的引用，通过引用中的 window.webContents.send 方法给对应的渲染进程发送消息。

　　下面先来看第一种方式的实现，代码如下所示。

```
// Chapter3-2-1/index.js
...
ipcMain.on('data', (event, data) => {
  try {
    store.set('cache-data',data);
    event.reply('data-res', 'success');
  } catch (error) {
    event.reply('data-res', 'fail');
  }
})
...

// Chapter3-2-1/window.js
...
```

```
ipcRenderer.on('data-res', function(event, data){
  console.log('收到回复：', data)
});
...
```

我们首先在主进程收到数据的回调中通过
event.reply 方法往 "data-res" 频道发送消息，如果
设置缓存数据成功则发送 "success" 字符串，如
果出现异常则发送 "fail" 字符串。接着在渲染进
程中监听 "data-res" 频道消息并在控制台将消息
打印出来。通过 npm run start 启动应用，我们能
在窗口调试工具的 Console 面板中看到主进程发
送过来的消息，如图 3-20 所示。

接下来是第二种实现方式。由于我们在主进
程中通过 window 变量保存了窗口引用，所以可
以直接通过 window.webContents.send 方法给渲染
进程发送消息，代码如下所示。

图 3-20　渲染进程打印主进程发送来的消息

```
// Chapter3-2-1/index.js
let window = null;
ipcMain.on('data', (event, data) => {
  try {
    store.set('cache-data',data);
    window.webContents.send('data-res', 'success');
  } catch (error) {
    window.webContents.send('data-res', 'fail');
  }
})
...
app.on('ready', function () {
  window = createWindow();
})
```

通过 npm run start 启动应用后，可以看到如图 3-20 所示的效果。主进程与渲染进程
完整的代码如下所示。

```
// Chapter3-2-1/index.js
const electron = require('electron');
const app = electron.app;
const url = require('url');
```

```
const path = require('path');

const { ipcMain } = require('electron')
const Store = require('electron-store');
const store = new Store();

let window = null;

ipcMain.on('data', (event, data) => {
  try {
    store.set('cache-data',data);
    window.webContents.send('data-res', 'success');
  } catch (error) {
    window.webContents.send('data-res', 'fail');
  }
})

function createWindow() {
  window = new electron.BrowserWindow({
    width: 600,
    height: 400,
    webPreferences: {
      nodeIntegration: true
    }
  })

  const urls = url.format({
    protocol: 'file',
    pathname: path.join(__dirname, 'index.html')
  })

  window.loadURL(urls);

  window.on('close', function(){
    window = null;
  })
}

app.on('window-all-closed', function () {
  app.quit();
})
```

```javascript
app.on('ready', function () {
  if(!window){
    window = createWindow();
  }
})

// window.js
const http = require('http');
const { ipcRenderer } = require("electron");

const options = {
  hostname: 'localhost',
  port: 8000,
  path: '/api/user',
  method: 'GET',
  headers: {
    'Content-Type': 'application/x-www-form-urlencoded'
  }
};

const req = http.request(options, function (res) {
  res.setEncoding('utf8');
  res.on('data', (data) => {
    try {
      //通过 ipc 将数据发送给主进程
      ipcRenderer.send('data',JSON.stringify(data));
    } catch (error) {
      console.log(error);
    }
  });
})

ipcRenderer.on('data-res', function(event, data){
  console.log('收到回复：', data);
});

req.write('');
req.end();
```

3. remote 调用

在一些场景中，如果我们的应用只需要在渲染进程中单向地访问主进程，从而获取一些数据或通知主进程完成某个任务，可以用 Electron 提供的 remote（远程调用）模块来完成，这种方式跟 Java 中的 JMI 比较类似。remote 模块本质上是 Electron 在底层替你完成了 IPC 的过程，这样使得开发者在调用主进程的方法时，不需要使用 ipcMain 和 ipcRenderer 去实现它们之间的通信。接下来我们使用 Remote 模块对上面实现的缓存数据的功能进行改写，来展示 remote 模块的使用方法，代码如下所示。

```javascript
// Chapter3-2-1/window.js
...
// 通过 remote 引入 electron-store 模块
const Store = require("electron").remote.require('electron-store');

...
const req = http.request(options, function (res) {
  res.setEncoding('utf8');
  res.on('data', (data) => {
    try {
      // 直接使用 electron-store 模块缓存数据
      const store = new Store();
      store.set('cache-data', JSON.stringify(data));
    } catch (error) {
      console.log(error);
    }
  });
})
...
```

除此之外，我们还需要在创建窗口的时候，将 webPreferences 的 enableRemoteModule 配置设置为 true，该配置决定 Electron 是否允许渲染进程使用 remote 模块，代码如下所示。

```javascript
// Chapter3-2-1/index.js
...
window = new electron.BrowserWindow({
  width: 600,
  height: 400,
  webPreferences: {
    nodeIntegration: true,
    enableRemoteModule: true     // 允许渲染进程使用 remote 模块
  }
})
...
```

我们把原本在请求回调中使用 IPC 通信相关的代码替换成直接调用 remote 引入

electron-store 模块来实现数据的缓存，使用这样的实现方式可以让我们的代码更加简洁。在使用 remote 引入 electron-store 模块并创建 store 对象时，这个 store 对象其实是存在于主进程中的，一般我们称它为远程对象。在使用 store 对象时，其实是 Electron 在底层帮我们实现了从渲染进程往主进程发送同步的消息。由于 store 对象存在于主进程，那么它的生命周期也由主进程来管理，如果主进程将对象回收，那么渲染进程将无法访问到该对象。这里需要注意的是，如果 store 对象一直在渲染进程中被引用，将会导致在主进程中无法回收该对象，进而造成内存泄漏。

　　另外，在 Electron 的官方文档中提到，如果通过 remote 访问的是 String、Number、Arrays 或者 Buffers 等类型，Electron 将会通过 IPC 在主进程和渲染进程中分别复制一份。在这种机制下，你在渲染进程中改变它们将不会同步到主进程中，反之亦然。

　　在本示例中，我们传递给主进程的是 String 类型的数据，但是在某些场景下你想要将渲染进程的一个 function 当作回调传递给主进程，那么就需要谨慎一些了。因为传递给主进程的回调将会被主进程引用，除非你手动地去解除引用并回收它，否则直到主进程退出之前它都会存在于内存中。如果你的渲染进程逻辑被重复执行（例如反复关闭创建窗口），将会导致主进程中该回调函数的引用越来越多，也进而存在内存泄漏的风险。

3.2.2　渲染进程互相通信

　　渲染进程间通信一般分为两种场景，一种相对简单，另一种相对复杂。

　　相对简单的场景是，我们在某个渲染进程中已经明确的知道想要往哪个渲染进程发送消息，并且知道目标渲染进程的 webContentsId。在这种场景中，你只需要在渲染进程中使用 ipcRenderer 模块的 sendTo 方法来向目标渲染进程发消息即可，如图 3-21 所示。

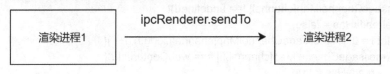

图 3-21　使用 sendTo 发送消息的示意图

　　相对复杂的场景是，某个渲染进程只负责发出某类消息，但具体由哪些渲染进程来接收消息是不确定的，只有显示的声明需要接收此类消息的渲染进程才能收到。在这种场景中，我们需要借助主进程来完成消息的注册、中转。这种场景的实现方式一般也分为两种。

　　1. 主进程注册频道

　　主进程只负责消息频道的注册，接收消息的渲染进程把想要接收到的消息频道告诉主进程，发送消息的渲染进程在发送前询问主进程有哪些渲染进程想要接收这个频道的消息。得到接收渲染进行列表后，通过 sendTo 方法逐一发送，如图 3-22 所示。

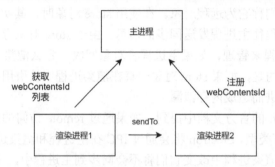

图 3-22　主进程负责注册频道的示意图

接下来我们将通过一个示例来展示这种实现方式。

首先，我们需要在主进程中定义一个名为 messageChannelMap 的 Map 数据结构来存储注册的 channel 信息。messageChannelMap 的 key 为 channel 名，value 为想要收到该 channel 消息的渲染进程 webContentsId 列表。

接着，定义两个方法，分别为 registMessageChannel 和 getMessageChannel。registMessageChannel 方法用于注册 channel 信息，getMessageChannel 方法用于在 message-ChannelMap 中获取 channel 对应的渲染进程 webContentsId 列表，代码如下所示。

```javascript
// Chapter3-2-2-1/index.js
const messageChannelMap = {};

function registMessageChannel(channel, webContentsId){
  if(messageChannelMap[channel] !== undefined){
    let alreadyHas = false;
    for(let i = 0; i < messageChannelMap[channel].length; i++){
      if(messageChannelMap[channel][i] === webContentsId){
        alreadyHas = true;
      }
    }
    if(!alreadyHas){
      messageChannelMap[channel].push(webContentsId);
    }
  }else{
    messageChannelMap[channel] = [webContentsId];
  }
}
```

```
function getMessageChannel(channel){
  return messageChannelMap[channel] || [];
}
```

registMessageChannel 方法会在主进程中监听的 registMessage 消息回调中被调用。registMessage 消息由渲染进程发出，告诉主进程想要收到哪个 channel 的消息。getMessageChannel 方法会在主进程中监听的 getRegistedMessage 消息回调中被调用。getRegistedMessage 消息也是由渲染进程发出，发送者通过该消息拿到谁想收到这个 channel 的数据，代码如下所示。

```
// Chapter3-2-2-1/index.js
...
ipcMain.on('registMessage', (event, data) => {
  try {
    registMessageChannel(data, event.sender.id); // 注册
  } catch (error) {
    console.log(error)
  }
})

ipcMain.on('getRegistedMessage', (event, data) => {
  try {
    event.reply('registedMessage', JSON.stringify(getMessageChannel(data)));
  } catch (error) {
    console.log(error)
  }
})
...
```

接下来我们要实现两个窗口，在其中一个窗口的渲染进程中向主进程注册某个 channel 的消息，在另一个窗口的渲染进程中往这个 channel 发消息。我们需要将窗口之间的主进程代码改造一下，给 createWindow 新增一个 url 参数，然后在 Electron 的 ready 事件中，通过两次调用 createWindow 方法并传入不同的 url 来创建两个窗口，代码如下所示。

```
// Chapter3-2-2-1/index.js
...
function createWindow(url) {
  let window = new electron.BrowserWindow({
    width: 600,
    height: 400,
    webPreferences: {
```

```
      nodeIntegration: true,
      enableRemoteModule: true
    }
  })

  window.loadURL(url);

  window.on('close', function(){
    window = null;
  })
}

app.on('window-all-closed', function () {
  app.quit();
})

app.on('ready', function () {
  const url1 = url.format({
    protocol: 'file',
    pathname: path.join(__dirname, 'window1/index.html')
  })
  const url2 = url.format({
    protocol: 'file',
    pathname: path.join(__dirname, 'window2/index.html')
  })
  createWindow(url1);
  setTimeout(()=>{
    createWindow(url2);
  }, 2000);
})
```

　　虽然在代码中调用 createWindow 函数有先后之分，但是两个窗口最终启动完毕的顺序是不确定的。为了保障注册 channel 行为与获取注册信息的行为的先后顺序，这里使用 setTimeout 方法延迟 window2 的创建。

　　对于负责注册 channel 的 window1，我们在它的渲染进程代码中通过 ipcRenderer 向主进程发送 registMessage 消息去注册一个名为"action"的频道，同时监听"action"频道的消息，在收到消息之后将消息内容显示在页面中，代码如下所示。

```
// Chapter3-2-2-1/window1/window.js
const { ipcRenderer } = require("electron");

ipcRenderer.send('registMessage', 'action');
```

```
ipcRenderer.on('action', function(event, data){
  document.body.innerHTML = data;
})
```

对于负责发送 channel 消息的 window2，我们在它的渲染进程代码中首先通过 ipcRenderer 向主进程发送 getRegistedMessage 消息，获取都有哪些渲染进程需要收到 "action" 频道的消息。然后监听主进程发送过来的 registedMessage 消息，该消息将返回注册 channel 的 webCotentsIds 列表。最后遍历返回的 webCotentsIds 列表，使用 sendTo 方法逐个发送 IPC 消息，代码如下所示。

```
// Chapter3-2-2-1/window2/window.js
const { ipcRenderer } = require("electron");

ipcRenderer.send('getRegistedMessage', 'action');

ipcRenderer.on('registedMessage', function (event, data) {
  try {
    let webContentIds = JSON.parse(data);
    for (let i = 0; i < webContentIds.length; i++) {
      ipcRenderer.sendTo(webContentIds[i], 'action', 'Hello World')
    }
  } catch (error) {
    console.log(error)
  }
})
```

现在通过 npm run start 启动应用，等待第 2 个 window 创建并加载完毕，我们能在 window1 的界面中看到往 "action" 频道发送的消息 "Hello World"，如图 3-23 所示。

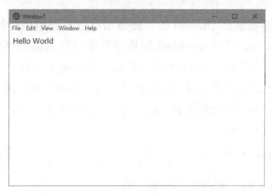

图 3-23 window1 接收到消息后的界面

2. 主进程注册频道与消息转发

在这种方式中,主进程既负责消息频道的注册,也负责消息的转发。渲染进程之间不会直接进行通信,而是统一将消息发送给主进程,由主进程来判断并转发给需要的渲染进程,如图 3-24 所示。

虽然与方式一有所不同,但也能复用方式一中的部分代码,例如注册 channel、channel 管理等逻辑。这里需要改动的是主进程转发消息以及渲染进程 2 中发送消息的逻辑。接下来我们先来实现主进程转发逻辑。

为了让主进程能将消息发送到渲染进程,主进程的代码需要将所有窗口的引用保存起来。这里我们改造了 createWindow 函数,在它执行完毕后返回窗口的引用,接着定义一个名为 windows 的数组来存储这些窗口的引用。当 ready 事件触发后开始创建窗口,同时使用 windows. Push 方法将窗口引用进数组中,代码如下所示。

```javascript
// Chapter3-2-2-2/index.js
const windows = [];                    //保存窗口引用,用于发送消息到对应的渲染进程

function createWindow(url) {
  let window = new electron.BrowserWindow({···})
  ···
  return window;                       //新增返回窗口引用代码
}
app.on('ready', function () {
  ···
  windows.push(createWindow(url1));
  setTimeout(()=>{
    windows.push(createWindow(url2));
  }, 2000);
})
```

由于 window2 不需要拿到 channel 的订阅数据亲自发送给另外的渲染进程,所以主进程中的 getRegistedMessage 以及 window2 渲染进程中收到 registedMessage 发送消息的逻辑也就不需要了。在主进程中,取而代之的是 transMessage 事件。该事件由 window2 的渲染进程发出并通过主进程中转指定 channel 的消息。transMessage 事件触发后,主进程需要将窗口渲染进程的 id 与注册的 id 进行匹配。如果匹配成功,则发送消息到对应 id 的渲染进程中,代码如下所示。

```javascript
// Chapter3-2-2-2/index.js
···
ipcMain.on('transMessage', (event, channel, data) => {
  try {
```

```
      transMessage(getMessageChannel(channel), channel, data);
  } catch (error) {
      console.log(error)
  }
})

function transMessage(webContentsIds, channel, data){
  for(let i=0; i<webContentsIds.length; i++){
    for(let j=0; j<windows.length; j++){
      if(webContentsIds[i] === windows[j].webContents.id){
        windows[j].webContents.send(channel, data);
      }
    }
  }
}
...

// Chapter3-2-2-2/window2/window.js
const { ipcRenderer } = require("electron");

ipcRenderer.send('transMessage', 'action', 'Hello World Too');
```

现在通过 npm run start 启动应用，我们能在 window1 的页面中看到消息正文"Hello World Too"，如图 3-25 所示。

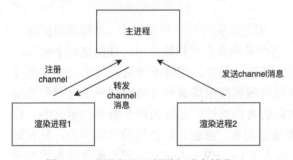

图 3-24　主进程注册频道与消息转发

图 3-25　window1 接收到消息后的界面

3.3　总　　结

❑ 进程是操作系统进行资源分配和调度的基本单位，线程是操作系统进行运算调度的最小单位。一个进程至少包含一个线程，在同一个进程内的线程可以共享该进程内的资源。进程间无法直接共享资源，需要借助 IPC（IPC 为进程间通信的英文简写）技术来实现。

❑　Electron 引入 Node.js 来扩展传统 Web 页面的能力，它能让应用窗口中的页面突破浏览器限制。开发者可以通过 API 实现访问本地文件以及控制菜单栏等功能。

❑　在 Electron 中，窗口进程与渲染进程是不同的概念。应用程序的窗口本身运行在窗口进程中，窗口中具体显示界面的页面运行在渲染进程中。渲染进程指的是真正加载并渲染页面的那个进程。一个窗口可以包含多个渲染进程，这些渲染进程之间独立运行，互不影响。

❑　创建窗口时手动设置 webPreferences 中的相关参数，可以让渲染进程能直接使用 Electorn 中的部分模块，同时也可以通过 require 引入第三方模块。

❑　在 Electron 中可以使用 ipcMain 和 ipcRenderer 实现主进程与渲染进程之间的数据交换。某些场景下，你可以使用写法上更简洁的 remote 模块来完成渲染进程与主进程之间的单向调用或单向数据传输。

❑　remote 调用的底层是用同步 IPC 实现的，Electron 将 IPC 过程封装起来使得开发者可以很方便地在渲染进程实现与主进程间的交互。

❑　渲染进程间的通信有三种实现方式：第一种是渲染间直接通信；第二种是渲染进程通过主进程获取监听 channel 的渲染进程 id 列表，然后向这些 id 对应的渲染进程直接发送消息；第三种是完全通过主进程来转发消息，渲染进程间不直接进行通信。

Electron 中 IPC 相关的 API 虽然并不多，但是在实际的应用开发中，进程间通信是一个高频次的场景，ipcMain 和 ipcRenderer 两个模块将会被频繁使用，掌握这两个模块，你就能应对绝大多数需要实现进程间通信的场景。另外，理解不同进程间的通信实现方式也是非常重要的，它能帮助你在开发应用时根据应用场景更合理地划分主进程和渲染进程的逻辑，降低逻辑耦合，从而提升代码的可维护性。在前面两个章节的示例中，我们都用 BrowserWindow 创建了一些窗口来显示内容，在创建时使用的参数不多，只有如 width、height、webPreferences 等参数。实际上 BrowserWindow 对象可以配置的参数远远不止这些，在下一章中我们将学习 BrowserWindow 更加详细的参数配置，利用这些参数的组合实现更多不同形态的窗口。

本章节中所涉及的完整代码可以访问 https://github.com/ForeverPx/ElectronInAction/tree/main/Chapter3-*。在学习本章的过程中，建议你下载源码，亲手构建并运行，以达到最佳学习效果。

第4章 窗　口

桌面应用程序的窗口是应用的门面，它也是直接与用户进行交互的模块。在应用研发的过程中，产品经理、交互设计师以及视觉设计师会投入相当一部分精力来设计一个符合产品使用场景的界面，在交互和视觉上期望给用户带来最好的体验。开发人员想要高度还原这些设计，就需要对窗口的特性非常了解，知道哪些配置的组合可以实现设计师们想要达到的效果。Electron 中窗口由 BrowserWindow 对象来创建，但 BrowserWindow 可以配置的属性多达几十个，一开始就将它们全部学习并理解显然是不现实的。所以在本章中，我们先会挑选出部分我们认为非常重要的属性进行逐一讲解，然后将应用常见的几种窗口形态抽象出来，以案例的方式来进行讲解。期望你在学完本章后，可以掌握窗口基本的实现方法。

4.1　窗口的基础知识

4.1.1　窗口的结构

虽然前面章节的示例中都有涉及窗口相关的内容，但是在深入学习窗口知识之前，我们还是先来回顾一下创建一个最简单窗口的代码，代码如下所示。

```javascript
// index.js
function createWindow() {
  window = new electron.BrowserWindow({
    width: 600,
    height: 400
  })

  const urls = url.format({
    protocol: 'file',
    pathname: path.join(__dirname, 'index.html')
  })

  window.loadURL(urls)
  console.log(urls);
```

```
window.on('close', function(){
    window = null;
})
}
```

这里我们使用 BrowserWindow 对象创建了一个宽 600px、高 400px 的窗口。这个窗口中包含几个重要的组成部分，分别是标题栏、菜单栏以及页面，如图 4-1 所示。

标题栏用于显示窗口的标识。例如，在系统信息展示应用中，我们把窗口的标题栏设置为 SystemInfo，可以让用户快速了解当前窗口的功能。在进程间通信的例子中，我们分别把两个窗口标题栏设置为 window1 和 window2，用于快速区分两个窗口。

菜单栏用于控制窗口的特征和行为。例如，在 View 选项中，可以进行页面刷新、缩放页面、调起

图 4-1　窗口的各个组成部分

页面调试控制台等操作。在 Window 选项中，可以将窗口最小化以及关闭当前窗口。

页面区域是一个 Chromium 容器，通过 loadURL 加载后的 html 文件将会被渲染在该区域内。由于在上面创建窗口的代码中指定了加载同一个目录的 index.html 文件，所以我们在页面区域看到了被渲染出来的"Hello world"字符串。

在一些场景中出于设计上的考虑，你的窗口可能不需要标题栏和菜单栏，或者想要以更美观的方式实现，可以通过在创建窗口时配置对应的参数实现。在下一小节的内容中，我们会讲解 BrowserWindow 提供的一系列重要配置。

4.1.2　重要的窗口配置

由于 BrowserWindow 提供的配置非常多，并且部分配置为对象类型，对象中又嵌套了一系列的子配置（如 webPreferences 配置）。对这些配置一一讲解会使得篇幅过长，不利于吸收理解。因此，本节不会展开讲解 BrowserWindow 提供的每一个参数，仅挑选出我们认为重要或阅读文档的过程中相对难于理解的配置进行讲解。

1. 基础属性

我们对前面示例中创建窗口的代码稍作修改，除了 width 和 height 之外给窗口再加上一些基础属性，代码如下所示。

```
window = new electron.BrowserWindow({
    width: 600,
```

```
    height: 400,
    minWidth: 600,                    //最小宽度
    maxWidth: 800,                    //最大宽度
    minHeight: 400,                   //最小高度
    maxHeight: 600,                   //最大高度
    resizable: true,                  //是否可改变大小
    movable: false                    //是否可移动
})
```

通过 npm run start 命令启动应用，来看看这些新增的参数是如何作用于窗口的。

在窗口创建成功后，虽然看起来跟之前的样子没什么不同，但是当通过鼠标拖曳窗口边缘进行窗口缩放时，你会发现它缩小到 600px×400px 的尺寸就无法继续缩小了，同理放大到 800px×600px 的尺寸就无法继续变大了。这是因为我们给窗口设置了最大、最小的高度和宽度的原因，窗口的大小被限制在了这个范围内。如果你不期望窗口能被用户改变大小，那么可以将 resizable 配置的值设置为 false（resizable 默认值为 true）。

除此之外，原来的窗口是可以通过鼠标拖曳标题栏进行移动的，但这里我们将 movable 参数设置为 false 后，这一操作行为将被禁止。虽然这里通过参数在创建窗口时对窗口的缩放大小做了限制，但是你仍然可以在代码中通过 setSize 等方法来突破这个限制，因为这些限制仅对用户的操作行为生效。

2. 窗口位置

默认情况下，Electron 会将窗口显示在屏幕的正中间。如果应用的需求正好如此，那么在创建窗口时就不需要关心如何定义窗口的位置。但是如果我们有特殊的需求，要将窗口创建在一个自定义的位置，则需要在创建窗口时，手动给 BrowserWindow 传入 x 和 y 参数。x 控制窗口在屏幕中的横向坐标，y 控制窗口在屏幕中的纵向坐标，代码如下所示。

```
window = new electron.BrowserWindow({
    width: 600,
    height: 400,
    minWidth: 600,                    //最小宽度
    maxWidth: 800,                    //最大宽度
    minHeight: 400,                   //最小高度
    maxHeight: 600,                   //最大高度
    resizable: true,                  //是否可改变大小
    movable: false                    //是否可移动
    x:0,
    y:0
})
```

　　在上面的代码中，我们在创建窗口时传入 x 和 y 配置来让窗口初始化后显示在屏幕左上角的位置。

3. 标题栏文本

　　BrowserWindow 提供了 title 配置项来设置窗口标题栏的内容，这看起来非常简单，但是背后的机制时常会让刚接触它的开发人员感到疑惑。官方文档中说道："窗口的默认标题为 Electron，如果使用 loadURL 方法加载的 HTML 文件中含有 title 标签，BrowserWindow 中指定的 title 配置将被忽略，用 title 标签中的内容取而代之。"为了验证这个规则，我们在 HTML 文件中加入 title 标签并将标签的内容改为 "HTML Title"，接着在创建窗口时，将 title 配置设置为 "Param Title"，代码如下所示。

```
// index.html
<head>
    <title>HTML Title</title>
</head>

// index.js
window = new electron.BrowserWindow({
  width: 600,
  height: 400,
  minWidth: 600,              //最小宽度
  maxWidth: 800,              //最大宽度
  minHeight: 400,             //最小高度
  maxHeight: 600,             //最大高度
  resizable: true,            //是否可改变大小
  movable: false,             //是否可移动
  x: 0,
  y : 0,
  title: 'Param Title'
})
```

　　通过 npm run start 命令启动程序，可以看到如图 4-2 所示的标题内容。

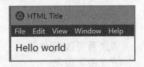

图 4-2　设置 HTML title 标签后的窗口标题内容

　　正如文档所描述的那样，HTML 中 title 标签的内容覆盖了 BrowserWindow 参数中的 title 标签的内容。接下来我们将 HTML 中的 title 标签注释，验证窗口的标题是否会显示

成"Param Title",代码如下所示。

```
// index.html
<head>
    <!-- <title>HTML Title</title> -->
</head>
```

通过 npm run start 命令启动应用,可以看到如图 4-3 所示的标题内容。

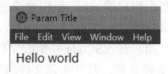

图 4-3　去掉 HTML 中 title 标签后窗口标题的内容

依然如文档所描述的那样,在 HTML 没有定义 title 标签时,使用的是参数中的 title 作为窗口的标题,所以窗口的标题现在变成"Param Title"。到这里还没有结束,我们继续深挖一下这个规则,你会发现存在不符合预期的地方。文档中提到窗口的默认标题为"Electron",那是不是意味着在 HTML 的 title 标签和 BrowserWindow 的 title 参数都不设置的情况下,窗口的标题显示为"Electron"呢?按照这个思路我们将 title 参数也注释,然后运行程序观察窗口的标题,如图 4-4 所示。

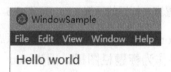

图 4-4　HTML title 和 BrowserWindow title 都不设置时窗口标题的内容

窗口的标题变成了"WindowSample",而不是"Electron"。我们好像没有在主进程或者渲染进程中写过"WindowSample"等字样,那它是哪里来的呢?全局搜索"WindowSample"字符串,结果发现它是 package.json 中 name 属性的值,代码如下所示。

```
{
  "name": "WindowSample",
  "version": "1.0.0",
  "description": "",
  "main": "index.js",
  "scripts": {
    "start": "electron .",
    "test": "echo \"Error: no test specified\" && exit 1"
  },
```

```
    "author": "",
    "license": "ISC"
}
```

如果继续将 package.json 中的 name 属性注释掉,那么窗口的标题将会显示文档中默认所写的"Electron"。由此我们可以得出一个关于 title 设置优先级的结论:HTML title 标签 > BrowserWindow title 属性 > package.json name 属性 > Electron 默认。在日常开发中,为了可以更加灵活地配置每个窗口的 title,我们建议使用 HTML title 标签进行设置。除此之外,我们还可以使用窗口提供的 setTitle 方法来在程序运行的过程中动态改变窗口的标题。以 VSCode 应用为例,用户在 VSCode 左侧的文件列表中切换文件时,VSCode 的标题栏会切换成当前选中的文件名称,并且在该文件编辑未保存的状态下,在标题开头加上圆点标识来提醒用户该文件未被保存,如图 4-5 所示。

4. 标题栏图标

应用在不设置标题栏图标的情况下,Electron 将会使用应用可执行文件的图片作为标题栏图标,如图 4-6 所示。

图 4-5　VSCode 动态设置窗口标题的示例　　　图 4-6　默认的标题栏图标

BrowserWindow 提供了 icon 配置来让开发者自定义标题栏图标。在 Windows 系统中,我们建议使用 ico 格式的文件作为标题栏图标,因为 ico 文件是多种尺寸图片的集合,Windows 系统会结合当前显示设备的分辨率以及具体的显示尺寸挑选其中一张最合适的图片来作为应用的图标,这样能使图标在不用场景下的显示效果更好。

接下来我们准备一个 ico 格式的图标,将其命名为 logo.ico 并放置于项目的根目录中。然后在创建窗口的代码中,将 icon 属性赋值为该 ico 文件的路径,代码如下所示。

```
window = new electron.BrowserWindow({
    width: 600,
    height: 400,
    minWidth: 600,
    maxWidth: 800,
    minHeight: 400,
    maxHeight: 600,
    resizable: true,
    movable: true,
    x:0,
```

```
  y:0,
  title: 'Param Title',
  icon: path.join(__dirname, 'logo.ico')
}))
```

通过 npm run start 命令启动程序，将会看到窗口标题栏的图标以及系统底部任务栏的图标变成了我们新设定的图标，如图 4-7 和图 4-8 所示。

　　图 4-7　窗口标题栏自定义图标　　　图 4-8　任务栏自定义图标

4.2　组　合　窗　口

桌面应用程序中多个窗口之间默认是没有联系的，它们彼此独立，互不干扰。但是在一些场景中，应用交互的实现需要在多个窗口之间进行一定程度的联动。我们先来看一个实际的例子，如图 4-9 所示。

图 4-9　多窗口联动的应用实例

我们在图中看到了两个窗口，分别在图中的左侧和右侧。为了更好地区分它们，我们将左侧的窗口命名为"互动窗口"，因为它是在单击右侧"互动"按钮后显示出来的；将右侧的窗口命名为"工具栏"。在这个场景中，我们需要实现在工具栏关闭时，互动窗口也将跟着关闭的交互。如果手动来实现这个交互，逻辑上会在关闭工具栏窗口时，响应工具栏窗口关闭的事件，并在事件回调中获取互动窗口的窗口引用，然后调用 close 方法关闭互动窗口。

　　如果我们的应用中有很多需要这样处理的窗口，就需要在关闭窗口时找到每一个需要跟随关闭的窗口并将它们一一关闭。这将是一件非常烦琐的事情，有没有一种方式可以让工具栏和互动窗口产生关联，从而自动地实现这种带有关系的交互呢？

　　其实 Electron 提供的组合窗口（又称为父子窗口）概念可以很方便地实现这样的交互。当一个窗口被创建时，我们可以通过它提供的 parent 参数来指定它的父窗口。当窗口之间形成父子关系后，它们在行为上就会产生一定的联系。例如，子窗口可以相对父窗口的位置来定位自己的位置、父窗口在移动时子窗口也会自动跟随着移动，以及当父窗口被关闭时子窗口也会同时被关闭等。可以看到，组合窗口天然地实现了我们所需要的功能。接下来我们将上面所描述的交互进行简化，来实现一个可以同时移动且同时关闭的多窗口示例。

　　首先，我们在主进程中通过熟悉的方法创建两个窗口，并将它们分别命名为 parentWin 和 childWin，代码如下所示。

```
// index.js
let parentWin = null;
let childWin = null;

app.on('ready', function () {
  const url1 = url.format({
    protocol: 'file',
    pathname: path.join(__dirname, 'window1/index.html')
  })
  const url2 = url.format({
    protocol: 'file',
    pathname: path.join(__dirname, 'window2/index.html')
  })
  parentWin = createWindow(url1);
  childWin = createWindow(url2, parentWin);
})
```

这里我们在用 createWindow 方法创建 childWin 时，将 parentWin 作为第二个参数传入，该参数用于在 createWindow 方法中给 childWin 指定它的父窗口。createWindow 的内部实现代码如下所示。

```
// index.js
```

```
function createWindow(url, parent) {

  let window = new electron.BrowserWindow({
    width: 600,
    height: 400,
    parent: parent ? parent : null,
    webPreferences: {
      nodeIntegration: true,
      enableRemoteModule: true
    }
  })

  window.loadURL(url)

  window.on('close', function(){
    window = null;
  })
}
```

parent 配置的值为 createWindow 方法传入的第二个参数，当不传第二个参数时，parent 配置将被设置为 null。parent 配置在 Electron 中用于给某个窗口指定它的父窗口，从而实现组合窗口。配置该参数后，parentWin 变为 childWin 的父窗口。

通过 npm run start 命令启动应用，等到两个窗口创建完成后，我们单击 parentWin 的关闭按钮，能看到 childWin 也同时被关闭了。如果应用中有更多其他的窗口将 parentWin 设置为父窗口，那么它们也将一同被关闭，因此你不需要去一一关闭它们。

本小节中所涉及的完整代码可以访问 https://github.com/ForeverPx/ElectronInAction/tree/main/Chapter4-2。在学习本章的过程中，建议你下载源码，亲手构建并运行，以达到最佳学习效果。

4.3 特殊形态的窗口

到目前为止，示例中的窗口样式都是系统默认的，它们都带有标题栏、菜单栏以及边框，形状都是矩形。这种默认的样式目前在真实的应用界面设计中已经逐步被淘汰，取而代之的是一些经过精心设计的窗口样式，如图 4-10 所示。

图 4-10 中的窗口在设计上有 3 个特征。

图 4-10　非默认样式的窗口界面示例

- 没有标题栏、菜单栏以及边框。
- 窗口四个角为圆角。
- 窗口周围带有阴影。

下面我们将分别讲解如何在 Electron 应用中实现它们。

4.3.1　无标题栏、菜单栏及边框

这里我们复用第 2 章节中系统信息展示应用的代码，通过 BrowserWindow 提供的 frame 配置将该应用窗口的标题栏、菜单栏以及边框去掉，代码如下所示。

```
// Chapter4-3/index.js
...
window = new electron.BrowserWindow({
  width: 600,
  height: 400,
  frame: false,
  webPreferences: {
    nodeIntegration: true,
    webviewTag: true
  }
});
...
```

通过 npm run start 启动应用，我们可以看到系统信息展示应用的窗口除页面本身之外的组件已经不在了，如图 4-11 所示。

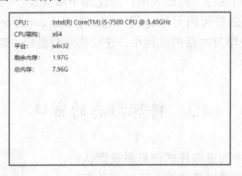

图 4-11　将 frame 设置为 false 时的窗口样式

4.3.2　圆角与阴影

查看 Electron 的官网文档，我们会发现在 Electron 中创建的窗口本身是不支持设置圆

角和边框阴影的。既然 BrowserWindow 没有配置能直接使用，那么我们能否在窗口的页面中模拟圆角和阴影呢？答案是肯定的。这个方案的前提是，我们需要通过 BrowserWindow 的 transparent 配置将窗口本身设置为透明，让整个窗口看上去跟不存在一样，如图 4-12 所示。

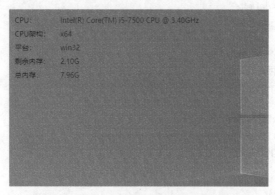

图 4-12　透明窗口示例

接着在窗口的渲染进程页面中，通过 HTML+CSS 来模拟实现圆角和阴影。我们根据上面的思路来编写代码，代码如下所示。

```
// Chapter4-3/index.js
...
window = new electron.BrowserWindow({
  width: 600,
  height: 400,
  frame: false,
  transparent:true,
  webPreferences: {
    nodeIntegration: true
  }
});
...

// Chapter4-3/index.html
...
<div class='container'>
  <div id='cpu' class='info'>
    <label>CPU：</label>
    <span>Loading</span>
  </div>
```

```
<div id='cpu-arch' class='info'>
    <label>CPU 架构：</label>
    <span>Loading</span>
</div>
<div id='platform' class='info'>
    <label>平台：</label>
    <span>Loading</span>
</div>
<div id='freemem' class='info'>
    <label>剩余内存：</label>
    <span>Loading</span>
</div>
<div id='totalmem' class='info'>
    <label>总内存：</label>
    <span>Loading</span>
</div>
</div>
...
```

与之前不同的是，我们给一系列类名为 info 的 div 元素加上了一个父元素，并设置其 class 属性为 container。该元素的作用是模拟窗口的形状以及在它之上实现圆角和阴影的效果。接来下是最后一步，给 container 元素加上对应的 CSS。这里将使用到 Web 前端开发人员比较熟悉的 border-radius 和 box-shadow 属性来实现，代码如下所示。

```
// Chapter4-3/index.css
...
.container{
    padding: 10px;
    width: 560px;
    height: 360px;
    background: #fff;
    border-radius: 40px;
    box-shadow:5px 5px 5px grey;
}
...
```

通过 npm run start 启动应用，我们可以看到应用窗口的四个角有了一定的弧度，并且在周围带有阴影效果，如图 4-13 所示。

为了让大家更了解现在窗口的内部结构，我们给 HTML 的 body 加上一个黄色的背景色，如图 4-14 所示。

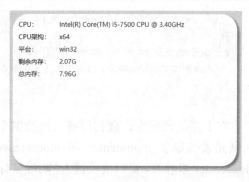

图 4-13 带有圆角和阴影的窗口	图 4-14 带有背景色的透明窗口

　　可以从图上看到，这个窗口本身依然是矩形的，而且窗口的四个边角也是方的，我们只是在窗口的内部用页面元素模拟了圆角和阴影效果。如果我们将边框阴影的偏移量设置得更大些，大到超出了窗口本身，将会看到阴影被窗口截断，因为页面的可视范围只能在窗口内部。

　　值得注意的是，如果窗口黄色区域背后有其他可以交互的内容（例如其他窗口），单击该区域时背后的内容是无法得到响应的。虽然我们看到这块区域是透明的，但是单击的还是这个窗口，鼠标单击事件将会被前面的窗口所拦截。在用户的感知中，透明的区域应该不属于窗口本身，单击之后是应该穿透下去的。要实现这样的效果，我们就需要用到 BrowserWindow 的 setIgnoreMouseEvents 方法，如果给该方法的 ignore 参数传入 true 值，窗口将无法触发任何鼠标事件。这显然会导致用户单击整个窗口都没有响应。实际上我们只是期望在单击透明区域时不响应，而在可见区域需要响应鼠标事件。因此，我们需要额外实现一段逻辑代码来控制鼠标在不同区域的表现，代码如下所示。

```
// Chapter4-3/index.html
...
<body>
  <div id='con' class='container'>
...
</div>
</body>
...

// Chapter4-3/window.js
...
const win = require('electron').remote.getCurrentWindow();
const el = document.getElementById('con');
el.addEventListener('mouseenter', () => {
```

```
  win.setIgnoreMouseEvents(false,)
});
el.addEventListener('mouseleave', () => {
  win.setIgnoreMouseEvents(true, { forward: true })
});
...
```

在上面的代码中，我们没有直接给整个窗口设置"不响应鼠标事件"，而是给可视区域元素绑定了 mouseenter 和 mouseleave 两个鼠标事件。当鼠标进入可视区域触发 mouseenter 事件时，窗口被设置为"响应鼠标事件"。当鼠标离开可视区域触发 mouseleave 事件时，窗口被设置为"不响应鼠标事件"。此时鼠标的位置处于透明区域，单击事件将穿透该窗口，这就实现了我们想要的效果。另外可以看到，setIgnoreMouseEvents 方法在 mouseleave 事件回调中被调用时，多传入了一个 forward 参数，如果它的值为 true（默认为 false），窗口会保留响应鼠标的部分事件，例如 mouseenter 和 mouseleave 等。否则，鼠标在离开可视区域后，窗口后续将无法再响应任何鼠标事件，包括我们给可视区域注册的 mouseenter 事件。对于用户来说，窗口在鼠标离开可视区域后就永远地失控了。

本小节中所涉及的完整代码可以访问 https://github.com/ForeverPx/ElectronInAction/tree/main/Chapter4-3。在学习本章的过程中，建议你下载源码，亲手构建并运行，以达到最佳学习效果。

4.4 窗口的层级

4.4.1 Windows 窗口层级规则

由于 Electron 中的窗口本质上是系统的窗口，因此下面我们将直接讲解 Windows 系统中窗口的层级规则。

Windows 系统，顾名思义就是"窗口系统"。在这个系统中，窗口是给用户展示信息和进行交互的基本组件。当 Windows 系统开始启动到显示系统桌面时，整个桌面就是我们看到的第一个窗口。在没有创建任何其他的窗口时，桌面窗口位于窗口层次中的顶层，我们暂时将桌面窗口命名为 TopWindow。

假设我们在启动 Electron 应用之后，先后创建两个一级窗口 Window1 和 Window2，由于 Windows 系统将应用程序创建的一级窗口统一设置为 TopWindow 的子窗口，所以这两个窗口与 TopWindow 都是父子关系。Windows 系统将通过链表的方式来管理同级的窗口，自然这两个窗口也是通过链表的方式来管理的。由于 Window1 先被创建，所以在链表中 Window1 的 Next 指针将指向 Window2，此时 Window1 为链表的表头。如果此后有更多的一级窗口被创建，那么将被逐个添加到链表尾部。

这个链表的前后顺序不仅代表了创建顺序，而且还决定了窗口离顶级窗口 TopWindow 的远近。越靠近表头的窗口离 TopWindow 越近，反之则越远。如果我们从链表尾部以俯视的角度看下去，那么离我们最近的窗口就是链表尾部的窗口，而其他窗口将被它挡住。在一定程度上，创建的顺序也决定了窗口的层级顺序，当同一个层级中新的窗口被创建时，系统将会把它添加到链表尾部，使得它能被用户看到。TopWindow、Window1、Window2 与窗口链表的关系如图 4-15 所示。

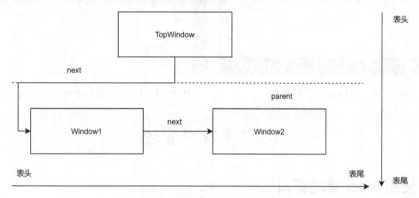

图 4-15　窗口之间的层级关系

4.4.2　置顶窗口

在一些场景中，应用的需求可能需要将某个窗口置顶，让它能显示在所有窗口最前面。这种场景下我们可以通过在创建窗口时配置 alwaysOnTop 或者通过 setAlwaysOnTop 方法来实现。由于这两种方式在 Windows 系统中都是通过设置 Window.Topmost 属性实现的，所以这两种方式并不能应对所有情况。例如，在 Windows 10 系统的任务管理器中选择一个窗口，并在选项中将它设置为"置于顶层"，这种情况下该窗口的层级将会高于我们通过 alwaysOnTop 配置或 setAlwaysOnTop 方法置顶的窗口。

在使用 alwaysOnTop 配置或者在调用 setAlwaysOnTop 方法时，如果只传第一个参数，窗口的层级将会低于 Windows 的任务栏，当窗口移动到与任务栏位置部分重叠时，可以看到窗口的一部分被挡住了，如图 4-16 所示。

如果要求窗口不被任务栏遮挡，则需要使用 setAlwaysOnTop 的第二个参数 level 将窗口的层级调高到任务栏之上。level 参数为字符串类型，可选的值有 normal、floating、 torn-off-menu、modal-panel、main-menu、status、pop-up-menu 以及 screen-saver，它用于设置被置顶的窗口允许在哪些系统组件的上方。Windows 系统中只有当 level 参数的值为 pop-up-menu 或 screen-saver 时，窗口才能显示在系统任务栏的上方，如图 4-17 所示。

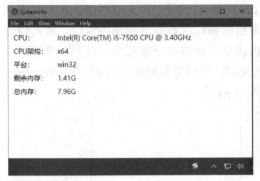 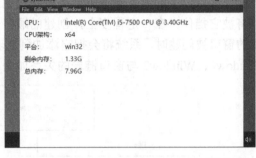

图 4-16　窗口被任务栏遮挡　　　　　　图 4-17　level 设置为 pop-up-menu 时的效果

4.5　多窗口管理

4.5.1　使用 Map 管理窗口

随着应用的功能越来越复杂，单个窗口势必无法满足这些应用场景复杂的需求，一个应用具有多个窗口将成为一种普遍的现象。如果在代码中对这些窗口没有合理的管理方式，随着时间的推移将会导致窗口越来越多而无法维护。因此，我们需要通过一些方式来对多窗口进行管理。接下来，我们基于 4.3 节中的示例来实现一个多窗口应用，展示窗口的管理方式。

示例中将会创建包含两个窗口的应用。与之前我们对窗口的命名方式一样，它们分别被命名为 window1 和 window2。由于窗口的显示内容并不是重点，所以这里不会展示内容显示上的代码。但是为了让窗口都有内容可以显示，我们会将原来窗口的部分内容迁移到新窗口中。

我们都知道，窗口都是在主进程创建的，所以管理窗口的职责自然落到了主进程身上。那具体管理什么呢？最简单的管理，我们需要它能实现以下两点功能：① 应用开发人员能通过窗口的某种标识快速地找到窗口的引用。② 应用开发人员能够很方便地获取所有窗口的集合，对窗口进行批量性地操作。为了实现这些功能，这里将引入 JavaScript 语言中的 Map。

　　Map 用于保存键值对信息，其内容是键值对的集合。Map 中的键和值可以是任意类型的数据，它提供了很多便于使用的方法来对自身的内容进行操作。例如，我们可以通过 Map.prototype.set(key, value)方法来设置 Map 对象中指定键的值，还可以通过 Map.prototype.get(key)方法来获取 Map 对象中指定键的值。如果你想删除指定的键值对，可以使用 Map.prototype.delete(key)方法将其从 Map 对象中删除。下面我们先来看看简单使用 Map 对象的 Demo，代码如下所示。

```
const map = new Map();
class Key {
  constructor() {}
}
const key = new Key();
map.set(key, 'my key is keyObj');
console.log(map.get(key)); //'my key is keyObj'
```

　　在上面的代码中，我们先创建了一个 Map 对象，然后自定义了一个 key 类并将它实例化成 key 对象。我们将 key 对象作为键通过 Map 对象的 set 方法设置进去，同时将 key 对象对应的值设置为字符串"my key is keyObj"。最后我们通过 get 方法以 key 为键获取它的值并输出到控制台，可以看到在控制台中输出的"my key is keyObj"字符串。

　　如果你之前对 Map 的使用方法不熟悉，那么看完上面的示例后应该对 Map 的使用有了一定的了解。接下来，我们将通过 Map 来管理我们应用的多个窗口。在这之前，需要先创建两个 html 文件用于窗口内容展示，此处将复用 4.3 节中的 html 文件并将它拆分成两个 html 文件，一份显示 CPU 型号与 CPU 架构信息，另一份显示平台、剩余内存以及总内存信息，代码如下所示。

```
// Chapter4-5/window1/index.html
......
<body>
  <div class='container'>
    <div id='cpu' class='info'>
      <label>CPU：</label>
      <span>Loading</span>
    </div>
    <div id='cpu-arch' class='info'>
      <label>CPU 架构：</label>
      <span>Loading</span>
    </div>
  </div>
  <script type="text/javascript" src="./window.js"></script>
```

```
</body>

// Chapter4-5/window2/index.html
<body>
  <div class='container'>
    <div id='platform' class='info'>
      <label>平台：</label>
      <span>Loading</span>
    </div>
    <div id='freemem' class='info'>
      <label>剩余内存：</label>
      <span>Loading</span>
    </div>
    <div id='totalmem' class='info'>
      <label>总内存：</label>
      <span>Loading</span>
    </div>
  </div>
  <script type="text/javascript" src="./window.js"></script>
</body>
```

在 html 文件的代码编写完成后，接着在主进程中添加多窗口管理的相关代码，代码如下所示。

```
// Chapter4-5/index.js
const electron = require('electron');
const app = electron.app;
const url = require('url');
const path = require('path');

//用于管理窗口的 map
const winsMap = new Map();

function createWindow(windowName, htmlPath) {
  let window = new electron.BrowserWindow({
    width: 600,
    height: 400,
    frame: false,
    transparent:true,
    webPreferences: {
      nodeIntegration: true
    }
  })
```

```
const urls = url.format({
    protocol: 'file',
    pathname: htmlPath
})

window.loadURL(urls)

window.on('close', function(){
    window = null;
})

winsMap.set(windowName, window);
}

function closeWindowByName(windowName){
    const window = winsMap.get(windowName);
    if(window){
        window.close();
    }else{
        console.log(`${windowName} not existed` );
    }
}

function closeAllWindows(){
    winsMap.forEach(function(value){
        value.close();
    })
}

app.on('window-all-closed', function () {
    app.quit();
})

app.on('ready', function () {
    createWindow('window1', path.join(__dirname, './window1/index.html'));
    createWindow('window2', path.join(__dirname, './window2/index.html'));
})
```

在上面的代码中，我们首先创建了一个名为 winsMap 的 Map 对象来存储窗口名称与窗口引用的键值对，其中，键为窗口名称，值为窗口引用。设置这样的存储关系便于我们后续通过窗口名称来找到对应的窗口引用，进而对窗口进行操作。我们对熟悉的 createWindow 函数进行了改造，在原来的基础上增加了两个需要传入的参数，分别为 windowName 和 htmlPath。windowName 为前面提到的窗口名称，在创建窗口时，我们可以给窗口指定一个名字。htmlPath 为窗口中需要加载的 html 页面，这里需要手工传入是为了让 createWindow 函数可以复用。在 createWindow 函数的结尾，我们通过 winsMap.set 方法将 windowName 与 window 匹配起来存入 map 中。在每次调用完 createWindow 函数后，winsMap 中都会多一对键值对，它会在后续需要寻找窗口的逻辑中被使用到。

closeWindowByName 函数利用参数传入的 windowName 从 winsMap 中找到对应窗口引用，然后调用窗口引用的 close 方法将该窗口关闭。我们可以使用这个方法来将指定名称的窗口关闭。

closeAllWindows 的作用与 closeWindowByName 相似，同样是用来关闭窗口的。不同的是，closeAllWindows 内部逻辑会关闭当前应用创建的所有窗口。在调用 closeAllWindows 方法时，它会从 winsMap 中遍历出所有的窗口引用，调用 close 方法将它逐个关闭。

在 app 的 ready 事件触发后，通过 createWindow 函数先后创建了 window1 和 window2。当 createWindow 函数执行完毕后，winsMap 中会包含这两个窗口的名称与引用的键值对。

通过 npm run start 命令启动应用，可以看到如图 4-18 所示的效果。

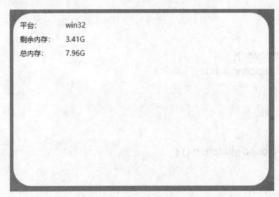

图 4-18　多窗口应用启动后的效果

从图中能看到，由于窗口创建的默认位置是固定且相同的，所以 window2 创建完成并显示出来后将 window1 完全遮挡住了，我们无法看到 window1 的界面。一般情况下，开发者会通过设置窗口位置来避免这种情况，但这里为了方便演示，我们仅需要将 window2 关闭即可。此处我们不额外增加按钮之类的交互来让用户主动触发关闭，而是在 window2 创建完毕后，通过定时器在 3 s 之后调用 closeWindowByName 方法关闭 window2，代码如下所示。

```
// Chapter4-5/index.js
...
app.on('ready', function () {
  createWindow('window1', path.join(__dirname, './window1/index.html'));
  createWindow('window2', path.join(__dirname, './window2/index.html'));

  setTimeout(function(){
    closeWindowByName('window2');
  }, 3000);
});
...
```

window2 窗口在被创建约 3 s 后被关闭，此时我们就能看到 window2 消失后 window1 的内容显示了出来。

本小节中所涉及的完整代码可以访问 https://github.com/ForeverPx/ElectronInAction/ tree/main/Chapter4-5。在学习本章的过程中，建议你下载源码，亲手构建并运行，以达到最佳学习效果。

4.5.2 关闭所有窗口

在一些场景中，我们可能需要将所有已创建的窗口同时关闭。如果通过窗口名称逐个去寻找窗口引用是非常烦琐的，因此需要实现一个方法来帮助我们便捷地完成这个任务，代码如下所示。

```
// Chapter4-5/index.js
...
function closeAllWindows(){
  winsMap.forEach(function(value){
    value.close();
  })
}
...
```

closeAllWindows 方法的作用与 closeWindowByName 相似，都是用来关闭窗口的。不同的是，closeAllWindows 内部逻辑会关闭当前应用创建的所有窗口。closeAllWindows 方法会从 winsMap 中遍历出所有的窗口引用，调用 close 方法将它逐个关闭。

我们在前面代码的基础上，将定时 3 s 关闭 window2 窗口的 closeWindowByName 方法替换成 closeAllWindows 方法将所有窗口关闭，代码如下所示。

```
// Chapter4-5/index.js
...
app.on('ready', function () {
  createWindow('window1', path.join(__dirname, './window1/index.html'));
  createWindow('window2', path.join(__dirname, './window2/index.html'));

  setTimeout(function(){
    closeAllWindows();
  }, 3000);
});
...
```

通过 npm run start 启动应用后，我们可以看到窗口 window1 和 window2 都被创建了出来，但是约 3 s 后这两个窗口都被关闭了。

本小节中所涉及的完整代码可以访问 https://github.com/ForeverPx/ElectronInAction/tree /main/Chapter4-5。在学习本章的过程中，建议你下载源码，亲手构建并运行，以达到最佳学习效果。

4.5.3　窗口分组管理

应用内部需要对多窗口进行分组管理也是经常遇到的场景。如果我们期望将窗口进行分组，并且后续对多窗口大部分的操作都是基于组来进行的，那么上面通过建立窗口名称与窗口引用之间映射关系的设计就不符合这个场景的需求，因为你无法通过组来找到对应的窗口。因此，针对这个场景更为合理的做法是将组名作为键，同时将该组对应的窗口引用集合作为值，建立它们之间的映射关系，代码如下所示。

```
// Chapter4-5-3/index.js
const electron = require('electron');
const app = electron.app;
const url = require('url');
const path = require('path');

const winsMap = new Map();

// 新增 group 参数，标识窗口分组
function createWindow(windowName, group, htmlPath) {

  let window = new electron.BrowserWindow({
    width: 600,
    height: 400,
```

```
    frame: false,
    transparent:true,
    webPreferences: {
      nodeIntegration: true
    }
  })

  const urls = url.format({
    protocol: 'file',
    pathname: htmlPath
  })


  window.loadURL(urls)

  window.on('close', function(){
    window = null;
  })

  const windowObj = {
    windowName: windowName,
    window: window
  }

  let groupWindows = winsMap.get(group);
  if(groupWindows){
    groupWindows.push(windowObj);
  }else{
    groupWindows = [windowObj];
  }
  winsMap.set(group, groupWindows);
}

function closeWindowByGroup(group){
  const windows = winsMap.get(group);
  if(windows){
    for(let i=0; i<windows.length; i++){
      windows[i].window.close();
    }
  }else{
    console.log(`${group} not existed` );
  }
```

```
}
app.on('window-all-closed', function () {
  app.quit();
})

app.on('ready', function () {
  createWindow('window1', 'group1', path.join(__dirname, './window1/index.html'));
  createWindow('window2', 'group2', path.join(__dirname, './window2/index.html'));
  createWindow('window3', 'group2', path.join(__dirname, './window2/index.html'));

  setTimeout(function(){
    closeWindowByGroup('group2');
  }, 3000)
})
```

上面的这段代码在前面示例的基础上做了一些修改，主要有以下几点。

（1）createWindow 函数新增了第二个字符串类型的参数 group，它用于标识当前窗口是属于哪个分组的。由于需要按分组来重新设计映射关系，所以对 createWindow 函数内部原本通过 windowName 映射 window 引用的逻辑进行了修改。现将 group 作为 winsMap 的 key 值，将 windowName 和 window 引用封装到一个新的对象 windowObj 中，然后将 windowObj 插入窗口数组的末尾，将这个窗口数组作为 winsMap 的 value 值。如果 winsMap 中已经存在 group 对应的窗口数组，那么在创建同个 group 的窗口时先将数组取出，把 windowObj 插入末尾后再把窗口数组重新设置为对应 group 的 value 值。

（2）在 ready 事件回调中，同时创建了 3 个窗口，分别为 window1、window2 和 window3。接着对它们进行分组，将 window1 归入 group1，window2 和 window3 归入 group2。

删除 closeAllWindows 和 closeWindowByName 函数，新增 closeWindowByGroup 方法。closeWindowByGroup 方法通过 group 参数找到对应组的所有窗口，遍历这些窗口调用 close 方法将它们关闭。

（3）同样地，为了验证我们是否能通过分组名找到对应分组的所有窗口，我们在创建窗口后设置了一个 3 s 的定时器，调用 closeWindowByGroup 方法将组名为"group2"的所有窗口关闭。

在代码修改完成后，通过 npm run start 命令启动应用，可以看到应用同时创建了上述的 3 个窗口。由于它们的位置重叠在一起，当前只能看到显示在最顶层的 window3。在 3 s 之后归属于 group2 的窗口（window2 与 window3）会被 closeWindowByGroup 方法关闭，window1 的界面将显示出来。

本小节中所涉及的完整代码可以访问 https://github.com/ForeverPx/ElectronInAction/tree/main/Chapter4-5-3。在学习本章的过程中，建议你下载源码，亲手构建并运行，以达到最佳学习效果。

4.6　可伸缩窗口

还记得 4.2 节中图 4-9 所示的工具栏吗？在本节中，我们将展示如何实现它。这个工具栏除了图上看到的样式以外，还有一个比较重要的特性，就是单击最下方的圆形小蜜蜂区域时可以将工具栏收起来，再次单击该区域可以将工具栏重新展开。收起与展开的效果如图 4-19 和图 4-20 所示。

图 4-19　工具栏收起后的效果　　　　图 4-20　工具栏展开后的效果

实现这种交互的方式有很多，它们各有利弊。下面我们将主要介绍其中最常见的两种实现方式。这两种实现方式最大的区别在于是用单个窗口实现，还是用多个窗口实现。

4.6.1　单窗口方案

我们先来看用单个窗口来实现的方案。跟开发普通的窗口一样，首先需要编写工具

栏收起和展开样式的 HTML 和 CSS。本示例不会百分百还原图 4-19 和图 4-20 所示的工
具栏样式，只会用色块来展示大致的形状，HTML 文件内容代码如下所示。

```html
// Chpter4-6-1/window/index.html
...
<body>
  <div class='container'>
    <div id='bar'>
    </div>
    <div id='icon'>
    </div>
  </div>
  <script>window.$ = window.jQuery = require('jquery');</script>
  <script type="text/javascript" src="./window.js"></script>
</body>
...
```

在 HTML 代码中，我们给 class 为 container 的 div 元素增加了两个子元素，并将它们
id 属性的值分别设置为 bar 和 icon。bar 元素用于展示工具条可以被收起和展开的部分，
而 icon 元素用于展示工具栏底部的圆形 icon，单击这个 icon 元素可以触发工具栏的收起
和展开动作。接下来开始给它们加上样式，代码如下所示。

```css
// Chapter4-6-1/window/index.css
...
container{
  position: relative;
  height: 700px;
  width: 100px;
}

#bar{
  border-radius: 50px;
  background-color: #fff;
  width: 100%;
  height: 100%;
  position: absolute;
  top: 0px;
  left: 0px;
}

#icon{
  border-radius: 50px;
```

```
  width: 100px;
  height: 100px;
  background-color: blue;
  position: absolute;
  bottom: 0px;
  left: 0px;
  cursor: pointer;
}
```

在对应的样式中，我们先给容器 container 设置了固定的
高度和宽度以及相对定位规则，然后通过绝对定位的方式，把
bar 和 icon 定位到我们期望的位置。此时通过 npm run start 运
行代码，我们可以看到工具栏界面的雏形，如图 4-21 所示。

在 4.6.1 节最开始的代码中，我们在 body 的底部引入了
jquery，用于方便后续对 DOM 进行操作（这里你可能会疑问
为什么 jquery 不是通过链接引入，而是要通过 require 并手动
赋值的方式引入。这是因为 jquery 为了兼容 commonJs，在全
局变量 window 中有 require 函数的情况下会采用 require 的方
式来导入 jquery，而我们在创建窗口时为了让渲染进程代码可
以引入 node 模块，开启了 node 集成选项导致 window 中会存
在 require 函数，所以直接在渲染进程中使用$调用 jquery 会报
Uncaught ReferenceError: $ is not defined 的错误）。接下来实
现工具栏收起和展开的逻辑，代码如下所示。

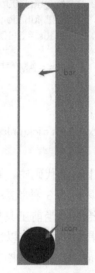

图 4-21 工具栏界面雏形

```
// Chapter4-6-1/window/window.js
$(function(){
  const HIDDEN = 0;
  const AMIMATING = 1;
  const SHOWED = 2;
  let staus = SHOWED;
  const iconElem = $('#icon');
  const barElem = $('#bar');

  function onIconClick(){
    if(staus === SHOWED){
// 收起
      barElem.animate({
        top: '600px',
        height: '100px'
```

```
      },'fast', function(){
        staus = HIDDEN
      });
      staus = AMIMATING;
    }else if(staus === HIDDEN){
// 展开
      barElem.animate({
        top: '0px',
        height: '700px'
      },'fast', function(){
        staus = SHOWED
      });
      staus = AMIMATING;
    }
  }

  iconElem.click(onIconClick);
});
```

　　在上面的代码中，我们首先定义 3 个常量 HIDDEN、AMIMATING、SHOWED 分别表示工具栏的 3 种状态：已收起、收起或展开中以及已展开，并在不同阶段将这 3 个常量赋值给表示当前工具栏状态 staus 变量。当 icon 单击事件触发时，使用 staus 的值判断当前工具栏的状态，以决策接下来需要进行的操作。为了实现过渡动画，我们利用 jquery 提供的 animate 方法来改变元素的样式，这样收起和展开的过程就可以被用户感知到。

　　当工具栏为展开状态时，工具栏 bar 元素的样式中 top 为 0px，height 为 700px，单击 icon 区域我们需要将 bar 元素收起。实现工具栏向下收起的原理是，将 bar 元素的位置和高度设置成与 icon 元素一样，让 icon 元素挡住它。基于这个原理，我们只需要配合 animate 方法，将 bar 元素 top 的最终值设置到 600px，height 的最终值设置到 100px 即可，这个过程的中间值设置交由 animate 处理，这样从视觉效果上来看，工具栏就会慢慢向下收起来。同理，当工具栏为收起状态时，我们只需要利用 animate 将 bar 元素的 top 与 height 值设置成最初的值即可。

　　到这里为止，工具栏已经实现收起和展开效果了。但是我们在实际使用中会发现一个问题，那就是 bar 元素所在的位置无法单击穿透。这是因为工具栏虽然收起来了，但窗口本身还在那个位置，只是因为窗口被设置成了透明状态，我们无法看见而已。要解决这个问题，我们需要在工具栏收起后以及展开前，将窗口的位置和大小设置成与可视区域一模一样，代码如下所示。

// Chapter4-6-1/window/window.js

```
...
function onIconClick(){
  const curWin = remote.getCurrentWindow();
  if(staus === SHOWED){
    barElem.animate({
        top: '600px',
        height: '100px'
    },'fast', function(){
        staus = HIDDEN;
        // 收起动画结束后，重新设置窗口的大小和位置
        const position = curWin.getPosition();
        curWin.setSize(100,100);
        curWin.setPosition(position[0],position[1]+600);
        iconElem.css({
          bottom: 'auto',
          top: '0px'
        });
    })
    staus = AMIMATING;
  }else if(staus === HIDDEN){
    // 展开动画开始前，重新设置窗口的大小和位置
    const position = curWin.getPosition();
    curWin.setSize(100,700);
    curWin.setPosition(position[0],position[1]-600);
    iconElem.css({
      bottom: '0px',
      top: 'auto'
    });
    barElem.animate({
        top: '0px',
        height: '700px'
    },'fast', function(){
        staus = SHOWED
    });
    staus = AMIMATING;
  }
}
...
```

　　这里通过动态改变窗口的位置和大小的方式来解决单击穿透问题确实是个不错的方法，但这个方法也天生带有一个缺陷：Electron 在改变窗口大小和位置时，会造成窗口有很高的概率发生闪烁现象。运行上面的代码，你会发现在 setSize 和 setPosition 方法被调

用时，窗口会消失并在极短的时间内重新显示出来。大部分用户可以察觉出这种异样的情况，虽然功能都正常，但使用体验大打折扣。这里无法使用图片来展示这种现象，你可以访问 https://github.com/ForeverPx/ElectronInAction/tree/main/Chapter4-6-1 下载示例代码并运行体验。

为了进一步优化产品的用户体验，接下来我们需要使用多窗口方案来实现工具栏以及它的交互功能。

4.6.2　多窗口方案

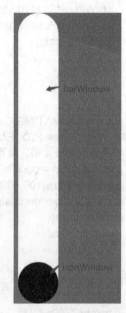

既然是用多个窗口来实现工具栏，那么首先我们看一下各个窗口都负责哪部分的内容，如图 4-22 所示。

从图中可以看到，我们使用了两个窗口来实现，窗口 1 负责 icon 区域，窗口 2 负责 bar 区域，后面为了便于理解，我们将它们分别命名为 "icon 窗口" 和 "bar 窗口"。该方案的大部分逻辑与前面的实现方式相同，唯一的区别是将原来的 icon 区域和 bar 区域拆分到了两个独立的窗口中，这样做的目的是控制因窗口变化而导致闪烁的范围。在这个方案中，我们依旧会使用 setSize 和 setPosition 来改变窗口大小和位置以解决单击穿透问题，但这只作用于 bar 所在窗口，所以这两个方法带来的闪烁问题只会发生在 bar 窗口上。阅读代码时你会发现，调用这两个方法的时机是在工具栏已经完全收起之后，此时 bar 窗口的可视内容已经被 icon 挡住了，

图 4-22　多窗口方案下工具栏的窗口结构

即使发生闪烁用户也是无法感知到的，也因此规避了这个问题。由于将原本在一个窗口的逻辑拆分到了两个窗口中，所以需要在单窗口方案代码的基础上进行如下一些修改。

我们依旧先来展示界面部分的代码实现。要在两个窗口中实现之前同样的界面结构，需要将原来 HTML 中的 bar 元素和 icon 元素拆分到两个独立窗口的 HTML 中，代码如下所示。

```
// Chapter4-6-2/barWindow/window.js
...
<body>
```

```
    <div id='bar'>
    </div>
    <script>window.$ = window.jQuery = require('jquery');</script>
    <script type="text/Java Script" src="./window.js"></script>
</body>
...
// Chapter4-6-2/iconWindow/window.js
...

<body>
    <div id='icon'>
    </div>
    <script>window.$ = window.jQuery = require('jquery');</script>
    <script type="text/javascript" src="./window.js"></script>
</body>
...
```

原本两个元素对应的 CSS 也需要拆成两个 CSS 文件，代码如下所示。

```
// Chapter4-6-2/barWindow/index.css
#bar{
    border-radius: 50px;
    background-color: #fff;
    width: 100px;
    height: 700px;
    position: absolute;
    left: 0px;
    top: 0px;
}

// Chapter4-6-2/iconWindow/index.css
#icon{
    border-radius: 50px;
    width: 100px;
    height: 100px;
    background-color: blue;
    cursor: pointer;
    position: absolute;
    left: 0px;
    top: 0px;
}
```

为了便于在创建窗口时传入自定义的配置，我们给 createWindow 函数增加了 options 参数，该参数会直接传递给 BrowserWindow 来创建窗口。在 Electron 的 ready 事件中，通过新的 createWindow 函数创建 barWindow 和 iconWindow，代码如下所示。

```
// Chapter4-6-2/index.js
...
function createWindow(windowName, options, htmlPath)
  let window = new electron.BrowserWindow(options)
  const urls = url.format({
    protocol: 'file',
    pathname: htmlPath
  });
  window.loadURL(urls);
  window.on('close', function(){
    window = null;
  });
  winsMap.set(windowName, window);
}
...

app.on('ready', function () {
  createWindow('barWindow', {
    width: 100,
    height: 700,
    frame: false,
    transparent:true,
    webPreferences: {
      nodeIntegration: true,
      enableRemoteModule: true
    }
  }, path.join(__dirname, './barWindow/index.html'));

  createWindow('iconWindow',
  {
    width: 100,
    height: 100,
    x: winsMap.get('barWindow').getPosition()[0],
    y: (winsMap.get('barWindow').getPosition()[1] + 600),
    frame: false,
    transparent:true,
    webPreferences: {
      nodeIntegration: true,
      enableRemoteModule: true
    }
  },path.join(__dirname, './iconWindow/index.html'));
```

```
// 通过设置不同置顶层级的方式，确保 iconWindow 永远在 barWindow 之上
winsMap.get('barWindow').setAlwaysOnTop(true, 'modal-panel');
winsMap.get('iconWindow').setAlwaysOnTop(true, 'main-menu');
})
…
```

　　由于需要在多窗口下模拟单窗口方案中使用 CSS 定位 bar 元素和 icon 元素位置的逻辑，这里我们在创建 iconWindow 时，根据 barWindow 的 x 和 y 来计算 iconWindow 的坐标，并传入 iconWindow 的 options 来定位它的位置使其处于 barWindow 的底部。

　　在交互上我们期望 iconWindow 永远在 barWindow 之上，不能因为 barWindow 获取系统焦点导致层级提升等问题将 iconWindow 挡住。前面的小节讲到，Electron 除了 setAlwaysOnTop 方法之外没有提供单独设置窗口 level 的方法，因此这里我们也将使用该方法给这两个窗口设置不同的层级，保证任何情况下 iconWindow 都位于 barWindow 之上。

　　接下来还需要实现窗口之间的通信。在原来的单窗口方案中，icon 元素单击后可以直接通过脚本控制 bar 元素的样式。但是在多窗口方案中，两个元素分别位于不同的窗口中，需要通过进程间通信的方式将 iconWindow 的单击事件告诉 barWindow，代码如下所示。

```
// Chapter4-6-2/index.js
…
ipcMain.on('toggleBar', (event) => {
winsMap.get('barWindow').webContents.send('toggleBar');
})
…
// Chapter4-6-2/iconWindow/window.js
const { ipcRenderer } = require("electron");
$(function(){
const iconElem = $('#icon');

//将单击事件发送出去
function onIconClick(){
    ipcRenderer.send('toggleBar');
}
iconElem.click(onIconClick);
});

// Chapter4-6-2/barWindow/window.js
const { ipcRenderer,remote} = require("electron");
const HIDDEN = 0;
const AMIMATING = 1;
const SHOWED = 2;
```

```
let status = SHOWED;
const barElem = $('#bar');
const curWin = remote.getCurrentWindow();

// 接收单击事件
ipcRenderer.on('toggleBar', function(event){
  if(status === SHOWED){
    barElem.animate({
       top: '600px',
       height: '100px'
    },'fast', function(){
       status = HIDDEN;
       const position = curWin.getPosition();
       curWin.setSize(100,100);
       curWin.setPosition(position[0],position[1]+600);
    })
    status = AMIMATING;
  }else if(status === HIDDEN){
       const position = curWin.getPosition();
       curWin.setSize(100,700);
       curWin.setPosition(position[0],position[1]-600);
       barElem.animate({
         top: '0px',
         height: '700px'
       },'fast', function(){
         status = SHOWED
       })
       status = AMIMATING;
  }
})
```

到此为止，多窗口方案的代码已经编写完成了，我们可以通过 npm run start 启动应用来体验一下效果。在体验的过程中，我们会发现原本单窗口方案的闪烁问题已经不存在了。由于在该方案中使用了 setAlwaysOnTop 来设置窗口层级，会导致工具栏比其他没有设置 alwaysOnTop 的窗口层级更高，工具栏将会一直显示在它们上面。

当前工具栏仅有收起和展开功能，如果再加上可拖动功能，可以让工具栏更加灵活。如果你有时间继续探索，可以在本节代码的基础上，尝试自己实现工具栏的拖动交互。

本节中所涉及的完整代码可以访问 https://github.com/ForeverPx/ElectronInAction/tree/main/Chapter4-6-2。在学习本章的过程中，建议你下载源码，亲手构建并运行，以达到最佳学习效果。

4.7　总　　结

❑ BrowserWindow 用于创建应用窗口，它具有非常丰富的配置，能满足绝大多数
应用在窗口方面的功能需求。

❑ Electorn 中的窗口默认由标题栏、菜单栏以及页面组成，在一些场景中如果不需
要标题栏或菜单栏，可以在创建窗口时通过配置将它们去掉。

❑ 窗口标题栏的标题文字有设置的优先级：HTML title 标签 > BrowserWindow title
属性 > package.json name 属性 > Electron 默认。如果开发时设置标题后没有生
效，原因很有可能是被某处高优先级的设置覆盖了，可以尝试按照这个优先级
进行检查。

❑ 标题栏、任务栏的 logo 尽量使用 ico 格式的文件，因为 ico 文件是由多个分辨率
的图片组成的，Windows 系统会根据当前用户显示器的分辨率来选择其中一张
最合适的图片，使得 logo 看起来更加清晰。

❑ 组合窗口可以很方便地让多个窗口联系在一起，当应用需要关闭一系列有关联
关系的窗口时，只需要关闭它们的父窗口即可。

❑ 通过将窗口设置成无边框且透明色，可以在 HTML 中模拟实现任意形状的窗口。

❑ Windows 通过链表的方式管理同级别窗口的显示层级，越靠近链表的尾部显示
的层级越高。从链表尾部以俯视的角度看下去，离我们最近的窗口应该就是链
表尾部的窗口，其他的窗口将被遮挡。

❑ Electron 提供了 setAlwaysOnTop 方法让窗口置顶，使其永远显示在其他非置顶
的窗口之上。在使用该方法时，可以通过 level 参数指定置顶后的层级。如果你想
让窗口置顶于任务栏之上，需要将 level 的值设置成 pop-up-menu 或 screen-saver。

　　窗口是桌面应用的核心组成部分，也是用户直接与应用“打交道”的地方。开发人
员对窗口的结构和配置项了如指掌可以在开发应用时快速地实现需求描述的窗口效果。
本章节前半部分展示的窗口组成和重要配置参数仅仅只满足于入门的需求，官方文档中
BrowserWindow 还有大量的内容没有在本文中提到。因此，建议你阅读完本章节后，在
官方文档中仔细阅读和研究 BrowserWindow 的各项配置，在本章示例的基础上进行修改
和实践。本章节后半部分展示了如何使用 BrowserWindow 实现各类窗口效果，目的在于
将配置项与实际结合起来，希望有助于大家更好地学习如何运用它们。

　　如果你想了解更多关于 Windows 应用窗口的细节，这里向大家推荐一个名为

WindowDebugger 的工具（可以访问 https://github.com/kkwpsv/WindowDebugger 进行下载）。这个工具可以查看当前正在运行的窗口的详细信息，例如进程号、样式、父窗口信息等，如图 4-23 所示。

图 4-23   WindowDebugger 工具查看当前正在运行窗口的详细信息

这个工具不仅能查看窗口信息，还可以用来修改窗口的属性。例如，在 StyleExes 选项卡中，选择 WS_EX_TOPMOST 选项可以将对应窗口置顶。推荐你在给 BrowserWindow 配置设置不同的值后，通过这个工具观察窗口信息的变化，能让你更直接地了解 BrowserWindow 参数配置与 Windows 窗口属性的关联性，加深对 BrowserWindow 配置的理解。

第 5 章　应 用 启 动

本章将讲解与应用启动过程相关的知识点。启动过程是应用最先经历的阶段，这个阶段允许开发者根据当前运行环境的条件来改变应用程序启动后执行的逻辑，让应用的功能更符合当前运行环境的需求。在某些场景中，需求方可能希望应用在系统启动完毕后能够自动启动，或者是当用户在网页中单击一个按钮时能直接唤起应用。这些场景很常见，因此我们非常有必要学习它们是如何实现的。另外，对于一款桌面应用来说，从双击图标启动应用程序到用户看到第一个界面，再到真正能响应用户操作的这段时间的长短，一定程度上决定了应用使用体验的好坏，也决定了用户对应用的第一印象。所以，优化桌面应用的启动时间也是至关重要的。接下来我们将从应用的启动参数开始讲起。

5.1　启 动 参 数

5.1.1　命令行参数

命令行参数用于在通过命令行启动应用程序时向应用程序传递数据。在大部分场景中，参数将会包含应用程序配置等信息并跟在输入的启动命令之后传递过去，代码如下所示。

```
$ [node]  [script]  [arguments]
```

对 Node.js 比较熟悉的开发人员应该知道在 Node.js 中有一个 process 模块，它的 argv 属性会返回一个数组，其中存放了启动 Node.js 进程时被传入的命令行参数。该模块是一个全局的模块，无须使用 require 引入即可使用。在一些场景中，开发人员会通过这些传入的参数来改变 Node.js 程序执行的逻辑。

process.argv 数组第一个元素的值是 Node.js 的路径，第二个元素的值是命令行中指定的脚本路径，从第三个元素开始是自定义传入的命令行参数。我们现在写一个简单的命令来运行脚本，将 process.argv 数组的内容输出来看看其中的结构，代码如下所示。

```
// temp.js
for (let i = 0; i < process.argv.length; i++) {
  console.log('${i}: ${process.argv[i]}');
}
```

在命令行中，通过 $ node temp.js env=dev 运行该脚本，我们可以看到如图 5-1 所示的结果。

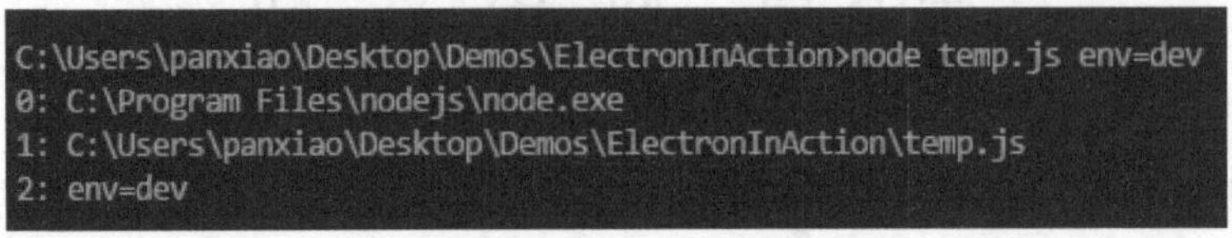

```
C:\Users\panxiao\Desktop\Demos\ElectronInAction>node temp.js env=dev
0: C:\Program Files\nodejs\node.exe
1: C:\Users\panxiao\Desktop\Demos\ElectronInAction\temp.js
2: env=dev
```

图 5-1　process.argv 中的数据

图中的结果正如前面所说，0 号元素的值为当前 Node.js 在系统中的安装路径，1 号元素的值为被执行的 temp.js 脚本的文件路径，从 2 号元素开始是我们传入的自定义参数 env=dev。

由于 Electron 是基于 Node.js 的，因此它同样可以使用 process 模块来获取命令行中传入的参数。下面，我们将通过一个实际的场景来展示在 Electron 中是如何获取并使用命令行参数的。

5.1.2　根据命令行参数变更应用配置

一款桌面应用少不了与后台服务器进行数据交互的环节。一般情况下，后台服务会有多个环境，如开发环境、测试环境以及生产环境等。不同环境之间的逻辑和数据相互隔离，分别服务于特定的场景。在应用开发的过程中，使用的是开发环境，这个环境允许功能和数据都不太完整，但能满足你临时调试的需要。等到应用开发完成之后到达送测阶段时，要求使用测试环境，需要后台服务提供完整的功能和数据，并且最好与线上环境保持一致。应用测试通过后，发布出去的应用将使用正式环境的后台服务。测试环境和正式环境的区别在于，测试环境只有内部测试阶段的应用能访问。严格区分不同的环境可以让开发者更高效地开发和调试，并且不会因为误操作在开发或测试阶段影响到用户使用的正式环境。

在前面所有的示例中，我们都是通过执行 npm run start 命令来运行程序的。这个命令实际上执行的是 package.json 中定义的"electron ."命令，代码如下所示。

```
// package.json
...
"scripts": {
  "start": "electron .",
  "test": "echo \"Error: no test specified\" && exit 1"
},
...
```

为了能给应用传递不同的参数，使得应用可以通过参数选择要使用的后台服务环境，我们需要对 package.json 文件中 scripts 的内容进行改造，代码如下所示。

```
// package.json
...
"scripts": {
  "start:dev": "electron . env=dev",
  "start:test": "electron . env=test",
  "start:prod": "electron . env=prod"
},
...
```

我们在 package.json 文件中给原来 scripts 的 start 命令增加了环境的标识，并在对应命令的末尾增加了对应环境的命令行参数。通过使用带有环境标识的命令启动应用，就能在代码中获取到环境相关的信息。接下来我们将进入应用的主进程中，去看看如何在代码中实现根据环境变量选择不同配置的功能。

首先，我们新建一个 base.config.json 文件，该文件用于存储各环境公共的配置，接着，给 dev、test 和 prod 环境分别建立一个[env].config.json 文件，用于存储对应环境的配置，文件目录结构如图 5-2 所示。

配置文件创建完成后，自然少不了配置其中的内容。我们给 base.config.json 文件添加一些通用的配置，代码如下所示。

图 5-2　配置文件目录结构

```
// base.config.json
{
  "serverProto": "https",
  "serverBasePath": "/server/v1/",
  "clientVersion": "1.0.0"
}
```

然后我们给[env].config.json 文件添加配置。一般情况下，开发人员会使用不同域名的方式来区分环境，因此[env].config.json 文件中需要有不同服务器环境的域名信息。下面以测试环境的配置 test.config.json 为例，代码如下所示。

```
// test.config.json
{
  "serverHost": "test.api.com"
}
```

serverHost 表示应用将要请求的服务器域名信息。在本示例中，测试环境服务器的域名为 test.api.com。当应用启动之后，先将 base.config.json 与 test.config.json 文件的内容进行合并得到最终完整的应用配置，然后把配置中"serverProto""serverHost"以及"serverBasePath"的值拼接起来得到当前环境服务器的完整 URL 地址，整体流程如图 5-3 所示。

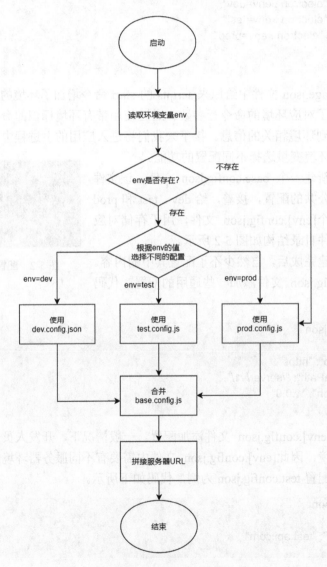

图 5-3　配置合并流程图

图 5-3 展示了自应用启动后从获取命令行参数到生成当前环境服务器 URL 的整个流程。仔细阅读并熟悉其中的逻辑后，接下来我们开始编写这部分逻辑的代码。首先，在主进程代码中定义一个专门用来获取命令行参数的方法 getProcessArgv，代码如下所示。

```
// Chapter5-1/index.js
...
function getProcessArgv() {
  const argv = {};
  process.argv.forEach(function (item, i) {
    if (i > 1) {
      const res = item.split('=');
      if (res.length === 2) {
        argv[res[0]] = res[1];
      }
    }
  });
  return argv;
}
...
```

getProcessArgv 方法从 process.argv 数组中的第 3 个元素开始进行判断，如果参数符合我们约定的 XX=XX 的形式，则将该参数通过“=”号进行拆分，以键值对的方式存入 argv 对象。等到所有传入的命令行参数处理完成后，getProcessArgv 方法将包含符合约定的参数键值对对象 argv 返回。

我们使用 npm run start:dev 命令来测试这个方法，可以在命令行的结果中看到输出的结果。有了命令行参数对应的环境信息之后，我们就可以开始根据环境信息实现加载对应配置文件的逻辑了，代码如下所示。

```
// Chapter5-1/index.js
...
function getConfig(){
  const argv = getProcessArgv();
  let configName = 'base.config.json';
  switch(argv.env){
    case 'dev':
      configName = 'dev.config.json';
      break;
    case 'test':
      configName = 'test.config.json';
      break;
    case 'prod':
```

```
        default:
            configName = 'prod.config.json';
            break;
    }
    let baseConfig = require(path.join(__dirname, 'config' ,'base.config.json'));
    let curEnvConfig = require(path.join(__dirname, 'config' ,configName));
    return Object.assign(baseConfig, curEnvConfig);
}
...
```

在 getConfig 方法中，我们首先通过前面实现的 getProcessArgv 方法获取命令行参数对象 argv，然后对 argv 对象中 env 属性的值进行判断，进而加载对应的配置文件。如果 env 属性的值为 dev，那么 curEnvConfig 加载的配置文件为 dev.config.json，值为 test 或 prod 时以此类推。如果参数中 env 属性不存在或者 env 属性的值不是 dev、test 以及 prod，那么这里逻辑上默认使用 prod.config.json 作为当前的配置文件。在 getConfig 方法最后，通过 Object.assign 方法将 baseConfig 与 curEnvConfig 进行合并，合并的规则是以 baseConfig 作为基础配置，让 curEnvConfig 去覆盖这个配置。如果 curEnvConfig 配置中存在 baseConfig 已有的属性，则直接覆盖。如果不存在，则添加到最终生成的配置文件中。

现在我们已经得到了命令行参数中指定环境的配置信息，最后一步就是把其中服务器相关的信息拼接起来组成服务器的 URL，代码如下所示。

```
// Chapter5-1/index.js
function getServerUrlPrefix(){
    const config = getConfig();
    return `${config.serverProto}://${config.serverHost}${config.serverBasePath}`;
}
console.log(getServerUrlPrefix())
```

通过 npm run start:dev 命令启动应用，可以在控制台中看到输出的服务器 URL 前缀，如图 5-4 所示。

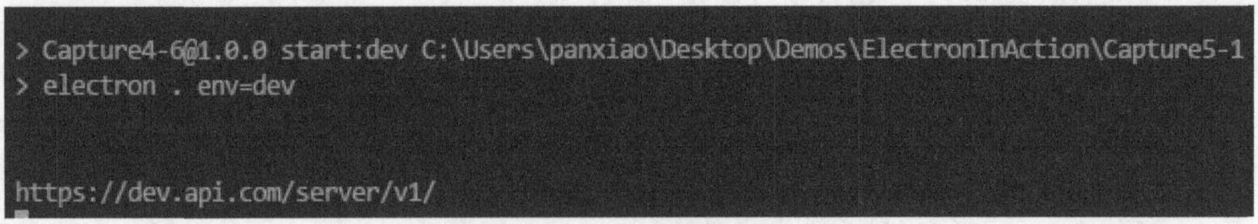

```
> Capture4-6@1.0.0 start:dev C:\Users\panxiao\Desktop\Demos\ElectronInAction\Capture5-1
> electron . env=dev

https://dev.api.com/server/v1/
```

图 5-4　开发环境服务器 URL

使用 npm run start:test 命名切换到测试环境再看一下效果，如图 5-5 所示。

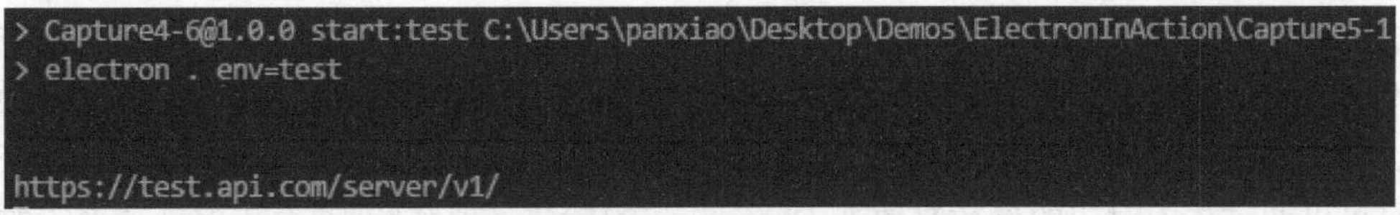

> Capture4-6@1.0.0 start:test C:\Users\panxiao\Desktop\Demos\ElectronInAction\Capture5-1
> electron . env=test
https://test.api.com/server/v1/

图 5-5　测试环境服务器 URL

5.1.3　给可执行文件加上启动参数

在命令行中启动应用只是应用启动的其中一种方式，另一种常见的启动方式是双击应用的图标来启动应用。在这种场景下，如何将参数传递给应用呢？其实很简单，我们只需要右键单击应用的图标，单击“属性”按钮打开应用属性设置窗口，找到“目标”一栏，我们能看到当前应用可执行文件的完整路径。给应用传递的参数需要追加在这个完整路径的后面，如图 5-6 所示。需要注意的是，参数需要添加到路径最后的双引号外才会生效。

希沃易课堂 属性
常规
快捷方式
兼容性
安全
详细信息
以前的版本
希沃易课堂
目标类型:
应用程序
目标位置:
EasiClass
目标(T):
wo\EasiClass\EasiClass\EasiClass.exe" env=dev

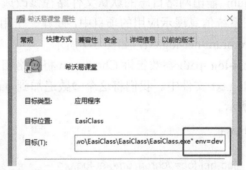

图 5-6　在“目标”一栏添加启动参数

当一个正式发布的应用出现问题时，这是一个不错的调试手段。通过修改环境配置，可以让开发者在不改变应用代码的情况下更换配置中定义好的参数，将应用的环境更改为内部环境，尝试在内部环境中复现问题。由于不用修改源代码，因此省去了再次打包的时间，这对解决问题的效率提升带来不小的帮助。

5.2　Chromium 配置开关

本节内容将讲解一种特殊的命令行参数，它用于控制 Electron 中 Chromium 的表现和行为。与上节中讲到的参数有一定的相似之处，它们都是通过在命令行或图标启动时，在启动命令后面加上参数使得程序能够获得它们。但不同的是，前面的参数都是由应用开发人员自己定义的，即在程序中获取参数后要执行什么逻辑，由开发者自行设计并实现。而 Chromium 配置开关这种特殊的命令行参数是在 Chromium 中已经定义好的，开发人员可以通过传入对应的参数来改变 Chromium 的默认表现和行为，至于怎么改变无须开发人员关心，只需要关注想通过什么参数让 Chromium 达到想要的效果。

　　在 Electron 中，我们不仅可以通过在命令后追加参数的方式来改变 Chromium 的行为，还可以使用 app 模块的 CommandLine 属性的实例化方法在程序启动过程中通过硬编码的方式改变 Chromium 的行为。接下来将展示如何使用上述两种方法，这部分内容相关的示例将在 3.1 节示例的基础上进行修改。

5.2.1　在命令行后追加参数

　　为了演示改变 Chromium 默认行为之后的效果，我们现在准备通过在启动命令中追加参数的方式来把 Chromium 输出网络日志的默认文件路径修改成我们自己创建的一个文件所在的路径。首先，在系统信息展示应用的项目中，新建一个用于存储 Chromium 日志的文件，将它命名为 chromium-net-log.txt，如图 5-7 所示。

　　接着，在使用--log-net-log=path 参数告诉 Chromium 将网络相关的日志输出到我们刚才新建的 chromium-net-log.txt 文件中。我们将这个参数追加到 package.json 中 scripts 的启动命令中，代码如下所示。

```
// Chapter5-2/package.json
"scripts": {
    "start": "electron . --log-net-log=./chromium-net-log.txt"
},
```

通过 npm run start 命令启动应用并等待应用启动完成。打开 chromium-net-log.txt 文件可以看到网络相关的日志已经被输出到该文件中，如图 5-8 所示。

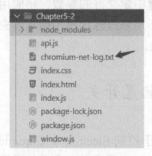

图 5-7　项目根目录下新增的 chromium-net-log.txt 文件　　图 5-8　chromium-net-log.txt 文件中的内容

5.2.2 使用 commandLine

除了在命令行后追加参数的方法外，还可以使用 app 模块中 commandLine 提供的方法来设置 Chromium 参数。我们在主进程代码中加入如下代码，并去掉 package.json 中启动命令后面的--log-net-log=./chromium-net-log.txt。

```
app.commandLine.appendSwitch("log-net-log", "./chromium-net-log.txt");
```

通过 npm run start 命令启动应用，可以看到与图 5-8 相同的效果。这里需要注意的是，给 Chromium 设置任何参数的代码都需要确保在 ready 事件触发之前执行完毕，否则将不会生效。

上面代码只用到了 commandLine 提供的其中一个方法 appendSwitch，但其实它还提供了一系列跟设置 Chromium 参数有关的方法，下面将逐个对它们进行讲解。

（1）commandLine.appendSwitch(switch, value)：该方法用于给 Chromium 设置一个带值的开关，它没有任何返回值。我们在上面的代码中使用它来改变 Chromium 网络日志默认的输出文件。它接收两个参数，分别为 switch 和 value。如果你期望在启动命令中加上 switch 开关，那么可以通过该方法在 ready 事件之前添加。

❑ switch: 字符串类型，在调用该方法时 switch 的值不能为空。switch 的值是 Chromium 默认提供的，你可以在 Chromium 的官方文档中找到它们。比较常用的一些参数除了刚才我们使用到的 "--log-net-log" 之外，还有如 "--js-flags" "--host-rules" 以及 "--enable-logging" 等。

❑ value：字符串类型，不同的 switch 要求传入对应的 value 值才能生效。当 switch 被设置为某些值时，value 需要设置为预先定义好的字符串，例如 "--js-flags"，它的值不能由开发人员自己定义，而是需要传入如 "--harmony_proxies" 等提前定义好的内容。另外，部分 switch 的 value 值支持自定义，例如我们在上面使用到的 "--log-net-log"。

（2）commandLine.getSwitchValue(switch)：该方法用于获取命令行参数中 switch 对应的值。调用它之后会返回一个字符串类型的数据。如果 switch 本身不存在，或者是 switch 对应的值不存在，该方法将返回空字符串。开发人员可以在 ready 事件触发之前检查参数中 switch 的值是否符合要求来决定后续需要执行的逻辑。

❑ switch: 字符串类型，Chromium 指定的开关，如上面的 "log-net-log"。

（3）commandLine.hasSwitch(switch)：该方法用于检查在当前程序中是否存在方法中传入的 switch。无论是在启动命令中加入的 switch，还是通过 appendSwitch 方法加入的 switch，都可以被检查出来。该方法将返回一个 Boolean 值，如果 switch 存在则返回 true，否则返回 false。开发人员可以在 ready 事件触发之前检查参数中 switch 是否存在来决定后续需要执行的逻辑。

    ❑ switch：字符串类型，Chromium 指定的开关，如上面的"log-net-log"。

    （4）commandLine.appendArgument(argument)：该方法与 appendSwitch 的作用是一样的，只是传入的参数形式与 appendSwitch 不同。appendSwitch 要求将 switch 和对应的值 value 分开为两个参数传入，例如 appendSwitch("log-net-log", "./chromium-net-log.txt")；而 appendArgument 需要传入的是一个与命令行类似的完整字符串，例如 appendArgument ("--log-net-log=./chromium-net-log.txt")。

    ❑ argument：字符串类型，它的值与在命令行传入 Chromium 配置的值相同。

5.3　通过协议启动应用

5.3.1　应用场景

    在我们日常浏览网页的过程中，应该遇到过单击网页中的一个按钮之后，浏览器弹出一个对话框询问是否要打开本地应用的情况。现如今，很多厂商开发的应用会同时支持 Web 端和桌面端：Web 端不需要额外进行下载和安装就可以直接使用，它能让产品更快速地触达用户；桌面端虽然要经过下载并安装这么一个相对烦琐的过程，但是它具备很多 Web 端不具备的能力，在功能上可能会更加完整和强大。作为用户，我们可能在一些场景下需要快速打开浏览器来使用相对较简单的功能，但是在另一些的场景中又需要使用功能更强大的客户端所提供的完整功能。对于同时支持这两端的产品来说，为了带来更好的用户体验，需要提供一个能在两种产品形态之间快速切换的方式。例如，当用户在 Web 端上准备使用某个在桌面端才支持的功能时，我们肯定不期望用户自行去系统中找到桌面端并启动，然后再找到准备使用的那个功能。在支持无缝切换的情况下，在 Web 端单击该功能就能自动打开桌面端并继续自动跳转到对应的功能上，将会让用户有非常好的体验。因此，这样无缝切换的功能是非常重要的。接下来我们将展示在使用 Electron 开发桌面客户端时，如何实现这个功能。

    仔细观察现有的能从网页调起桌面端的应用可以发现，它们都是通过一个自定义的协议路径来请求打开应用的。不同的操作系统在处理自定义协议的方式上有所不同，在 Windows 中，如果想要添加自定义协议，需要在注册表中找到 HKEY_CLASSES_ROOT 文件夹，在该文件夹中添加注册表项来完成协议的注册。HKEY_CLASSES_ROOT 用于管理所有文件的扩展以及可执行文件的相关信息，我们可以通过以下步骤找到它。

（1）在键盘上同时按 win+R 快捷键，打开运行窗口，并在"打开"输入框中输入"regedit"，如图 5-9 所示。

（2）单击"确定"按钮之后，"注册表编辑器"窗口将被打开，HKEY_CLASSES_ROOT 文件夹就位于计算机目录下第一个，如图 5-10 所示。

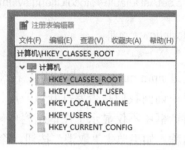

图 5-9　运行窗口界面　　　　　　　图 5-10　HKEY_CLASSES_ROOT 在注册表编辑
器中的位置

由于 Electron 提供 app.setAsDefaultProtocolClient 方法让我们自定义打开应用的协议，所以开发者在实现这个功能时，无须写代码去操作注册表，只需要调用该方法即可。

setAsDefaultProtocolClient(protocol[, path, args])：该方法允许开发者将协议参数 protocol 注册到操作系统中，并将该协议与当前应用的可执行文件关联起来。每当访问以 protocol://开头的 URL 时，关联的可执行文件将被执行。完整的 URL 包括其中的参数，也将传递给启动的应用。setAsDefaultProtocolClient 接收如下参数。

- ❑ protocol：字符串类型，自定义协议的名称。如果我们想使用 myapp://这个协议打开应用，那么此处 protocol 参数需要传入 myapp。
- ❑ path：字符串类型（可选），可执行文件的路径。默认情况下为 process.execPath 的值。
- ❑ args：字符串数组类型（可选），表示需要传递给可执行文件的参数。

5.3.2　实现自定义协议

接下来我们在 2-1 节示例的基础上进行修改来演示如何使用该方法完成功能。首先，我们在主进程 index.js 的代码中，将 setAsDefaultProtocolClient 方法的调用添加到 ready 事件执行之前，代码如下所示。

// Chapter5-3/index.js

```
const electron = require('electron');
const app = electron.app;
const url = require('url');
const path = require('path');

// 自定义 sysInfoApp 协议
app.setAsDefaultProtocolClient('sysInfoApp');

let window = null;
...
```

通过 npm run start 启动应用，在浏览器的地址栏输入 sysInfoApp://infoPage 就能看到浏览器在询问我们是否要打开该应用，如图 5-11 所示。

对话框中不仅显示了在地址栏中输入的自定义协议 URL，同时也能看到即将打开的应用名称。如果单击"取消"按钮，除了关闭对话框以外不会有任何响应。如果单击"允许"按钮，那么系统将运行这个程序的可执行文件。我们此处单击"允许"按钮来让流程继续，接着会发现系统弹出了错误提示框，如图 5-12 所示。

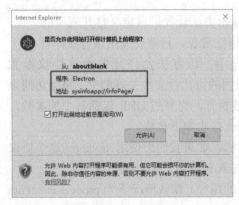

图 5-11　浏览器询问是否打开应用界面

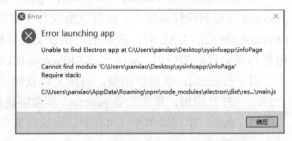

图 5-12　启动应用时的报错信息

出现错误的原因是，当前我们程序所使用的可执行文件是全局的 Electron.exe，而系统在调起 Electron.exe 时，无法找到指定的入口文件，所以此处会进行相应的错误提示。因此，此时 setAsDefaultProtocolClient 方法的第三个参数就派上用场了。我们在前面介绍它的第三个参数时提及这个参数的内容将传递给可执行文件，这里我们可以利用这个参数来指定程序的入口文件，代码如下所示。

```
// Chapter5-3/index.js
const electron = require('electron');
const app = electron.app;
```

```
const url = require('url');
const path = require('path');
// 通过传入第三个参数，来指定 Electron 的入口文件
app.setAsDefaultProtocolClient('sysInfoApp'
  ,process.execPath
  ,['C:\\Users\\panxiao\\Desktop\\Demos\\ElectronInAction\\Capture5-3\\index.js']);

let window = null;
...
```

通过 npm run start 启动应用，然后重复上面在浏览器中
进行的步骤直到出现询问是否打开应用的窗口。此时单击
"允许"按钮之后将不会报错，应用可以正常地被启动起来。
这时我们在注册表管理器中搜索"sysInfoApp"，可以看到
在 HKEY_CLASSES_ROOT 中新增了如图 5-13 所示的注册
表项。

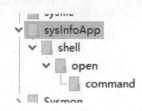

图 5-13　新增的 sysInfoApp 注
册表项

5.3.3　通过自定义协议启动时的事件

在本节内容的开头，我们提到在网页中单击进入某个功能的按钮时，需要跳转到本
地桌面应用中的对应功能界面的功能。要实现这个功能，应用需要知道自己当前是否被
自定义协议打开。这里分两种情况，一种情况是应用已经启动，另一种情况是应用还未
启动。

在 Windows 平台中，如果应用已经启动，那么此时再通过自定义协议唤起该应用，
Electron 是没有提供专门的事件来对此做出响应的。但是这种情况符合第 1 章中我们讲到
的单实例应用场景，所以"second-instance"事件会被触发。开发人员可以在"second-
instance"事件中做处理来判断当前是否是被自定义协议唤起的，代码如下所示。

```
// Chapter5-3/index.js
...
const winTheLock = app.requestSingleInstanceLock();
if(winTheLock){
  // 获取启动参数列表中的 schemeUrl
  function getSchemeUrl(argv){
    for(let i=0; i<argv.length;i++){
      if(argv[i].indexOf('sysinfoapp') === 0){
        return argv[i];
      }
    }
  }
```

```
    return null;
  }

  // 当有第二个实例准备启动时
  app.on('second-instance', (event, commandLine, workingDirectory) => {
    const schemeUrl = getSchemeUrl(commandLine);
    if(schemeUrl){
      // 本次启动是通过自定义协议启动的
    }else{
        // 非自定义协议启动
    }
  })
}
...
```

首先，我们在代码中实现了一个 getSchemeUrl 方法，该方法用于从应用启动的命令行参数中拿到传入的自定义协议 URL。在"second-instance"事件触发时，调用 getSchemeUrl 方法尝试获取启动命令中的 URL，并将它赋值给 schemeUrl 变量。然后对 schemeUrl 变量进行判断，如果存在我们自定义协议的 URL，则说明本次启动是通过自定义协议的 URL 启动的，否则就是通过其他方式启动的。

对于应用尚未启动的情况，开发人员只能对应用启动时对启动命令携带的参数进行判断来实现。由于绝大多数情况下，用户通过双击图标启动应用的方式是不带参数的，因此我们可以在应用启动完成的 ready 事件中，通过判断 process.argv 的长度是否大于 1 来区分是否是常规的启动方式（process.argv 的 0 号元素为启动命令）。如果是，则表示当前是被自定义协议唤起的，然后通过手动的方式触发"second-instance"事件，执行前面已经实现好的逻辑，代码如下所示。

```
// Chapter5-3/index.js
...
app.on('ready', function (){
  if (process.argv.length > 1) {
    app.emit("second-instance", null, process.argv);
  }
})
...
```

在 process.argv.length 长度大于 1 的情况，不一定就是通过自定义协议 URL 启动的。但是不用担心，因为在触发"second-instance"事件后，在该事件回调内部会对启动参数进行进一步判断。

5.3.4 应用首次启动前注册自定义协议

有时候用户在安装完桌面应用后，可能不会马上启动应用，这会导致应用中注册自定义协议的代码没有被及时运行，从而导致在应用首次启动前无法通过自定义协议启动应用。如果想要在这种情况下也能在浏览器中通过自定义协议调起应用，那就必须在安装阶段完成自定义协议注册的流程。对于 Windows 应用，在这种情况下需要在 package.json 中新增 nsis 字段，在该字段中通过 include 字段指定安装时执行的脚本，代码如下所示。

```
// package.json
...
"nsis": {
    "include": "build/script/installer.nsh"
},
...
```

.nsh 是被 NSIS 安装程序使用的脚本文件，它的作用是帮助安装程序设置程序运行依赖的一些环境变量。在 NSIS 配置中可以选择 include 或 scripts 来配置 installer 脚本，其中 include 可以包含只需要修改的配置部分，而 scripts 要求书写完整的配置。这里面可以配置的项目非常多，我们这里只想对安装过程做一些修改，所以此处 include 是比较适合我们的。如果你的应用需要完整的定制安装过程，那么 scripts 会更加合适。开发人员可以在这个脚本文件中写入注册自定义协议的脚本，代码如下所示。

```
// Chapter5-3/installer.nsh
!macro customInstall
   WriteRegStr HKCR "sysInfoApp" "URL Protocol" ""
   WriteRegStr HKCR "sysInfoApp" "" "URL:sysInfoApp Protocol Handler"
   WriteRegStr HKCR "sysInfoApp\shell\open\command" "" "$INSTDIR\SysInfoApp.exe" "%1"
!macroend
```

代码中的 macro 表示定义宏，它后面跟着的是安装生命周期的名称，HKCR 为 HKEY_CLASSES_ROOT 的缩写。NSIS 安装程序定义了一系列生命周期钩子，提供给开发者自定义开发过程的行为，如 customHeader、preInit、customInit、customUnInit、customInstall、customUnInstall、customRemoveFiles、customInstallMode。上面代码用的是 customInstall 钩子，我们利用它在安装时向注册表写入数据。

既然有写入，那么必然就对应有删除。当应用卸载后，我们也不期望自定义的协议还残留在注册表中，所以我们需要在应用删除时，将注册表中的相关内容删除，代码如下所示。

```
// Chapter5-3/installer.nsh
!macro customUninstall
  DeleteRegKey HKCR "sysInfoApp"
  DeleteRegKey HKCR "sysInfoApp\shell\open\command"
!macroend
```

通过 electron-builder 制作安装包后，在安装或卸载的过程中就会执行上面我们预先定义的脚本。

以下是 installer.nsh 完整的代码。

```
// installer.nsh
!macro customInstall
  WriteRegStr HKCR "sysInfoApp" "URL Protocol" ""
  WriteRegStr HKCR "sysInfoApp" "" "URL:sysInfoApp Protocol Handler"
  WriteRegStr HKCR "sysInfoApp\shell\open\command" "" "'$INSTDIR\SysInfoApp.exe' '%1'"
!macroend
!macro customUninstall
  DeleteRegKey HKCR "sysInfoApp"
  DeleteRegKey HKCR "sysInfoApp\shell\open\command"
!macroend
```

如果你想学习更多关于 NSIS 脚本的知识，可前往网址 https://www.electron.build/configuration/nsis#custom-nsis-script 进行学习。

本小节中所涉及的完整代码可以访问 https://github.com/ForeverPx/ElectronInAction/tree/main/Chapter5-3。在学习本章的过程中，建议你下载源码，亲手构建并运行，以达到最佳学习效果。

5.4　开 机 启 动

应用开机自启动在一些场景下对用户来说是一个很方便的功能，Electron 也为此专门提供了一个名为 setLoginItemSettings 的 API，允许开发者将自己开发的桌面应用设置成为开机自动启动，它的使用方法如下。

（1）app.setLoginItemSettings(settings)：设置当前应用开机自启动。

（2）settings：对象类型。

与自启动相关的配置如下。

❑　openAtLogin：布尔类型。当设置为 true 时，当前应用会在开机登录后启动。当设置为 false 时，去掉开机启动设置。

❑ openAsHidden：布尔类型。此配置只在 macOS 中生效，可以让应用以隐藏的方式自启动。

❑ path：字符串类型，表示当前应用的启动程序路径，默认情况下为 process.execPath 的值。

❑ args：字符串数组类型，表示传入当前应用的命令行参数。

❑ enabled：布尔类型，表示是否在任务管理器和系统设置中禁用该应用。

❑ name：字符串类型，表示写入注册表的名称，默认为 AppUserModelId 方法返回的值。

我们在 5.3 节示例的基础上，加上调用该方法的代码来让应用实现开机自启动功能，代码如下所示。

```
// Chapter5-4/index.js
...
app.setLoginItemSettings({
  openAtLogin: true,
  name: 'sysInfoApp',
  args: ['C:\\Users\\panxiao\\Desktop\\Demos\\ElectronInAction\\Capture5-3\\']
});
...
```

通过 npm run start 启用应用，然后将操作系统重新启动，就可以看到在系统启动并登录后 sysInfoApp 应用自动完成启动。

Electron 提供的 setLoginItemSettings 方法本质上是通过写入 Windows 系统注册表的方式实现应用开机自启动的。我们打开注册表编辑器，搜索 sysInfoApp，就能在 HKEY_CURRENT_USER\Software\Microsoft\Windows\CurrentVersion\Run 路径下看到对应的注册表项，如图 5-14 所示。

图 5-14 应用开机自启动注册表项

在 Windows 操作系统中，有 8 个注册表项控制着应用程序的自启动时机。setLoginItemSettings 方法只能设置当前用户登录后，在"启动"文件夹中的应用启动之前的时机将应用启动起来。如果你对应用自启动时机有更多的需求，可以自行实现操作注册表的方法并在对应的注册表中添加注册项。

上面的实现方式有一个不足之处，那就是只有应用运行过一次才能写入注册表。如果想要在应用未使用之前就能在注册表中写入自启动配置，且在卸载的时候删除该配置，就需要用到与 5.3.4 节相同的方法，即通过 NSIS 脚本来实现。我们直接来看完整的脚本实现，代码如下所示。

```
// Chapter5-4/installer.nsh
!macro customInstall
    WriteRegStr   HKCU   "Software\Microsoft\Windows\CurrentVersion\Run"   "SysInfoApp"
'"$INSTDIR\SysInfoApp.exe" "%1"'
!macroend
!macro customUninstall
    DeleteRegValue HKCR "Software\Microsoft\Windows\CurrentVersion\Run" "SysInfoApp"
!macroend
```

本小节中所涉及的完整代码可以访问 https://github.com/ForeverPx/ElectronInAction/tree/main/Chapter5-4。在学习本章的过程中，建议你下载源码，亲手构建并运行，以达到最佳学习效果。

5.5　启动速度优化

5.5.1　优化的重要性

无论对于 Web 应用还是桌面应用来说，启动速度都是一个绕不开的重要话题，它的快慢直接决定了用户对产品第一印象的好坏。从众多对用户研究的结果来看，用户都是缺乏耐心的，如果你的应用启动速度很慢，将会导致用户在使用到它真正的功能之前就对它失去耐心，进而转向使用体验更胜一筹的竞品。因此，我们需要掌握优化启动速度的方法并持续地进行实践，让启动时间不断降低。

如果你是一个 Web 前端开发人员，想必你已经对在浏览器中如何优化页面的加载速度非常熟悉了。大部分情况下，浏览器中对加载速度优化的方法有增加缓存、减少资源体积以及优化脚本逻辑等。由于 Electron 窗口也相当于是一个浏览器，所以这些优化的方法大部分在 Electron 应用中都是适用的，加速窗口页面的打开也是优化启动速度的一个重要环节。当然，如果你的应用窗口加载的是本地页面和脚本，那么可以忽略缓存这一类与网络请求相关的优化。由于这些方法比较通用，本节的内容将不会讲解它们，而是重点讲解与 Electron 紧密结合的优化手段。

我们在前面介绍 Electron 时，提到 Electron 应用比传统浏览器 Web 应用有更强大的能力，那么在优化方面是否存在一些原本浏览器 Web 应用中不具备的优化方法呢？答案必然是存在的，这个优化方法就是 V8 snapshots。下面将展示如何使用 V8 snapshots 来优化 Electron 应用的启动速度。

5.5.2 使用 V8 snapshots 优化启动速度

1. 优化的基本原理

无论在主进程还是在渲染进程中，Electron 应用的绝大部分逻辑都是通过 JavaScript 脚本实现的，因此 JavaScript 脚本的运行速度直接决定了应用的启动速度。影响 JavaScript 脚本运行速度的因素主要有两个方面，一方面是 V8 解释脚本的快慢，另一方面是业务代码逻辑复杂度的高低。在逻辑复杂度方面，由于每个业务所包含的功能不同，所以对应的逻辑复杂度也不相同，对于逻辑的优化需要根据不同的业务情况来处理，没有一个相对通用的优化方案。但是在 V8 解释脚本的快慢上，开发者可以利用一项名为 snapshots 的技术来优化解释过程的速度，加速应用的启动。

JavaScript 脚本是一个解释型语言，它的优点是平台兼容性好，脚本源代码可以在任意一个拥有 JavaScript 解释器（如浏览器或 Node.js 环境）的机器上运行起来。但它的缺点是运行效率相对较低，因为每次运行脚本时都需要解释一次。这就好比我们拿着一本中文词典跟一个说英文的外国人对话，我们每说一句中文都需要用词典来翻译成英文才能让对方听懂。这样我们每说一句话都需要经历翻译的过程，多花了翻译的时间。如果我们提前知道要讲什么，提前把内容全部翻译成英文，那么就可以节省对话的时间了。如果我们的这段对话内容将会重复很多次，那么只需要翻译一次就行，大大降低了重复翻译的时间。JavaScript 脚本的运行机制与此非常类似，V8 在其中担任的就是翻译器的角色。

每一个由 V8 创建的 JavaScript 上下文在一开始都需要初始化完成如全局对象 window、Math 等内置模块，这些模块必须在上下文创建之前添加到 V8 的堆栈中。每次经历这个过程都需要消耗不少时间。如果这些既定已知的工作都能提前完成，那么上下文的初始化速度将会加速不少。V8 基于上面的原理利用 snapshots 技术对 JavaScript 环境的初始化速度进行了优化，snapshots 相当于是 V8 堆栈的一个快照，由于 JavaScript 环境初始化的内容都是一样的，所以提前准备这个快照能省去重复解释所消耗的时间。我们可以利用这个原理，来加速我们应用的启动。

V8 snapshots 可以在一个空的 V8 上下文中解释和执行指定的 JavaScript 脚本并输出一个二进制文件，该文件包含内存中经过垃圾回收后剩余数据组成的序列化堆栈。Electron 可以直接运行这个二进制文件来绕过解释 JavaScript 脚本的过程。在大部分场景中，同一个版本的应用在启动过程中所加载的 JavaScript 脚本都是一样的，如果我们提前生成好 snapshots 文件，就可以重复利用之前生成好的 JavaScript 对象，从而减少加载时间。下面的内容将展示 V8 snapshots 的使用方法。

2. 使用 electron-link 转换脚本

由于是在空的 V8 环境中提前执行 JavaScript 脚本，环境中没有任何已经加载好的对象，因此我们无法在这个空的 V8 环境中执行使用 Node.js 或 Electron API 的脚本，否则将会导致异常。但是在我们业务代码中，不可避免地要引用 Node 或 Electron 的 API，如 os、path 以及 electron 等。为了绕开这个限制，我们需要引入一个名为 electron-link 的 Node.js 模块。

electron-link 专门用于处理这种情况，它内置了一批 Node.js 或 Electron 的模块名单列表，在脚本中直接将 require 内置模块的代码转换成延迟加载的形式，在生成 snapshots 的时候不去进行内置模块的引入操作，从而规避上面的问题。下面我们使用 electron-link 官网的例子来解释一下它是如何做到的。

我们在系统信息展示应用项目的根目录新建一个 snapshots 文件夹，在该文件夹中新建脚本文件 snapshots.js，该文件会在窗口页面的脚本开头被 require 引入，内容为我们需要创建 snapshots 的模块代码，其中的内容代码如下所示。

```
// Chapter5-5/snapshots/snapshots.js
const path = require('path')

module.exports = function () {
    return path.join('a', 'b', 'c')
}
```

在 snapshots.js 中，首先引入了 Node.js 的内置模块 path 并赋值给 path 变量；然后定义了一个匿名函数，该函数使用 path 提供的 join 方法将 a、b、c 三个路径合并并返回结果；最后通过 module.exports 将该函数导出。如果直接将该文件通过 V8 生成 snapshots 将会报错，因为空的 V8 上下文中不包含 path 模块。这时候我们需要使用 electron-link 编写一个脚本，使得 snapshots.js 可以顺利通过 V8 生成 snapshots，脚本代码如下所示。

```
// Chapter5-5/snapshots/build-snapshots.js
const vm = require('vm')
const path = require('path')
```

```
const fs = require('fs')
const electronLink = require('electron-link')
const rootPath = path.resolve(__dirname, '..');
const shouldExcludeModule = {};

async function build() {
  const result = await electronLink({
    baseDirPath: '${rootPath}',
    mainPath: '${rootPath}/snapshots/snapshots.js',
    cachePath: '${rootPath}/snapshots/cache',
    shouldExcludeModule: (modulePath) => shouldExcludeModule.hasOwnProperty(modulePath)
  })

  const snapshotScriptPath = '${rootPath}/snapshots/cache/snapshots.js'
  fs.writeFileSync(snapshotScriptPath, result.snapshotScript)

  // 确认该脚本文件是否能生成 snapshots
  vm.runInNewContext(result.snapshotScript, undefined, { filename: snapshotScriptPath,
displayErrors: true })
}

module.exports = build;
```

在 build-snapshots.js 中，build 方法用于通过 electron-link 将源脚本文件转换成一个可以被快照的文件，并将它存放在 cache 文件夹中。在该方法的最后通过 vm.runInNewContext 方法尝试在新的上下文中执行 cache 文件夹中的 snapshots.js 文件，确认该文件被转换后可以在 V8 的上下文中顺利执行。

接着在 snapshots 文件夹中新建 index.js 文件，调用 build-snapshots.js 导出的 build 方法，代码如下所示。

```
// Chapter5-5/snapshots/index.js
const build = require('./build-snapshots');
const buildSnapshots = require('./build-snapshots');

buildSnapshots().then(function(){}).catch(function(e){
    console.log('build-snapshots error: ', e);
});
```

接着修改 package.json，在 scripts 中新增一条命令。

```
// Chapter5-5/package.json
```

```
"build-snapshots": "node ./snapshots/index.js"
```

通过执行 npm run build-snapshots 生成 snapshots，我们可以在 cache 文件夹中看到通过 electron-link 转换的 snapshots.js 文件，如图 5-15 所示。

图 5-15　生成后的 snapshots.js 文件

打开 cache/snapshots.js 文件，在第 276～289 行可以看到转换后的代码，代码如下所示。

```
// Chapter5-5/snapshots/cache/snapshots.js
customRequire.definitions = {
  "./snapshots/snapshots.js": function (exports, module, __filename, __dirname, require, define)
{
    let path;

    function get_path() {
      return path = path || require('path');
    }

    module.exports = function () {
      return get_path().join('a', 'b', 'c');
    }
  },
};
```

3. 使用 mksnapshot 生成 V8 snapshots

从上面的代码中可以看到，electron-link 把源代码中 require('path')的代码转换成了延迟引入的方式，path 只有在真正用到时才会执行 require 引入。这使得转换后的脚本在空的 V8 上下文中生成 snapshots 时，不会执行内置模块 path 相关的逻辑，从而让这个脚本的 snapshots 可以顺利地生成。在转换完 snapshots.js 后，我们将使用 Electron 提供的 V8 snapshots 生成工具 mksnapshot（https://github.com/electron/mksnapshot）来生成前面提到

的可供 Electron 直接使用的二进制文件。在使用之前，通过如下命令将 mksnapshot 安装
到项目中。

```
SET ELECTRON_CUSTOM_VERSION=11.3.2
npm install mksnapshot –save
```

为了保证 mksnapshot 工具的版本与当前 Electron 版本一致，安装命令中
ELECTRON_CUSTOM_VERSION 环境变量需要设置为当前 Electron 的版本号。安装完
成后，在 snapshots 文件夹中新建一个 mkSnapshots.js 脚本来使用该生成工具，代码如下
所示。

```
// Chapter5-5/snapshots/mkSnapshots.js
const path = require('path');
const fs = require('fs');
const childProcess = require('child_process')
const rootPath = path.resolve(__dirname, '..');
const snapshotScriptPath = `${rootPath}/snapshots/cache/snapshots.js`
const distPath = `${rootPath}/snapshots/dist`;
const snapshotBlob = path.join(`${distPath}/`, 'v8_context_snapshot.bin')

function mkSnapshots(){
  childProcess.execFileSync(
    path.resolve(__dirname, '..', 'node_modules', '.bin',
      'mksnapshot.cmd'
    ),
    [snapshotScriptPath, '--output_dir', distPath]
  )

  //将 v8_context_snapshot.bin 复制到 Electron 可以加载的目录
  const pathToElectron = path.resolve(
    __dirname, '..', 'node_modules', 'electron', 'dist'
  )
  fs.copyFileSync(snapshotBlob, path.join(pathToElectron, 'v8_context_snapshot.bin'))
}

module.exports = mkSnapshots;
```

mkSnapshots.js 定义并导出了一个 mkSnapshots 方法，该方法包含两个重要的步骤。

（1）利用 childProcess 的 execFileSync 方法在脚本中执行 mksnapshot.cmd 命令，将
被 electron-link 转换后的 snapshots.js 进一步生成可以被 Electron 直接使用的
v8_context_snapshot.bin 二进制文件，将该文件输出到/snapshots/dist 目录中。

（2）Electron 会在固定的目录自动加载 v8_context_snapshot.bin 文件的内容，在不同的系统平台下该目录的位置有所不同。在 Windows 平台中，该目录为 Electron 所在的根目录。而在 MacOS 平台中，该目录为 Electron 所在的根目录下的 /Contents/Frameworks/Electron Framework.framework/Resources/文件夹中。本示例只针对 Windows 平台开发，所以在步骤（1）完成后，通过 fs 模块的 copyFileSync 方法将 v8_context_snapshot.bin 同步复制到 Electron 的根目录中。

4. 全局对象 snapshotResult

通过 npm run start 启动应用，如果 Electron 成功加载了 v8_context_snapshot.bin，那么在窗口页面的全局对象 window 中会存在一个名为 snapshotResult 的对象，如图 5-16 所示。

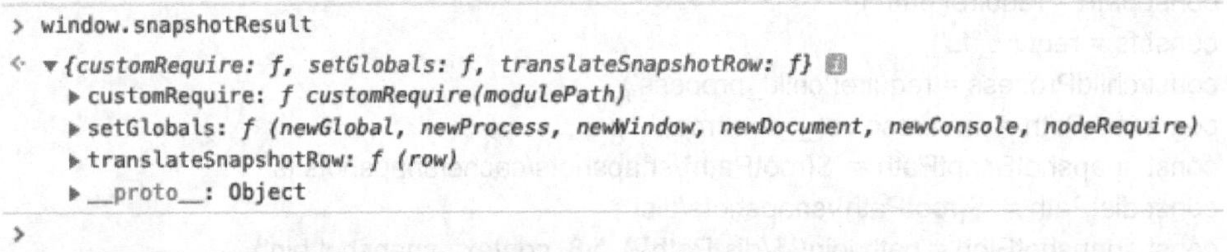

```
> window.snapshotResult
< ▼{customRequire: f, setGlobals: f, translateSnapshotRow: f}
    ▶ customRequire: f customRequire(modulePath)
    ▶ setGlobals: f (newGlobal, newProcess, newWindow, newDocument, newConsole, nodeRequire)
    ▶ translateSnapshotRow: f (row)
    ▶ __proto__: Object
>
```

图 5-16　控制台中输出的 snapshotResult 对象

v8_context_snapshot.bin 中已经执行完的模块在 customRequire 的 cache 对象中可以找到，例如 snapshots.js 模块，如图 5-17 所示。

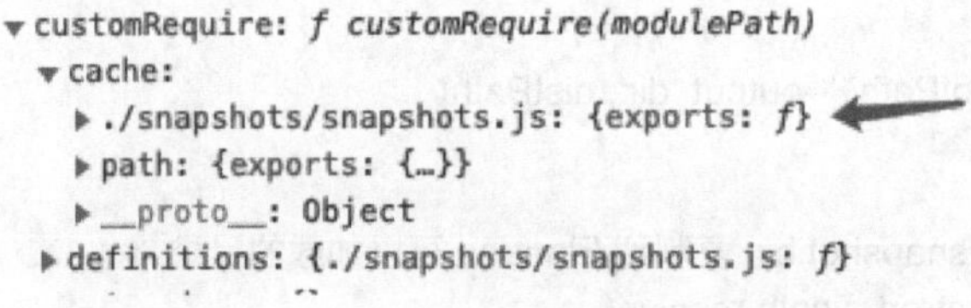

```
▼customRequire: f customRequire(modulePath)
  ▼cache:
    ▶./snapshots/snapshots.js: {exports: f} ◀
    ▶path: {exports: {…}}
    ▶__proto__: Object
  ▶definitions: {./snapshots/snapshots.js: f}
```

图 5-17　customRequire 中 cache 的内容

到目前为止，Electron 只是成功加载了 v8_context_snapshot.bin 的内容，但是还没使用它来真正地解决我们的问题。原因是在窗口页面的脚本 window.js 中，依旧使用的是 require('./snapshots/snapshots.js')写法。V8 在执行到这条语句时，并没有使用我们已经执行过的模块，而是重新又将 snapshots.js 执行了一次。因此，我们还需要对模块的引入方式进行一些改造，代码如下所示。

```
// Chapter5-5/window.js
// const snap = require('./snapshots/snapshots.js'); 注释原来的引入方法
const snap = snapshotResult.customRequire.cache['./snapshots/snapshots.js'].exports;
...
```

　　在引入 snapshots.js 时，使用 snapshotResult.customRequire.cache 中已经执行过的
snapshots.js 模块的快照来替换原来常规使用 require 的引入方式。Electron 在执行到这条
语句时，使用的就是 snapshots.js 模块的快照，而不需要重新再加载一次，从而达到避免
重复加载来减少启动时间的目的。

　　由于在 electron-link 转换后的代码中使用到的内置全局对象或模块是在一个闭包中
的，所以开发人员需要使用它提供的 setGlobals 方法来把当前运行环境中要使用到的相关
全局变量或模块设置进去，否则将提示无法找到对应的模块，如图 5-18 所示。

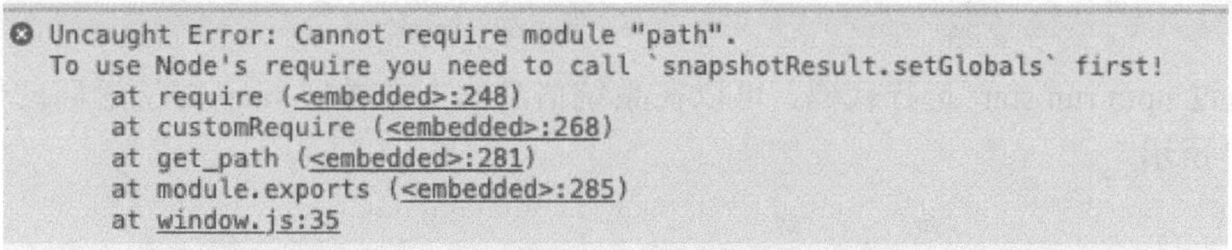

```
⊗ Uncaught Error: Cannot require module "path".
  To use Node's require you need to call `snapshotResult.setGlobals` first!
      at require (<embedded>:248)
      at customRequire (<embedded>:268)
      at get_path (<embedded>:281)
      at module.exports (<embedded>:285)
      at window.js:35
```

图 5-18　未找到全局模块的错误提示

　　这个设置必须在使用模块快照之前完成，所以需要将设置的代码放到文件的开头，
代码如下所示。

```
// Chapter5-5/window.js
...
snapshotResult.setGlobals(
  global,
  process,
  window,
  document,
  console,
  global.require
)
const snap = snapshotResult.customRequire.cache['./snapshots/snapshots.js'].exports;
...
```

　　为了保障向大家展示的示例能正常运行，这里将 snapshots.js 中输出的方法被调用后
的返回值显示在页面中。如果它能正常显示，则说明代码正常运行。为此，在 window.js
和 index.html 中加入如下代码。

```
// Chapter5-5/index.html
...
<body>
    <div id='snapshots' class='info'>
```

```
        <label>Path：</label>
        <span>Loading</span>
    </div>
        ...
<body>
...

// Chapter5-5/window.js
...
document.querySelector('#snapshots span').innerHTML = snap();
...
```

通过 npm run start 运行代码，可以在系统信息的上方看到 snap 方法返回的值，如图 5-19 所示。

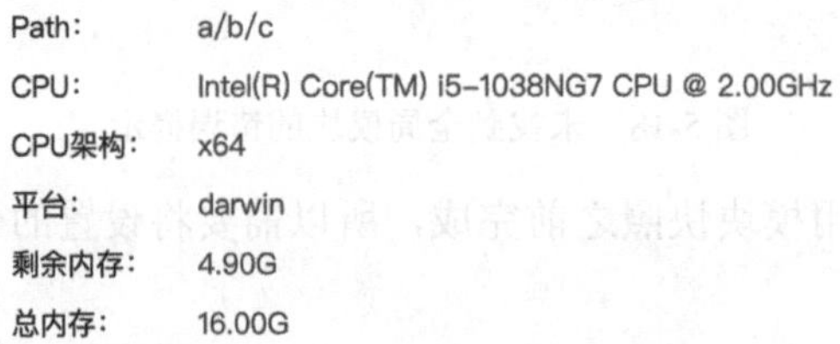

Path:	a/b/c
CPU:	Intel(R) Core(TM) I5-1038NG7 CPU @ 2.00GHz
CPU架构:	x64
平台:	darwin
剩余内存:	4.90G
总内存:	16.00G

图 5-19　正常显示的信息界面

5. 改造 require 实现自动引入

通过把原本 require 引入模块的方式改为 snapshotResult.customRequire.cache 虽然可以让代码顺利运行，但是在模块较多的情况下，需要一定的工作量才能将需要使用 snapshots 的模块替换完成。不仅如此，开发者还必须对哪些模块需要被替换非常了解，如果替换不完全，可能会导致程序无法运行或达不到优化的效果。因此我们需要一种方式能让 require 方法自动判断是否要使用对应的 snapshots 模块。该方式通过重写并覆盖原生的 require 逻辑，在其中加入当前被引入的模块是否有 snapshots 的判断逻辑，如果有则导出 snapshots 中的模块，如果没有则走正常的 require 流程。在 snapshots 目录中新建一个名为 wrapRequire 的 JavaScript 脚本文件，接下来在该文件中实现这个功能，代码如下所示。

```
// Chapter5-5/snapshots/wrapRequire.js
//首先判断 snapshotResult 是否存在，只有在存在的情况下才对 require 进行 wrap 操作
if (snapshotResult) {
  const path = require('path')
  const Module = require('module')

  const rootPath = process.cwd();
```

```
// wrap 原生的 require 模块
Module.prototype.require = function (module) {
    const absoluteFilePath = Module._resolveFilename(module, this, false)
    let modulePath = path.relative(rootPath, absoluteFilePath)
    if (!modulePath.startsWith('./')) {
        modulePath = `./${modulePath}`
    }
    modulePath = modulePath.replace(/\\/g, '/');

    // 判断 snapshots 中是否有该模块
    let cachedModule = snapshotResult.customRequire.cache[modulePath]

    if (!cachedModule) {
        // 该模块在 snapshots 中不存在，走正常的 require 流程
        return Module._load(module, this, false);
    }else{
        // 该模块在 snapshots 中存在，将直接返回
        return cachedModule.exports;
    }
}
```

接下来只需要在窗口页面的入口脚本中将wrapRequire.js在脚本开头引入就可以使用了，代码如下所示。

```
// Chapter5-5/window.js
const os = require('os');
// 引入 wrapRequire 模块
require('./snapshots/wrapRequire');
snapshotResult.setGlobals(
    global,
    process,
    window,
    document,
    console,
    global.require
)
const snap = require('./snapshots/snapshots.js');
...
```

6. 优化效果

目前 snapshots.js 中的代码较少，无法看出这个方法优化的效果。在真实的项目中，

无论引入的是三方模块还是业务逻辑,其代码量都远超于它。现在我们尝试在 snapshots.js 中引入目前开发页面时比较流行的 react 及其相关套件,然后将它们生成 snapshots 来展示一下使用 snapshots 技术前后效果的对比。

首先,通过下面的命令安装 react、react-router、react-dom、redux 到项目中。

```
npm install --save react react-router react-dom redux
```

接着,在 snapshots.js 中引入这些模块,代码如下所示。

```
// snapshots/snapshots.js
const path = require('path')

require('react');
require('react-redux');
require('react-dom');
require('react-router');

module.exports = function () {
    return path.join('a', 'b', 'c')
}
```

通过执行 npm run build-snapshots 命令生成 snapshots,然后通过 npm run start 命令启动应用。通过在 devtools 的 performance 面板中录制性能报告,可以看到脚本初始化的时间只有 12.14 ms,如图 5-20 所示。

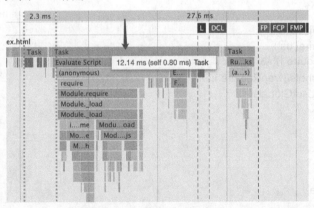

图 5-20　优化后脚本的加载时间

如果我们不使用 snapshots,直接使用原生的 require 引入这些模块,在录制性能数据后可以看到这些脚本的初始化总共花了 83.40 ms,是优化后的数据的近 7 倍,如图 5-21 所示。

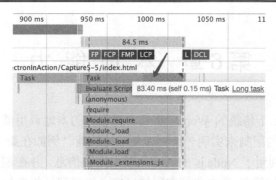

图 5-21　优化前脚本的加载时间

5.6　总　　结

（1）Electron 接收命令行参数的方式与 Node.js 相同，都可以通过 process.argv 获取到命令行中的自定义参数。在 process.argv 返回的数组中，从第 3 个元素开始为传入的自定义参数。

（2）通过命令行传参的方式，可以实现在不改动源代码的情况下，改变应用的表现和行为。

（3）Electron 中 Chromium 的默认表现和行为可以通过两种方式来改变：①在启动命令后追加参数。②使用 app.commandLine.appendSwitch 方法（Chromium 提供了一系列可用于配置的参数，开发人员可以在 Electron 官网或 Chromium 官网进行查看和学习）。

（4）使用 setAsDefaultProtocolClient 方法可以在系统注册表中注册自定义协议。在浏览器中可以通过注册好的协议 URL 打开桌面应用。自定义的协议可以在 Windows 系统注册表的 HKEY_CLASSES_ROOT 目录下被找到。

（5）Electron 在 Windows 平台上没有提供专门的事件响应通过自定义协议启动的程序，但开发人员可以在 second-instance 事件中对启动参数进行判断，如果参数中包含自定义协议字符串，则可以认为当前启动为通过自定义协议启动。

（6）如果想要在应用第一次运行前注册自定义协议，可以编写在安装阶段运行的 nsh 脚本来实现。当然，也可以在卸载阶段运行 nsh 脚本来将注册表中的自定义协议删除。

（7）Electron 提供了 setLoginItemSettings 方法来实现桌面应用程序开机自动启动。该方法的原理是通过在 Windows 系统注册表的 HKEY_CURRENT_USER\Software\Microsoft\Windows\CurrentVersion\Run 路径下写入应用程序启动路径实现的。

（8）V8 snapshots 技术可以有效地优化 Elcctron 应用的启动速度。

第 6 章　本 地 能 力

Electron 应用相比于传统的 Web 应用拥有更强大的本地调用能力，这个优势使得开发者可以突破浏览器的限制来实现一些更加复杂的功能。例如在第 2 章中我们实现的系统信息展示应用，就利用了 Node.js 的 API 来获取系统信息，并在缓存数据时对本地文件进行了读写操作。又如第 5 章中我们实现的自定义协议和开机自启动功能，也是通过操作 Windows 系统的注册表来实现的。不仅如此，Windows 系统提供了很多有用的 DLL（dynamic link library）库，这些库中包含了很多现成的功能函数，应用程序可以使用这些功能函数来直接实现业务需求，从而避免重复造轮子，减少开发时间。这些能力都是在浏览器环境中不具备的，或许上述个别的能力可以通过浏览器插件获得，但是其兼容性无法得到保证。在本章我们将展示如何在 Electron 中利用这些本地能力来实现功能。学习这部分的内容将有助于你开发出更复杂的桌面应用程序，接下来就开始吧！

6.1　注　册　表

注册表可以理解为一个在 Windows 系统中存储大量键值对数据的地方，它是 Windows 系统配置信息的一个集合，里面存储的是软件、硬件、用户使用偏好以及系统设置等信息，它们决定着系统及软硬件的各种表现和行为。Windows 系统提供了注册表编辑器来查看和修改注册表信息，打开它的步骤如下。

（1）按 win+R 键打开"运行"窗口。

（2）在输入框中输入"regedit"后单击"确定"按钮。

如图 6-1 所示为打开的"注册表编辑器"窗口界面。

当然，注册表编辑器本身也是一个应用程序，它在 Windows 系统中的文件路径为 C:\Windows\System32\regedt32.exe。在文件管理器中找到这个应用，通过双击图标也可以启动注册表编辑器。

注册表编辑器是提供给系统用户使用的，而对于开发者而言，对注册表的操作更多通过代码来实现。通过代码操作注册表主要分为读和写两种场景，下面两节的内容将分别展示如何在 Electron 应用中实现读写注册表数据的功能。

图 6-1 Windows 系统的注册表编辑器界面

由于注册表相关的知识不是本章内容的重点，所以对其中用到的一些概念不会做过多的讲解。如果你在学习本节内容前，对 Windows 系统注册表相关的知识比较陌生，建议你先在微软的官方文档中学习注册表相关的知识，这有助于你更快地掌握即将学习的内容。

6.1.1　reg 命令

Windows 系统自身提供了一个名为 reg.exe 的注册表命令行工具来让开发者通过命令的方式操作注册表，它位于 C:\Windows\System32\ 路径下。除了可视化功能之外，该命令行工具与注册表编辑器拥有同样的功能，都可以对注册表进行增删改查操作。如果对注册表比较熟悉的情况下，直接使用 reg 命令来操作注册表可能会更加高效，因为我们不需要在注册表编辑器 UI 界面的树形结构中逐个展开来查找对应的注册表项，然后再进行操作。我们在 Windows 系统可以通过如下步骤使用 reg 命令行工具。

（1）按 win+R 键打开"运行"窗口，如图 6-2 所示。

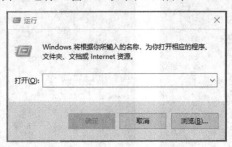

图 6-2　Windows 系统的运行窗口

（2）在输入框中输入"cmd"后单击"确定"按钮，打开 Windows 命令行工具。
（3）在命令行中输入"reg /?"命令，按 Enter 键，可以看到在命令行结果中列出了

reg 提供的所有操作注册表的方法，如图 6-3 所示。

reg 工具提供的所有操作方法如下。

- ❑　REG Query
- ❑　REG Add
- ❑　REG Delete
- ❑　REG Copy
- ❑　REG Save
- ❑　REG Load
- ❑　REG Unload
- ❑　REG Restore
- ❑　REG Compare
- ❑　REG Export
- ❑　REG Import
- ❑　REG Flags

如果你想了解这些方法具体是怎么使用的，可以在输入命令时在方法名后面追加"/?"字符串来查看。以 REG QUERY 为例，我们在命令行中输入"REG QUERY /?"，按 Enter 键后，可以看到如图 6-4 所示的结果。

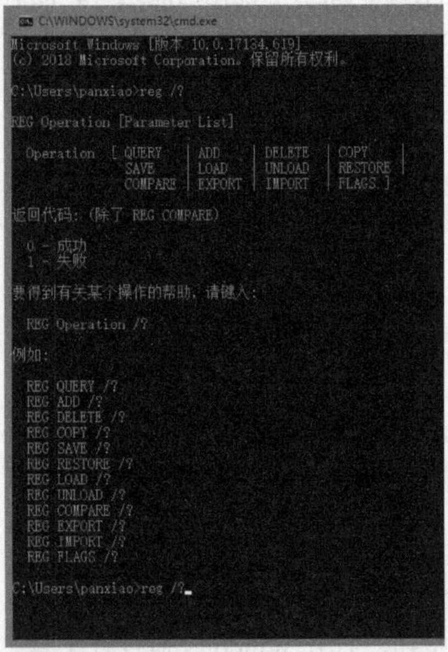

图 6-3　输入"reg /?"命令的结果 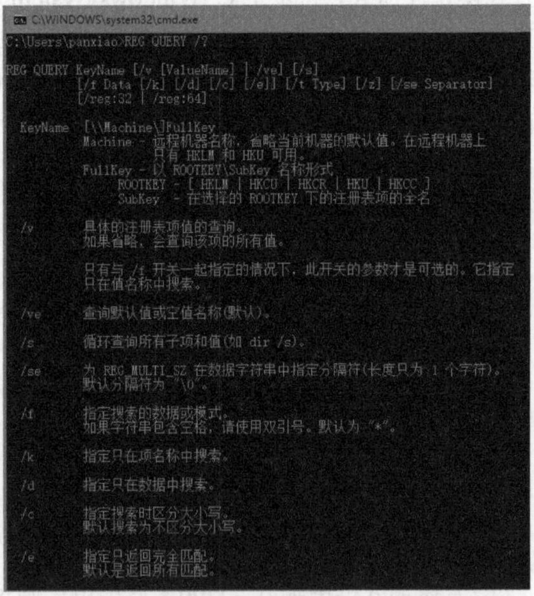　　　　图 6-4　输入"REG QUERY /?"命令的结果

接下来的内容，我们将挑选其中使用频次较高的几个方法进行详细讲解。

6.1.2　查询注册表项

开发人员可以通过执行如下命令查询注册表项。

```
reg query <keyname> [{/v <Valuename> | /ve}] [/s] [/se <separator>] [/f <data>] [{/k | /d}] [/c] [/e]
[/t <Type>] [/z]
```

（1）query 命令的参数看起来非常多，由于使用频率最高的是 keyname 和 Valuename 两个参数，因此接下来将重点讲解这两个参数。

❑　keyname：注册表项的全路径，指定命令需要查询注册表的哪个注册表项。可以指定访问远程计算机上的注册表项，但是大多数情况下使用不到远程访问的功能。该路径中需要包含有效的根路径，如 HKCU、HKCR、HKLM、HKU 以及 HKCC，它们分别为图 6-5 中根目录全名的缩写。

❑　Valuename：注册表项的值名称，指定命令需要查询该注册表项的哪个值。如果为空，将会返回该注册表项的所有值名称。图 6-6 中方框内的值即为 Valuename。

图 6-5　注册表根路径的全名　　　　　　图 6-6　Valuename 代表的值

（2）/ve：用于查询注册表项值名称为默认值的情况。

在第 5 章关于自定义协议的章节中，我们通过 setAsDefaultProtocolClient 方法在注册表中的 HKEY_CLASSES_ROOT 目录下，创建了一个名为 sysInfoApp\shell\open\command 的注册表项，并在其中设置了一个内容为应用启动路径的字符串值。现在我们尝试通过 reg query 命令查询该注册表项的值。由于当时在设置值的时候，值名称使用的是默认值，所以需要在如下命令中添加 /ve 参数来查询。

```
reg query HKEY_CLASSES_ROOT\sysInfoApp\shell\open\command /ve
```

在命令行中输入该命令并按 Enter 键后，可以看到如图 6-7 所示的结果。

从图 6-7 可以看到，该 query 命令返回了我们之前创建的注册表项的值。下面以一个实际的案例来展示如何在 Electron 中使用 reg 命令来读取注册表信息。

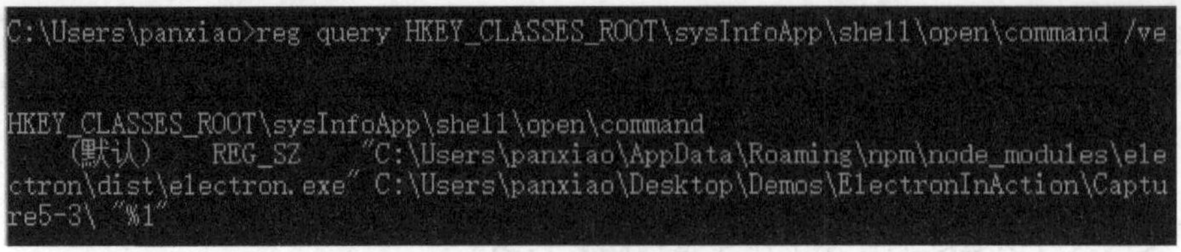

图 6-7　查询自启动注册表项的结果

在本章开头所提到的一些功能都是通过写注册表来实现的，但是在其他一些场景中，开发人员也需要通过读取注册表中的值来实现功能。例如，某些应用要在运行的过程中打开另外一个已经在系统中安装好的应用，那么程序需要知道这个应用被用户安装在哪个路径下。绝大多数情况下，这个路径可以在注册表中找到。从注册表中获取到该路径后，应用可以通过调用命令的方式打开该应用。接下来我们将实现一个简单的应用，该应用的窗口页面中有一个按钮，用户单击这个按钮之后可以打开一个名为"EasiClass"的桌面应用程序。

EasiClass 应用在注册表中写入安装路径的注册表项位于 HKEY_LOCAL_MACHINE\SOFTWARE\WOW6432Node\Seewo\EasiClass，它的值名称为 ExePath，我们需要先编写 reg 命令来查询该应用的安装路径，命令如下。

```
reg query HKEY_LOCAL_MACHINE\SOFTWARE\WOW6432Node\Seewo\EasiClass /v ExePath
```

我们先在 Windows 的 CMD 命令行工具中执行该命令，看看执行结果是否为我们预期的，结果如图 6-8 所示。

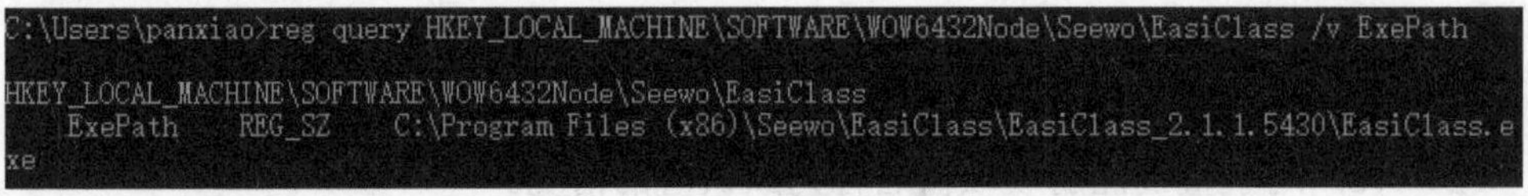

图 6-8　查询 EasiClass 应用安装路径的结果

图 6-8 所示的结果显然只有路径部分是我们需要的，所以为了将路径值单独提取出来，我们还需要在上面的命令中加入 for 指令。

```
for /f "tokens=3*" %a in ('reg query HKEY_LOCAL_MACHINE\SOFTWARE\ WOW6432Node\Seewo\EasiClass /v ExePath   ^|findstr /ri "ExePath"') do echo %a %b
```

上面的命令首先是通过 findstr 指令找到返回结果中 ExePath 字符串所在的行，然后通过 for 指令获取以空格为分隔符并从第 3 个 token 开始的剩余字符串。在命令行工具执行该命令后，可以看到如图 6-9 所示的结果。

```
C:\Users\panxiao>for /f "tokens=3*" %a in ('reg query HKEY_LOCAL_MACHINE\SOFTWARE\WOW6432Node\Seewo\EasiClass /v ExePat
h |findstr /ri "ExePath"') do echo %a %b

C:\Users\panxiao>echo C:\Program Files (x86)\Seewo\EasiClass\EasiClass_2.1.1.5430\EasiClass.exe
C:\Program Files (x86)\Seewo\EasiClass\EasiClass_2.1.1.5430\EasiClass.exe
```

图 6-9　增加 for 指令后执行的结果

接下来需要在应用中新建一个名为 reg.js 的脚本文件，该脚本通过执行上面的命令并获取返回结果，代码如下所示。

```
// Chapter6-1-1/ reg.js
const cp = require('child_process');

function getEasiClassPath(){
  return new Promise(function(resolve, reject){
    cp.exec(`for /f "tokens=3*" %a in (\'reg query HKEY_LOCAL_MACHINE\\SOFTWARE\\
WOW6432Node\\Seewo\\EasiClass /v ExePath ^|findstr /ri "ExePath"\') do echo %a%b`,
    function(err, stdout, stderr){
      if(err || stderr){
        reject(err || stderr);
      }else{
        resolve(err,stdout.split('\r\n')[2]);
      }
    })
  })
}

module.exports =  getEasiClassPath;
```

在 reg.js 脚本中使用到了 Node.js 中 child_process 模块的 exec 方法来执行上面的命令。exec 方法在执行完成后会触发一个回调函数，并将 err、stdout、stderr 三个参数传入回调函数中，这些参数的作用如下。

❑　err：exec 方法执行的成功与否。

❑　stdout：命名正确的执行结果。

❑　stderr：命令错误的执行结果。

脚本中首先定义了一个返回值为 promise 的 getEasiClassPath 方法，然后在 promise 的回调函数中调用 exec 方法执行注册表查询命令。接着在 exec 方法的回调中，通过判断 err 和 stderr 是否非空来判断当前命令是否执行成功，如果这两个参数其中一个的值不为空，则认为命令执行失败，调用 reject 方法的同时将错误信息传入参数。当命令执行成功时，通过字符串分隔操作可以将我们所需要的路径值从 stdout 参数中取出后传入 resolve 方法。在脚本的最后，我们将 getEasiClassPath 方法导出。

按照需求，接下来需要在窗口页面中加入一个启动按钮，实现单击按钮后启动 EasiClass 应用的功能，代码如下所示。

```
// Chapter6-1-2/index.html
...
<body>
    <button id='open-app'>打开 EasiClass 应用</button>
    <script type="text/javascript" src="./window.js"></script>
</body>
...

// Chapter6-1-2/window.js
const getEasiClassPath = require('./reg');
const { shell } = require('electron')

document.querySelector('#open-app').addEventListener('click', function(){
  getEasiClassPath().then(function(result){
    shell.openPath(result);
  })
});
```

我们在页面脚本 window.js 中引入前面实现的 reg 模块，在按钮被单击时调用它暴露出来的 getEasiClassPath 方法来获取 EasiClass 应用的安装路径，然后通过 Electron 提供的 shell.openPath 方法启动 EasiClass。shell 模块将使用默认的应用程序管理文件和 URL，开发人员可以用该模块提供的方法指定本地路径来打开应用，同时也可以通过默认浏览器打开一个传入的 URL 地址。

通过 npm run start 启动应用，可以看到如图 6-10 所示的界面。

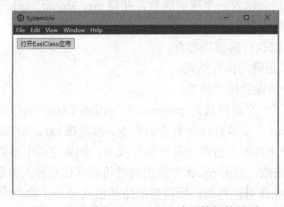

图 6-10　包含打开 EasiClass 应用按钮的界面

单击"打开 EasiClass 应用"按钮，可以看到 EasiClass 应用被启动起来了，如图 6-11 所示。

图 6-11　EasiClass 应用的启动页

6.1.3　添加或修改注册表项

开发人员可以通过执行如下命令添加注册表项。

```
reg add <keyname> [{/v Valuename | /ve}] [/t datatype] [/s Separator] [/d Data] [/f]
```

命令中的参数 keyname、/v Valuename 以及/ve 的作用与 query 命令是相同的，这里不重复讲解，下面会讲解差异参数中使用相对较多的部分。

- ❑ /t：注册表值的类型，这个类型值必须是以下值的其中一个。
  - REG_SZ
  - REG_MULTI_SZ
  - REG_DWORD_BIG_ENDIAN
  - REG_DWORD
  - REG_BINARY
  - REG_DWORD_LITTLE_ENDIAN
  - REG_LINK
  - REG_FULL_RESOURCE_DESCRIPTOR
  - REG_EXPAND_SZ

在上一节中,我们使用到的 ExePath 的值类型为 REG_SZ,表示它是一个字符串类型。

- ❑ /s：当注册表项的值类型为 REG_MULTI_SZ 时，用于指定多个字符串中间的分隔符。
- ❑ /d：注册表项的值。

　　还记得 5.3 节中通过自定义协议启动应用的场景吗？无论是通过 setAsDefault ProtocolClient 还是.nsh 脚本的方式自定义协议，底层都是通过在注册表中创建对应的注册表项来实现的。接下来，我们将直接使用 reg 命令操作注册表来实现自定义协议。

　　首先，在界面中新增一个"添加自定义协议"按钮，单击该按钮后在注册表的 HKEY_CLASSES_ROOT\sysInfoApp\shell\open\command 中添加一个值名称为默认的路径值，代码如下所示。

```
// Chapter6-3/index.html
<body>
    <button id='open-app'>打开 EasiClass 应用</button>
    <!-- 新增按钮-->
    <button id='reg-protocol'>添加自定义协议</button>
    <script type="text/javascript" src="./window.js"></script>
</body>

// Chapter6-1-1/reg.js
const cp = require('child_process');

function getEasiClassPath() {
  return new Promise(function (resolve, reject) {
    cp.exec(`for /f "tokens=3*" %a in ('reg query HKEY_LOCAL_MACHINE\\SOFTWARE\\
WOW6432Node\\Seewo\\EasiClass /v ExePath ^|findstr /ri "ExePath"') do echo %a %b`,
      function (err, stdout, stderr) {
        if (err || stderr) {
          reject(err || stderr);
        } else {
          console.log('resolve', stdout.split('\r\n')[2])
          resolve(stdout.split('\r\n')[2]);
        }
      })
  })
}

function regProtocol() {
  return new Promise(function (resolve, reject) {
    cp.exec(`reg add HKEY_CLASSES_ROOT\\sysInfoApp\\shell\\open\\command /ve /t REG_SZ
/d "\"C:\\Users\\panxiao\\AppData\\Roaming\\npm\\node_modules\\electron\\dist\\ electron.exe\"
C:\\Users\\panxiao\\Desktop\\Demos\\ElectronInAction\\Capture6-1-1\\ \"%1\""`,
      function (err, stdout, stderr) {
        if (err || stderr) {
          reject(err || stderr);
```

```
        } else {
            console.log('resolve', stdout.split('\r\n')[2])
            resolve(stdout.split('\r\n')[2]);
        }
    })
  })
}

module.exports = {
  getEasiClassPath,
  regProtocol
};
```

在 reg.js 脚本中新增了 regProtocol 函数，该函数返回值为 promise，它通过在命令行中执行 reg 工具提供的 add 命令将我们指定的注册表项添加进注册表中。另外我们修改了 reg.js 脚本的 module.exports，将原本只暴露 getEasiClassPath 方法修改为暴露一个包含 getEasiClassPath 和 regProtocol 方法的对象以供外部使用。

接着在 window.js 中给新增的按钮注册单击事件，在事件回调函数中调用 regProtocol 方法。如果注册表项添加成功，则弹出提示框进行通知，代码如下所示。

```
// Chapter6-1-3/window.js
const {getEasiClassPath, regProtocol} = require('./reg');
const { shell } = require('electron')
...
document.querySelector('#reg-protocol').addEventListener('click', function(){
    regProtocol().then(function(result){
        alert('添加成功，可以通过 sysInfoApp://params 打开应用')
    })
});
```

通过 npm run start 启动应用，单击"添加自定义协议"按钮，可以看到如图 6-12 所示的界面和提示。

看到该提示窗口后打开浏览器，在地址栏中输入 sysInfoApp://params 并按 Enter 键，就可以启动对应的程序了，如图 6-13 所示。

reg 命令没有提供专门的方法来修改注册表中已经存在的注册表项。如果开发者想要修改已有的注册表项，同样可以使用 add 方法来实现。当调用 add 方法时，如果注册表中存在了相同名称的注册表项，命令行会询问开发者是否要覆盖它，如图 6-14 所示。

图 6-12　成功添加注册表的提示　　　　　　图 6-13　通过自定义协议启动应用

```
C:\Users\panxiao>reg add HKEY_CLASSES_ROOT\s
值 name 已存在, 要覆盖吗(Yes/No)? yes
操作成功完成。
```

图 6-14　询问是否要覆盖注册表项

在 Electron 中使用 child_process.exec 执行 add 命令进行覆盖操作时, 要对控制台的输出进行判断, 看是否询问"是否覆盖", 然后通过 stdin 输入 yes 或 no 字符串来继续执行。如果你不想实现这个逻辑, 也可以直接在 add 命令中加入/f 参数, 这样命令行将不会询问而是直接执行覆盖, 如图 6-15 所示。

```
C:\Users\panxiao>reg add HKEY_CLASSES_ROOT\sysInfoApp\shell\open\command /v name /t REG_SZ /d 123 /f
操作成功完成。
```

图 6-15　加上/f 参数后的执行效果

6.1.4　删除注册表

开发人员可以通过执行如下命令添加注册表项。

```
reg delete <keyname> [{/v Valuename | /ve | /va}] [/f]
```

熟悉了查询、添加以及修改命令的使用, 删除命令就非常简单了。delete 命令中大部分参数与前面的操作相同, 唯一不同的是/va 参数。如果在 delete 命令中带上/va 参数, 执行后会将某个注册项中的全部值都删除。下面来试一试通过该参数删除 HKEY_CLASSES_ROOT\sysInfoApp\shell\open\command 下面全部的值。我们先通过 add 命令新建一个值名称为 name 的值, 然后刷新注册表, 能看到 HKEY_CLASSES_ROOT\sysInfoApp\shell\open\command 下的数据情况, 如图 6-16 所示。

名称	类型	数据
ab (默认)	REG_SZ	C:\Users\panxiao\AppData\Roaming\npm\nc
ab name	REG_SZ	1244

图 6-16　新增的注册表值

编写并运行如下命令删除它们。

reg delete HKEY_CLASSES_ROOT\sysInfoApp\shell\open\command /va

在 CMD 命令行工具中执行这条命令后，显示如图 6-17 所示的结果。

```
C:\Users\panxiao>reg delete HKEY_CLASSES_ROOT\sysInfoApp\shell\open\command /va
要删除注册表项 HKEY_CLASSES_ROOT\sysInfoApp\shell\open\command 下的所有值吗(Yes/No)? yes
操作成功完成。
```

图 6-17　执行 delete 命令之后的结果

此时刷新注册表管理器，可以看到 HKEY_CLASSES_ROOT\sysInfoApp\ shell\open\ command 下所有的值都已经被删除，如图 6-18 所示。

名称	类型	数据
ab (默认)	REG_SZ	(数值未设置)

图 6-18　执行命令后的注册表界面

当然，如果不期望命令行提示确认删除信息，同样可以在命令中加入/f 参数来强制删除。

6.2　调用本地代码

尽管 Electron 可以使用 npm 仓库中丰富的三方模块，但在一些场景中我们的应用程序还是需要调用本地代码来实现一些功能，例如直接访问系统 API、使用系统组件或者是利用本地代码的性能优势来处理大计算量的场景。也许一些功能是旧项目已经使用本地代码写好的，在项目迁移到 Electron 时为了避免重复开发而复用这些本地代码，你需要在 Electron 的代码中调用它们来完成新的功能。当你准备复用它们时，你可能拿到的是 C 或 C++语言写源代码，或者直接是一个已经被封装成 Windows DLL（动态链接库）的文件。在这两种情况下，Electron 所需要使用的方法是不一样的。接下来我们将重点讲解这两种场景的实现方式。

6.2.1　node-ffi

　　node-ffi（https://www.npmjs.com/package/ffi）是一个在 Node.js 中使用纯 JavaScript 语法调用动态链接库的 Node.js 三方模块，它能让 Electron 应用开发者在不写任何 C 或 C++代码的情况下使用动态链接库中暴露出来的方法。接下来我们将使用 C 或 C++语言实现一个简单的 DLL 库，然后展示在 Electron 中如何使用 node-ffi 模块去调用它。

　　首先，我们来用 C 语言实现一个包含计算功能的 DLL 库源代码，代码如下所示。

```
// Dll/demo.h
extern "C" __declspec(dllexport) int sum(int size);

// Dll/demo.cc
#include "demo.h"
int sum(int size)
{
    int i;
    int result = 0;
    for(i=0;i<size;i++){
          result += i;
    }
    return result;
}
```

　　该 DLL 库的源码中定义了一个 sum 方法，它将计算出从 0 累加到 size 的值并返回。我们将使用 node-gyp 工具将源代码编译成 DLL 库。node-gyp 是一个用 JavaScript 实现的跨平台命令行工具，专门用于将本地代码编译成 addon 给 Node.js 使用。由于 node-gyp 运行的过程中会依赖 Visual C++ build Tools 和 python 2.7，所以我们需要在开始之前以管理员身份运行 cmd 或 power shell，在命令行工具中使用如下命令安装它们。

```
npm install --global --production --add-python-to-path windows-build-tools
```

　　可以看到如图 6-19 所示的结果。

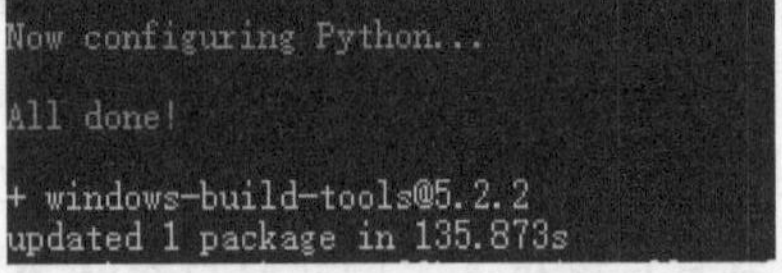

图 6-19　windows-build-tools 安装结果

图中结果显示 windows-build-tools 已经安装成功。如果你在运行该命令后提示
windows-build-tools 安装失败，可以全局搜索 windows-build-tools 目录，在里面找到它的
安装包双击进行安装。接下来通过下面的命令安装 node-gyp：

```
npm install node-gyp -g
```

node-gyp 依赖于当前我们所使用的 Node.js 的版本，所以使用 node-gyp 编译对应的
模块时，也会使用当前 Node.js 版本中的相关库文件和头文件。如果当前 Node.js 的版本
与 Electron 中 Node.js 的版本不匹配，那么在 Electron 中使用对应编译好的模块将会报错，
导致无法使用。仔细阅读错误文本的内容，我们会发现很多关于变量和方法无法找到的
问题。基于此，我们在使用 node-gyp 之前需要准确知道 node-gyp 的 Node.js 版本和 Electron
的 Node.js 版本，判断它们是否匹配。

　　node-ffi 模块官方支持的 Node.js 版本最高只能到 V10，因此你也必须使用 V10 版本
以下的 node-gyp 来编译 node-ffi 模块。如图 6-20 所示，Electron 在 V5 版本之后集成的
Node.js 版本为 V12 以上，所以 node-ffi 模块官方的源码只能在 Electron V4 及以下版本中
使用。

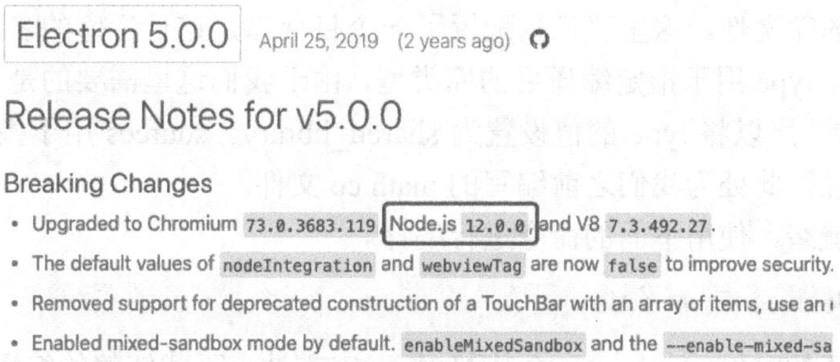

图 6-20　Electron 5.0.0 版本中集成的 Node.js 版本

　　为此，我们将使用以下模块对应的版本来展示如何在 Electron 中使用 node-ffi 模块，
如表 6-1 所示。

表 6-1　node-ffi 和 Electron 支持的 Node.js 版本

模　　块	版　　本
Node.js	10.12.0
node-ffi	2.30
Electron	4.2.12

从 Electron 的官网文档中可以看到，V4.2.12 版本集成的 Node.js 版本最低是 V10.11.0，因此这里选用 V4.2.12 版本的 Electron 来做演示。

我们在项目外新建一个名为 DLL 的目录，将上面编写完成的 math.h 和 math.cc 代码复制到该文件夹中。在使用 node-gyp 编译它们之前，还需要在这个文件夹中新建一个名为 binding.gyp 的编译配置文件，该文件用于存放 node-gyp 编译配置项，文件内容代码如下所示。

```
// Dll/binding.gyp
{
    "targets": [
        {
            "target_name": "math",
            "type": "shared_library",
            "sources": [ "math.cc" ]
        }
    ]
}
```

targets 数组存放编译后各个最终文件的配置，你可以在里面指定多个目标配置来编译出不同要求的库文件。这里我们只配置了一个目标库，该目标库的名称为 target_name 字段的值 math。type 用于指定编译后的库类型，由于我们这里需要的是 Windows 平台下的 DLL 库文件，所以将 type 的值设置为 shared_library。sources 用于指定你需要进行编译的源文件路径，此处为我们之前编写的 math.cc 文件。

一切准备就绪，使用下面的命令进行编译。

```
node-gyp clean configure build
```

在初次编译的时候，node-gyp 会从 Node.js 官方站点下载依赖的编译文件，在网络不好的情况下会卡在某些依赖文件的下载环节上，这个时候你需要查看编译过程的日志，判断流程卡在哪个依赖文件上。从笔者的个人经验来看，绝大部分情况会卡在一个叫 node.lib 文件的下载上。如果你有足够的耐心，持续等待下去也是可以成功的，但很多时候会以抛出请求超时错误而中止流程。要解决这个问题，可以自己在 Node.js 的国内镜像源网站中（http://npm.taobao.org/mirrors/node）找到对应版本的 node.lib 版本手动下载，然后复制它到对应的目录。以目前我们的 Node.js 版本为例，在镜像网站首页的 Node.js 版本列表中，找到 V10.12.0 版本并单击，我们可以看见 node.lib 包就在"v10.12.0/win-x64/"路径下，如图 6-21 所示。

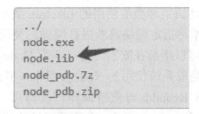

图 6-21　node.lib 文件在镜像网站中的路径

单击 node.lib 链接进行下载，将它复制到 C:\Users\panxiao\AppData\Local\.node-gyp\ Cache\10.0.0\x64 路径下，重新执行上面的编译命令。当看到命令行输出如图 6-22 所示的内容时，表示编译成功。如果你在编译的过程中遇到了其他依赖无法下载时，也可以采用同样的步骤来解决。

```
gyp info spawn args    '/p:Configuration=Release;Platform=x64' ]
在此解决方案中一次生成一个项目。若要启用并行生成，请添加"/m"开关。
math.cc
win_delay_load_hook.cc
    正在创建库 C:\Users\panxiao\Desktop\Demos\ElectronInAction\Dll\build\Release\math.lib 和对
正在生成代码
All 4 functions were compiled because no usable IPDB/IOBJ from previous compilation was foun
已完成代码的生成
math.vcxproj -> C:\Users\panxiao\Desktop\Demos\ElectronInAction\Dll\build\Release\\math.dll
gyp info ok
```

图 6-22　编译成功的提示

根据 log 的指示，我们可以在 DLL 目录下的/build/Release/路径下看到编译输出的"shared_library"文件 math.dll。接下来，通过下面的命名在项目中安装 node-ffi 模块。

```
npm install ffi –save
```

安装 node-ffi 的过程分为两个阶段，第一阶段 npm 会将 ffi 模块的源码下载下来，然后通过 node-gyp 进行编译。这个过程是全自动的，你无须做任何操作。但是要注意，我们在安装时也许会遇到各式各样的编译错误，互联网上也有非常多关于 ffi 安装过程出错的文章，总结起来大部分是 windows-build-tools 安装失败、node-gyp 依赖文件不全以及 Node.js 版本大于 10 导致的。依据笔者的经验，如果你试过了网上所有的方法都无法解决，那么尝试重新安装 windows-build-tools、Node.js 以及 node-gyp。

node-ffi 安装成功后，并不代表者它能正常使用。假设我们在安装 node-ffi 时使用的是 Node.js V10，而 Electron 中集成的是 Node.js V12，那么在使用 node-ffi 模块时会抛出很多方法无法找到的异常。因此，请务必在安装时确保 Node.js 版本的匹配。

Electron 官方提供了一个名为 Electron Rebuild（https://github.com/electron/electronrebuild）的工具，它可以自动识别你当前使用的 Electron 版本并找出它集成的 Node.js 版本，接着使用该 Node.js 版本将指定模块重新进行编译，使得编译后的模块能被 Electron 正常使用。使用这个工具，可以缓解在安装时必须匹配 Node.js 版本的问题。开发者可以在安装 node-ffi 时无须关注当前系统使用的 Node.js 版本（但必须是 V10 及其以下），等到安装完成后使用 Electron Rebuild 再重新编译一次即可。不仅如此，你还可以指定 Electron Rebuild 一次性将整个 node_modules 中需要编译的三方模块都进行重新编译。

接下来我们将开始在 Electron 中使用 math.dll 提供的功能。

我们将 DLL 目录下的 Release 文件夹复制到项目根目录下，并新建一个名为 dll.js 的脚本。dll.js 负责搭起 Node.js 与 DLL 之间的桥梁，代码如下所示。

```
// Chapter6-2-1/dll.js
var ffi = require("ffi")
var ref = require("ref")
var int = ref.types.int

var demoDll = "./Release/demo.dll"

var demo = ffi.Library(demoDll, {
    sum: [int, [int]]
})

module.exports = demo;
```

文件开头除了引入了 node-ffi 模块，还引入了 ref 模块。我们都知道 JavaScript 是弱类型语言，而 C/C++是强类型语言，在两个语言对接的过程中需要对变量进行类型映射和转换，这就是 ref 模块的作用。代码的开头从 ref 模块中得到了 int 类型的声明，它将在调用 ffi.Library 方法映射函数时被用到。ffi.Library 方法提供了两个参数，第一个参数需要我们传入 DLL 文件的相对路径，此处传入./Release/demo.dll。第二个参数需要传入一个对象，该对象的 key 值为 DLL 库导出的函数名。这个函数名也就是后面在 Node.js 中被调用的函数名，此处为 sum。该 key 的 value 值为一个二维数组，0 号元素表示 sum 方法的返回值类型，1 号元素是一个一维数组，需要传入 sum 方法的各个参数类型。我们之前定义 sum 方法的返回值类型为 int，同时它只有一个类型为 int 的参数，因此这里 key 的 value 值写为[int, [int]]。

接下来在窗口页面中加入一个输入框和按钮，当用户在输入框输入数字并单击按钮后，将输入框中的数字传给 sum 方法并调用它，最后在输入框下方显示出 sum 方法的返回值。我们在 index.html 和 window.js 中增加相关代码，代码如下所示。

```
// Chapter6-2-1/index.html
<body>
    <input type="number" id='number-input'/>
    <button id='sum-btn'>sum</button>
    <div id='result'></div>
    <script type="text/javascript" src="./window.js"></script>
</body>

// Chapter6-2-1/window.js
const demo = require('./dll');

document.querySelector('#sum-btn').addEventListener('click', function(){
    let number = document.getElementById('number-input').value;
    document.getElementById('result').innerHTML = demo.sum(number);
});
```

通过 npm run start 启动应用，我们在输入框中输入数字 5，单击 "sum" 按钮后可以
在输入框下方看到计算结果，如图 6-23 所示。

也许你会问，Electron V5 之后的版本已经将 Node.js
升级到 V12 版本了，而 node-ffi 只支持到 Node.js V10，
是否 Electron V5 之后的版本都无法使用 DLL 了呢？当
然不是，还有很多方法可以实现。

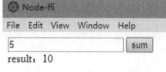

图 6-23　sum 方法的执行结果

例如，虽然 node-ffi 官方不支持 Node.js V10 之后的
版本了，但是有开发者还是在其源码基础上进行二次开发，发布了一个支持 Node.js V12
的版本（https://github.com/lxe/node-ffi/tree/node-12）。你可以在 package.json 中指定下载
该版本的 node-ffi 来使用。

另外，你也可以使用 node-ffi-napi（https://github.com/node-ffi-napi/node-ffi-napi）。
它是一个基于 N-API 版本的 node-ffi，可以支持 Node.js V10 以上的版本。关于 N-API 是
什么以及它的使用方法我们会在下一节中进行讲解。

本节中所涉及的完整代码可以访问 https://github.com/ForeverPx/ElectronInAction/
tree/main/Chapter6-2-1。在学习本章的过程中，建议你下载源码，亲手构建并运行，以达
到最佳学习效果。

6.2.2　N-API

Node.js 从 V8 版本开始，提供了一个新的方式来让开发者实现在 Node.js 的代码中
调用 C++ 实现的模块，它就是 N-API（https://nodejs.org/api/n-api.html）。

　　N-API有什么优势呢？还记得我们在使用node-ffi模块时苛刻的环境和版本要求吗？那时我们需要严格保证各个相关模块的版本一致、运行架构一致，否则就会导致编译错误或者运行错误。不仅如此，随着业务的发展，每当我们准备升级 Electron 的版本时，需要先考虑 Electron 目标版本所集成的 Node.js 版本是否被 node-ffi 所支持。如果确定支持，还需要用升级后的 Node.js 版本来重新编译 C/C++模块。如果不支持，那么就比较难对 Electron 的版本进行升级。这些额外的工作显然给开发人员增加了不少的负担。

　　Node.js 官方也意识到了这些问题，为了让开发者能更方便使用和维护 C/C++模块，推出了 N-API。N-API 是一系列抽象的应用二进制接口（application binary interface，ABI）集合，它高度封装了不同 Node.js 版本之间的差异，给开发者提供了一套统一的接入方式。由于 N-API 的版本（即 ABI 版本）与 Node.js 版本相互独立，即使 Node.js 的版本不同，但是只要它们所包含的 N-API 版本相同或具有包含关系，那么你就不需要重新编译 C/C++模块，可以在不同版本下直接使用它们。

　　图 6-24 与图 6-25 为 N-API 版本与 Node.js 版本的映射关系。

	1	2	3
V6. x			V6. 14. 2*
V8. x	V8. 6. 0**	V8. 10. 0*	V8. 11. 2
V9. x	V9. 0. 0*	V9. 3. 0*	V9. 11. 0*
≥V10. x	all releases	all releases	all releases

图 6-24　N-API 版本与 Node.js 版本关系映射图 1

	4	5	6	7
V10. x	V10. 16. 0	V10. 17. 0	V10. 20. 0	
V11. x	V11. 8. 0			
V12. x	V12. 0. 0	V12. 11. 0	V12. 17. 0	V12. 19. 0
V13. x	V13. 0. 0	V13. 0. 0		
V14. x	V14. 0. 0	V14. 0. 0	V14. 0. 0	V14. 12. 0

图 6-25　N-API 版本与 Node.js 版本关系映射图 2

　　图中横轴表示 N-API 的版本，纵轴表示其对应兼容的 Node.js 版本。从图中可以看出，从 N-API V4 版本开始为实验性质的版本，它们所支持的 Node.js 版本非常有限，因此在选择使用这些版本时需要谨慎。一般情况下，我们会在开发中选择兼容性最好的 V3 版本，它支持了从 V6 到最新版本的 Node.js。

　　在上一节内容中，我们用 C 实现了一个 sum 函数，并将它编译成 DLL 库提供给 Electron 使用。接下来，我们将这部分代码改造成支持 N-API 的形式，并在 Electron 中使用 JavaScript 调用它们。

　　首先，我们新建一个 N-API 目录，通过 npm init 命令在该目录中初始化 package.json 文件。然后通过如下命令安装 node-addon-api（https://github.com/nodejs/node-addon-api）模块。

```
npm install node-addon-api –save
```

　　node-addon-api 模块提供了一些 C++头文件，这些头文件提供了 C++常用的数据类型以及错误处理方法，它可以简化开发人员使用 C++语言调用 C 语言风格的 N-API。

　　将 DLL 文件夹下的 demo.cc 和 demo.h 文件复制到新创建的 N-API 目录中，修改它们的文件内容以符合 N-API 的标准，代码如下所示。

```cpp
// N-API/demo.h
#include <napi.h>

namespace demo {
  int sum(int size);
  Napi::Number SumWrapped(const Napi::CallbackInfo& info);
  Napi::Object Init(Napi::Env env, Napi::Object exports);
}


// N-API/demo.cpp
#include "demo.h"
#include <napi.h>

int sum(int size)
{
  int i;
  int result = 0;
  for(i=0;i<size;i++){
    result += i;
  }
  return result;
```

```
}

Napi::Number SumWrapped(const Napi::CallbackInfo& info) {
  Napi::Env env = info.Env();
  if (info.Length() < 1 || !info[0].IsNumber() ) {
    Napi::TypeError::New(env,"Number expected").ThrowAsJava ScriptException();
  }
  Napi::Number first = info[0].As<Napi::Number>();

  int returnValue = sum(first.Int32Value());

  return Napi::Number::New(env, returnValue);
}


Napi::Object Init(Napi::Env env, Napi::Object exports) {
  exports.Set("sum", Napi::Function::New(env, SumWrapped));
  return exports;
}

NODE_API_MODULE(NODE_GYP_MODULE_NAME, Init);
```

在 demo.cpp 文件的开头，引入了一个新的名为 napi.h 的头文件。该头文件在前面的内容提到过，它是由 node-addon-api 模块提供的。可以看到我们在代码中使用了非常多 napi.h 提供的对象类型，如 Napi::Number、Napi::Env 以及 Napi::Object 等。

接着是我们熟悉的 sum 函数，这部分的代码是使用 C 语言编写的，不需要进行变更。为了能对接上 N-API，我们需要声明一个 SumWrapped 函数将 sum 函数封装起来，SumWrapped 函数负责将参数类型和返回值类型包装成 Napi 提供的类型，同时在函数内部对参数的异常进行判断。如果参数不符合要求，则抛出 Napi::TypeError 类型的异常。这个异常将通过 ThrowAsJavaScriptException 方法转换成同类型的 JavaScript 异常，便于 JavaScript 开发者理解，从而更快捷地查询问题。

Init 函数负责将 sum 函数暴露出来，类似于 Node.js 中的 module.exports。

在文件最后，调用内置的 NODE_API_MODULE 方法将模块名和 Init 方法传入，完成 N-API 的对接。在修改完 demo.cpp 后，对编译配置文件 binding.gyp 进行修改，代码如下所示。

```
// N-API/binding.gyp
{
  "targets": [{
```

```
  "target_name": "demo_addon",
  "cflags!": [ "-fno-exceptions" ],
  "cflags_cc!": [ "-fno-exceptions" ],
  "sources": [
    "./demo.cpp",
  ],
  'include_dirs': [
    "<!@(node -p \"require('node-addon-api').include\")"
  ],
  'libraries': [],
  'dependencies': [
    "<!(node -p \"require('node-addon-api').gyp\")"
  ],
  'defines': [ 'NAPI_DISABLE_CPP_EXCEPTIONS' ]
  }]
}
```

target_name 为编译后生成的目标文件名，demo.cpp 文件最后一行中的 NODE_GYP_MODULE_NAME 即为该属性的值。

include_dirs 指定头文件包含目录，!是执行 shell 命令取输出值，@是在列表中展开输出的每一项。这里将 node-addon-api 的头文件的目录包含进来，使得在使用#include <napi.h>引入 node-addon-api 头文件时可以找到该文件。

dependencies 指定编译所需要的外部依赖，这里也是将 node-addon-api 相关的库引入。
现在所有的源文件已经准备就绪，使用下面的命令编译它们。

```
node-gyp clean configure build
```

编译成功后将生成 build 目录，我们将要使用到的 addon 文件就在 build/Release 路径下，文件名为 demo_addon.node。我们在渲染进程的代码中，将原本引入 DLL 相关的代码替换成引用 demo_addon.node 文件，代码如下所示。

```
// Chapter6-2-2/window.js
const testAddon = require('./build/Release/demo_addon.node');
document.querySelector('#sum-btn').addEventListener('click', function(){
    let number = document.getElementById('number-input').value;
    document.getElementById('result').innerHTML = testAddon.sum(number);
});
```

通过 npm run start 启动，在页面输入框中输入一个整数，可以在下方看到对应的计算结果，如图 6-26 所示。

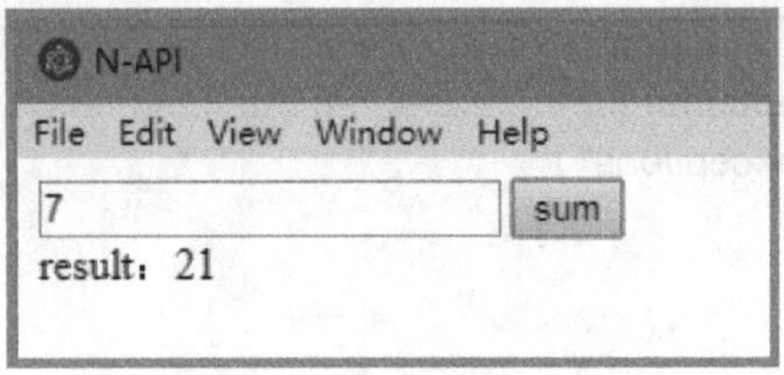

图 6-26　sum 函数的计算结果

虽然 JavaScript 语言具有灵活性高、易于学习和使用的特点。但是它在处理大数据计算、音视频编解码等方面是比较弱的，这些方面如果用 C/C++语言来实现，其运行效率将会更高。虽然在很多场景下都有现成的 C/C++库可以调用而不需要亲自编写，但是在使用 N-API 对接的时候还是免不了需要写对接的代码。如果你在这方面的知识储备较少，那么对接的过程将进行得非常困难。因此，桌面应用开发人员涉猎一些 C/C++语言知识是非常有必要的。希望本节内容能让你对 N-API 的概念和使用方法有一定的了解。

本小节中所涉及的完整代码可以访问 https://github.com/ForeverPx/ElectronInAction/tree/main/Chapter6-2-2。在学习本章的过程中，建议你下载源码，亲手构建并运行，以达到最佳学习效果。

6.3　本　地　存　储

数据是应用不可或缺的一部分，市面上绝大多数的应用都需要跟数据打交道。应用获取数据的方式除了通过向服务器请求获取之外，还可以从本地磁盘中获取。在一些场景中，应用需要将数据保存在本地磁盘，然后在后续运行的过程中从磁盘中读取出来，从而实现相关的功能，例如以下两个场景。

1. 离线应用场景

为了让用户在设备处于弱网或无网络的状态下仍然能正常使用应用，应用需要将运行时所需的数据缓存在本地。在传统的 Web 场景中，开发者可能会使用 PWA 技术来实现。PWA 技术利用 Service worker 拦截请求可以将初次请求的数据或静态资源缓存在本地，在后续离线请求的中途直接返回 cache 中的数据或静态资源，从而实现 Web 应用的离线化。这对于网络不稳定的移动端环境来说是一个不错的方案，它能让用户在这种情况下依然能正常浏览网页，不受网络环境的影响。回到桌面应用场景，其中一部分应用是真正的纯离线应用，这些应用自始至终都不需要与服务器进行数据交互，所有的数据都在本地进行读写。要实现纯离线功能，需要直接使用平台提供的存储 API 来实现。

2. 性能优化场景

在应用启动的过程中如果强依赖网络来请求数据,可能会因为网络原因导致启动时间过长,用户需要持续等待直到数据就绪后才能使用,这种情况是非常影响用户体验的。在启动时先展示缓存数据的方式可以让用户感知到应用启动得更快,一定程度上提升了用户体验。

Electron 是基于 Node.js 和 Chromium 的,它们各自都有一套本地存储方案。因此,我们在 Electron 中可以选择的本地存储方案有很多。常见的有 Cookie、Localstorage、SessionStorage、File 以及 IndexedDB 等。由于 Cookie、Localstorage 和 SessionStorage 在浏览器 Web 开发中使用频率较高,大家对它们的使用方法应该比较熟悉了,因此本小节将只重点展示 File 和 IndexedDB。

接下来的内容,我们以一个简单的笔记本应用为示例,来分别展示如何在 Electron 应用中使用 File 和 IndexedDB 来存储数据。该应用是纯离线应用,不包含向服务器请求数据相关的逻辑,所有的笔记数据都将存储在设备本地。

6.3.1　操作文件存储数据

首先,我们来编写使用 File 来存储数据的版本。得益于 Node.js 提供的 fs 模块,开发人员可以在 Electron 应用中使用它提供的 API 来直接对文件进行读写。

在开始编写应用之前,我们需要先设计数据存储的位置以及数据格式。在 Windows 系统中,应用的数据一般会存储在%appdata%指向的目录中。%appdata%是一个系统环境变量,在笔者的 Windows 系统中,它指向的是 C:\Users\panxiao\AppData\Roaming 目录。我们直接在 Windows 文件管理器的地址栏中输入"%appdata%",就能自动打开该目录。我们在这个目录下使用该应用的应用名"MiniNotes"创建一个文件夹,并在该文件夹中创建 data.json 文件存储笔记数据。正如文件的后缀名所示,我们将以 JSON 作为数据存储的基本格式。

在这个简单的笔记应用中,一条笔记数据将包含以下几个字段。

❑ title:笔记的标题。

❑ date:笔记创建或更新的时间戳。

❑ content:笔记的正文内容。

除此之外,我们还需要使用一个数组结构来存储所有的笔记数据。JSON 数据完整的格式代码如下所示。

```
// data.json
{
```

```
    "list": [
        {
            "title": "",
            "date": ,
            "content": ""
        }
    ]
}
```

1. 搭建项目结构与基础配置

接下来将要开始搭建笔记应用的项目结构。由于笔记应用中涉及较多 UI 及交互的内容，为了让开发更加高效且代码更容易维护，因此该项目的页面选择使用 React+webpack+Type Script 系列技术来实现。学习本章节的示例，你不仅可以学会如何使用本地文件存储数据，还可以学会如何在 Electron 中工程化地使用 React 来实现页面与交互。让我们马上开始吧！

要使得 React+webpack+Type Script 这三个技术能正常的配合和运行起来，需要在项目中编写如下的配置文件。

（1）在项目的根目录中，新建 Type Script 的配置文件 tsconfig.json，其中配置了一些基础的 TS 语法规则，其内容代码如下所示。

```
// Chapter6-3-1/tsconfig.json
{
  "compilerOptions": {
    "target": "es5",
    "module": "es2015",
    "allowJs": true,
    "jsx": "react",
    "strict": true,
    "moduleResolution": "node",
    "baseUrl": "./src",
    "allowSyntheticDefaultImports": true,
    "esModuleInterop": true,
    "skipLibCheck": true,
    "forceConsistentCasingInFileNames": true
  },
  "exclude": [
    "dist",
    "node_modules"
  ],
  "include": [
```

```
    "src/**/*.ts",
    "src/**/*.tsx"
  ]
}
```

（2）在项目根目录下，创建 webpack 目录，在该目录下创建 webpack.base.js 和 webpack.render.dev.js。在真实的项目中，不同的环境需要不同的 webpack 配置。例如，在开发环境，项目需要使用 webpack devServer 来实现请求代理和页面热更新。而在生产环境，项目需要对静态资源文件开启压缩和混淆。一般情况下会使用不同的配置文件来区分不同的环境，这里也是如此。由于该示例不需要生产环境演示，所以这里只需要实现开发环境的配置 webpack.render.dev.js 即可。从配置中抽离 webpack.base.js 是为了更好地复用公共逻辑，其内容中包含输出配置以及通用的 loader 配置。开发人员在后面需要实现生产环境配置时，无须重复写对应的配置代码，可以直接引入该配置后合并使用。webpack.base.js 和 webpack.render.dev.js 文件内容的代码如下所示。

```
// Chapter6-3-1/webpack/webpack.base.js
const path = require('path');

module.exports = {
  output: {
    filename: '[name].[hash].js',
    path: path.resolve(__dirname, '../dist'),
  },
  resolve: {
    extensions: ['.js', '.jsx', '.ts', '.tsx'],
  },
  module: {
    rules: [
      {
        test: /\.(js|jsx|ts|tsx)$/,
        exclude: /node_modules/,
        use: {
          loader: 'babel-loader',
        },
      },
      {
        test: /\.css$/,
        use: ['style-loader', 'css-loader', 'postcss-loader'],
      },
      {
        test: /\.less$/,
```

```
          exclude: /node_modules/,
          use: [
            'style-loader',
            {
              loader: 'css-loader',
              options: {
                modules: {
                  localIdentName: '[name]__[local]__[hash:base64:5]',
                },
              },
            },
            'postcss-loader',
            'less-loader',
          ],
        },
        {
          test: /\.(png|jpe?g|gif|svg|mp4|mp3)(\?\S*)?$/,
          exclude: /node_modules/,
          use: ['file-loader'],
        },
      ],
    },
};

// Chapter6-3-1/webpack/webpack.render.dev.js
const path = require('path');
const { merge } = require('webpack-merge');
const baseConfig = require('./webpack.base');
const HtmlWebpackPlugin = require('html-webpack-plugin');
const SpeedMeasurePlugin = require('speed-measure-webpack-plugin');
const smp = new SpeedMeasurePlugin();

const devConfig = {
  mode: 'development',
  entry: {
    index: path.resolve(__dirname, '../window/index.tsx'),
  },
  target: 'electron-renderer',
  devtool: 'inline-source-map',
  devServer: {
    contentBase: path.join(__dirname, '../dist'),
    compress: true,
```

```
      host: '127.0.0.1',                    // 指定服务器 IP
      port: 7001,                           // 启动端口为 7001 的服务
      hot: true,
    },
    plugins: [
      new HtmlWebpackPlugin({
        template: path.resolve(__dirname, '../window/index.html'),
        filename: path.resolve(__dirname, '../dist/index.html'),
        chunks: ['index'],
      }),
    ],
};

module.exports = smp.wrap(merge(baseConfig, devConfig));
```

我们重点来看 webpack.render.dev.js 文件的三个部分。第一部分是在文件的开头引入了 webpack 公共的配置文件 webpack.base.js，然后在文件的末尾通过 merge 方法将两个配置文件进行合并。第二部分是配置了 devServer 把 dist 目录作为静态服务的根目录，指定了对外提供服务的 IP 地址和端口，同时开启了热更新功能。第三部分是使用了 HtmlWebpackPlugin 插件通过模板生成页面 HTML 文件。

由于在 webpack.base.js 文件中给项目中后缀名为 js、jsx、ts 以及 tsx 的文件配置了 babel-loader，因此我们还需要在项目根目录下新建一个名为 babel.config.js 的 babel 配置文件，代码如下所示。

```
// Chapter6-3-1/babel.config.js
module.exports = {
  presets: [
    [
      '@babel/preset-env'
    ],
    '@babel/preset-react',
    '@babel/preset-Type Script',
  ],
  plugins: [
    '@babel/plugin-transform-runtime',
    [
      'babel-plugin-react-css-modules',
      {
        exclude: 'node_modules',
        webpackHotModuleReloading: true,
        generateScopedName: '[name]__[local]__[hash:base64:5]',
```

```
        autoResolveMultipleImports: true,
        filetypes: {
          '.less': { syntax: 'postcss-less' },
        },
      },
    ],
  ],
};
```

2. 实现交互逻辑

到目前为止，项目基础的配置已经编写完毕，接下来将开始实现业务逻辑部分。按照一贯的顺序，我们还是先来实现主进程的逻辑。首先，我们在项目的根目录下新建 index.js 文件，其内容代码如下所示。

```
// Chapter6-3-1/index.js
/**
 * @desc electron 主入口
 */
const path = require('path');
const { app, BrowserWindow, ipcMain} = require('electron');

global.ROOT_PATH = app.getPath('userData');

let window = null;

const winTheLock = app.requestSingleInstanceLock();
if(winTheLock){
  app.on('second-instance', (event, commandLine, workingDirectory) => {
    if (window) {
      if (window.isMinimized()){
        window.restore();
      }
      window.focus();
    }
  })

  app.on('window-all-closed', function () {
    app.quit();
  })

  app.on('ready', function () {
    createWindow()
```

```
    })
}else{
    console.log('quit');
    app.quit();
}

function createWindow() {
    // 创建浏览器窗口
    window = new BrowserWindow({
        width: 1200,
        height: 800,
        webPreferences: {
            nodeIntegration: true,
            enableRemoteModule: true
        },
    });

    window.loadURL('http://127.0.0.1:7001');
}
```

在上面的代码中，我们在 BrowserWindow 加载 HTML URL 的地方做了一些改动。此处加载的 HTML URL 不再是一个本地 HTML 文件路径，而是由 webpack devServer 提供的一个本地服务器地址。加载 http://127.0.0.1:7001 相当于加载 http://127.0.0.1:7001/index.html，也就是相当于加载 dist 目录下的 index.html 文件。

通过 app.getPath('userData') 获取当前应用在%appdata%中的路径字符串，并赋值给全局变量 ROOT_PATH，在渲染进程中可以利用该变量直接找到存储数据的目录。

接着在项目根目录下创建 window 文件夹，用于存储渲染进程相关的代码。在 window 文件夹中创建 index.html 文件，该文件经过 webpack 编译后，会在 dist 目录生成最终用于窗口加载的 HTML 文件。index.html 的代码如下所示。

```
// Chapter6-3-1/window/index.html
...
<body>
    <div id="root"></div>
</body>
...
```

index.html 文件中 id 为 root 的 div 元素会被 react 作为挂载 DOM 树的根节点。我们在该文件中没有手动引入 JavaScript 和 CSS 文件，因为它们将在 webpack 编译后自动引入。

接下来在 window 文件夹中创建 index.tsx 文件，代码如下所示。

```
// Chapter6-3-1/window/index.tsx
import React from 'react';
import ReactDOM from 'react-dom';
import {
  HashRouter as Router,
  Route,
  Switch,
  Redirect,
} from 'react-router-dom';
import Note from './pages/note';

function App() {
  return (
    <Router>
      <Switch>
        <Route path="/note">
          <Note />
        </Route>
      </Switch>
      <Redirect to="/note" />
    </Router>
  );
}

ReactDOM.render(<App />, document.getElementById('root'));

// 模块热更新
if (module.hot) {
  module.hot.accept();
}
```

从文件中可以看到，页面真正的业务逻辑是在 pages 目录下的 note 文件中。note 文件中的内容是一个 React 组件，当页面路由匹配到"/note"时，该组件将被渲染出来。接下来我们将重点讲解这个文件。

图 6-27 展示了笔记应用的主界面。

我们在开发这个界面的过程中，基于组件化的思想来将页面拆分成各个独立的组件，并在 window 目录下创建 components 目录来存放这些组件的代码文件。components 目录下包含的组件如图 6-28 所示。

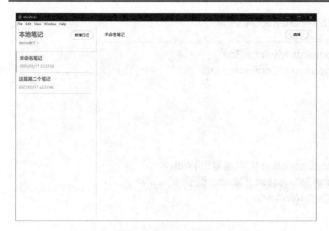

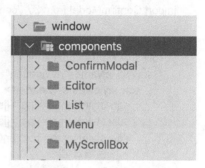

图 6-27　笔记应用主界面　　　　　　　　图 6-28　components 目录结构

这些组件与主界面的对应关系如图 6-29 所示。

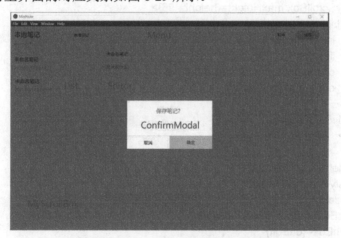

图 6-29　主界面中的组件划分

　　由于组件较多且篇幅有限，这里就不对这些组件的代码实现进行一一讲解了，我们只要清楚它们实现的界面和功能，就不影响对后续内容的理解。正如前面所说，我们将重点放在 Note 组件上。

　　Note 组件是根组件 App 下的唯一子组件。在 Note 组件内部，通过引入 components 文件夹中的组件来组成应用的主界面和逻辑，代码如下所示。

```
// Chapter6-3-1/pages/note/index.tsx
...
import Menu from '../../components/Menu';
```

```
import List, { ItemProps } from '../../components/List';
import Editor from '../../components/Editor';
import MyScrollBox from '../../components/MyScrollBox';
import ConfirmModal from '../../components/ConfirmModal';

return (
  <div styleName="container">
    <div styleName="navigation">
      <div styleName="header">
        <div styleName="title">{jsonData?.title || '本地笔记'}</div>
        <div styleName="tips">{jsonData?.desc || 'demo 例子～'}</div>
        <div styleName="btn" onClick={onAdd}>
            新增日记
        </div>
      </div>
      <div styleName="list">
        <MyScrollBox maxHeight={height - 96}>
          <List
            index={index}
            list={list}
            changeIndex={changeIndex}
            onDelete={onDelete}
          />
        </MyScrollBox>
      </div>
    </div>
    <div styleName="content">
      <div styleName="header">
        <Menu
          isEditStatus={isEditStatus}
          onEdit={onEdit}
          currentDiary={currentDiary}
          onCancel={onCancel}
          onSave={onSave}
        />
      </div>
      <div styleName="text">
        <Editor
          isEditStatus={isEditStatus}
          currentDiary={currentDiary}
          onChangeEditorDiary={onChangeEditorDiary}
        />
```

```
      </div>
    </div>
    {isEditModal.show && (
      <ConfirmModal
        title="当前笔记正在编辑，是否放弃？"
        onCancel={onChangeEditCancel}
        onOk={onChangeEditOk}
      />
    )}
    {isCancelModal && (
      <ConfirmModal
        title="你确定放弃编辑的笔记内容？"
        onCancel={onEditCancel}
        onOk={onEditOk}
      />
    )}
    {isDeleteModal.show && (
      <ConfirmModal
        title="你确定删除此笔记？"
        onCancel={onDeleteCancel}
        onOk={onDeleteOk}
      />
    )}
    {isSaveModal && (
      <ConfirmModal
        title="保存笔记？"
        onCancel={onSaveCancel}
        onOk={onSaveOk}
      />
    )}
  </div>
);
...
```

3. 实现数据的增删改查

在数据存储方面，最核心的 4 个操作是对数据的增删改查。因此，接下来讲解增删改查相关逻辑的实现。我们先从新增数据的逻辑开始，在主界面中单击"新增笔记"按钮，可以看到界面右侧出现了编辑标题和正文的区域，如图 6-30 所示。

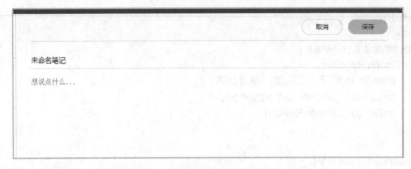

图 6-30　编辑标题和正文的界面

无论用户是否在右侧区域输入内容并单击"保存"按钮,应用都会将这条新的笔记数据存储到指定的 File 文件中。当用户没有输入任何内容时,新增笔记默认的标题为"未命名笔记",其笔记内容为空字符串。我们使用 onAdd 方法封装了这部分逻辑,代码如下所示。

```
// Chapter6-3-1/pages/note/index.tsx
...
  // 新增状态-添加笔记
  const onAdd = () => {
    const newAddItem: ItemProps = {
      title: '未命名笔记',
      date: new Date().valueOf(),
      content: '',
    };
    setIndex(0);
    let nextList = [...list];
    nextList.unshift(newAddItem);
    setList(nextList);
    const newJsonData = {
      ...jsonData,
      list: [...nextList],
    };
    setJsonData(newJsonData);
    // 更新数据文件
    updateData(jsonFileDataPath, newJsonData);
  };

return (){
...
    <div styleName="btn" onClick={onAdd}>
```

```
    新增日记
  </div>
  ...
}
...
```

　　onAdd 方法按照预先定义好的数据格式，初始化了一个名为 newAddItem 的对象。
newAddItem 中包含笔记数据的 3 个属性：title、date 和 content。由于新建笔记时用户尚
未对笔记进行编辑，因此给 title 赋一个默认值"未命名笔记"，内容 content 设置为空。
接着从状态管理数据中获取到全部的笔记数据，将新增的笔记数据插入其中，合并成最
新的笔记数据，最后通过 updateData 方法存储到本地文件中。我们来看一下新建笔记后
data.json 中的数据，代码如下所示。

```
// data.json
{
"list": [
    {
        "title": "未命名笔记",
        "date": 1615991222418,
        "content": ""
    }
  ]
}
```

　　接下来实现删除相关的逻辑。在单击笔记的"删除"按钮之后，会向用户弹出一个
确认提示框。只有在提示框中确认后，应用才执行真正的删除逻辑。我们将这部分逻辑
封装在了 onDeleteOk 方法中，代码如下所示。

```
// Chapter6-3-1/pages/note/index.tsx
...
// 删除笔记
const onDeleteOk = useCallback(() => {
  let nextList = [...list];
  const nextDeleteIndex = isDeleteModal.deleteIndex;
  nextList.splice(nextDeleteIndex, 1);
  setIndex(0);
  setList(nextList);
  setCurrentDiary(nextList[0] || undefined);
  setIsDeleteModal({
    show: false,
    deleteIndex: -1,
  });
```

```
  const newJsonData = {
    ...jsonData,
    list: [...nextList],
  };
    setJsonData(newJsonData);
    // 更新数据文件
    updateData(jsonFileDataPath, newJsonData);
    setEditStatus(false);
  }, [index, isDeleteModal]);

return (){
...
{isDeleteModal.show && (
      <ConfirmModal
        title="你确定删除此笔记？"
        onCancel={onDeleteCancel}
        onOk={onDeleteOk}
      />
    )}
  ...
}
...
```

　　onDeleteOk 方法通过笔记的索引 index 在数据列表中找到对应的笔记数据，将旧的笔记数据从列表中删除，并将删除后的完整列表数据重新写入数据文件 data.json 中。

　　保存的交互逻辑与删除功能相同，单击"保存"按钮后会弹出提示框让用户再次确认，只有在用户确认后才会真正执行保存逻辑。用户确认后执行的逻辑封装在了 onSaveOk 方法中，代码如下所示。

```
// Chapter6-3-1/pages/note/index.tsx
...
const onSaveOk = () => {
  setIsSaveModal(false);
  // 将当前编辑的日记同步到 state 和 jsonfile
  if (currentDiary) {
    let nextList = [...list];
    nextList[index] = {
      ...currentDiary,
      date: new Date().valueOf(),
    };
    setList(nextList);
    const newJsonData = {
```

```
    ...jsonData,
    list: [...nextList],
  };
  setJsonData(newJsonData);
  updateData(jsonFileDataPath, newJsonData);
  setEditStatus(false);
  }
};

return (){
...
{isSaveModal && (
  <ConfirmModal
   title="保存笔记？"
   onCancel={onSaveCancel}
   onOk={onSaveOk}
  />
)}
  ...
}
...
```

onSaveOk 方法从编辑器中获取到笔记数据后，根据索引找到当前笔记对应数据的位置并将新的数据替换进去，然后将完整数据重新写入 data.json 中。

在应用中新建一个笔记，接着在编辑标题区域输入"这是第二个笔记"，在笔记内容编辑区域输入"笔记内容，哈哈哈"。单击"保存"按钮，可以看到数据被保存在了data.json 文件中，代码如下所示。

```
// data.json
{
  "list": [
    {
      "title": "未命名笔记",
      "date": 1615991222418,
      "content": ""
    },
    {
      "title": "这是第二个笔记",
      "date": 1615991266267,
      "content": "笔记内容，哈哈哈"
    }
  ]
```

```
}
```

在打开应用初始化页面时，应用需要从 data.json 中读取全部的笔记数据来展示到页面中。这部分的逻辑实现在了 useEffect 的回调函数中，代码如下所示。

```
// Chapter6-3-1/pages/note/index.tsx
...
useEffect(() => {
  // 读取 jsonfile 本地文件内容
  const values = readData(jsonFileDataPath);
  setJsonData(values);
  if (values && values.list.length > 0) {
    setList([...values.list]);
    setCurrentDiary(values?.list[index]);
  }
}, []);
...
```

readData 方法从 data.json 中读取到完整的数据，然后将数据设置进 react 的数据状态管理器中，触发页面更新将笔记数据渲染到页面中。

从增删改查相关逻辑的代码中可以发现，它们都使用了 readData 方法和 updateData 方法。readData 方法是一个统一读取数据的方法，它将读取数据的实现细节封装在了方法内部，代码如下所示。

```
// Chapter6-3-1/window/utils/jsonFile.ts
...
export function readData(filePath: string) {
  try {
    let fileContent = readFile(filePath);
    if (typeof fileContent === 'string') {
      return JSON.parse(fileContent as string)
    } else {
      return fileContent;
    }
  } catch (error) {
    console.log('解析 json 文件失败', error);
  }
}
...
```

在 readData 方法内部，调用 readFile 获取数据文件的原始内容，然后通过 JSON.parse 方法将数据内容转换成 JSON 对象并返回。而 updateData 方法的逻辑正好与之相反，它接收传入的 JSON 对象作为参数，然后通过 JSON.stringify 方法将对象序列化成 JSON 字符串，最后调用 writeFile 方法写入数据文件中，代码如下所示。

```
// Chapter6-3-1/window/utils/jsonFile.ts
...
export function updateData(filePath: string, updateContent: any) {
  try{
    writeFile(filePath, updateContent);
  }catch(error){
    console.log('写入 json 文件失败', error)
  }
}
...
```

在这两个方法中，并没有直接通过 Node.js 提供的 fs 模块来直接操作文件，而是使用封装了 fs 模块的 readFile 和 writeFile 方法来间接操作文件，这样实现可以让操作文件相关的代码在后续可以被复用，代码如下所示。

```
// Chapter6-3-1/window/utils/index.ts
import fs from 'fs';

export function readFile(filePath: string) {
  try {
    return fs.readFileSync(filePath, 'utf-8');
  } catch (error) {
    console.log('读取文件失败', error);
    return false;
  }
}

export function writeFile(filePath:string, content: any){
  try {
    fs.writeFileSync(filePath, JSON.stringify(content));
  } catch (error) {
    console.log('写入文件失败', error);
    return false;
  }
}
```

离线笔记应用基于 Node.js 提供的本地文件读写能力，将用户产生的所有笔记数据存储在本地文件中，实现了纯离线化使用。在实际的应用场景中，将数据仅存在本地文件中会带来数据丢失的潜在风险。如果遇到误删文件、硬盘损坏等情况，数据将大概率不可恢复。为了解决这个问题，现在市面上的应用都会带有网络备份的功能，应用产生的数据会在本地和云端同时进行存储，并通过同步机制来让两端的数据保持一致。

　　本小节中所涉及的完整代码可以访问 https://github.com/ForeverPx/ElectronInAction/tree/main/Chapter6-3-1。在学习本章的过程中，建议你下载源码，亲手构建并运行，以达到最佳学习效果。

6.3.2　使用 indexedDB

　　在上一小节中，我们展示了如何在 Electron 应用中使用 Node.js 提供的文件操作 API 来实现应用数据的本地存储。那么在这一小节的内容中，我们将展示如何使用 Chromium 提供的非关系型数据库 indexedDB 来实现笔记应用数据的本地存储。

　　通常来说，我们一般将数据库分为两种类型：一种是关系型数据库，如常见的 MySQL、Oracle 以及 WEB SQL Database 数据库；另一种是非关系型数据库，如 MongoDB、Redis 以及 indexedDB 等。关系型数据库对一致性要求比较严格，需要在一个事务中确保所有的数据操作都执行成功才算真正的成功，在此之后数据才能真正被修改。在保障数据一致性的同时自然也牺牲了一部分性能。而非关系型数据库存储的数据比较灵活，对数据一致性要求不高，所以性能上是它的优势。对于前端开发在数据存储方面的场景而言，绝大部分情况下不需要存储具有复杂关系的数据，更多是存储大量灵活可变的 JSON 类数据，因此选择使用 indexedDB 进行数据存储是一个比较合适的选择。

1. indexedDB 的使用方法

　　接下来，我们将在上一小节中笔记应用示例的基础上，通过将操作文件存储数据的相关代码替换成使用 indexedDB 存储数据来向大家展示 indexedDB 的使用方法。首先，我们将 jsonFile.ts 文件删除，并在同一个目录下新建 indexDB.ts 文件，该文件主要负责处理 indexedDB 相关的逻辑，代码如下所示。

```
// Chapter6-3-2/window/utils/indexDB.ts
let db;

const dbRequest = window.indexedDB.open('MiniNoteDatabase', 4);

dbRequest.onerror = function (event) {
  console.log("error: ");
};

dbRequest.onsuccess = function (event) {
```

```
    console.log("success");
    db = dbRequest.result;
};

dbRequest.onupgradeneeded = function (event) {
    console.log('onupgradeneeded');
    const db = event.target.result;
    const objectStore = db.createObjectStore("notes", { keyPath: "id" });
}
...
```

我们通过调用 window.indexedDB.open 方法，打开一个名为"MiniNoteDatabase"的数据库，并指定数据库版本为 4。该方法在调用后会返回一个 request 对象，并将它赋值给 dbRequest 变量。request 对象提供了 3 个事件回调函数：onerror、onsuccess 以及 onupgradeneeded。

如果在尝试使用 open 方法打开数据库时出现异常，那么将会触发 error 事件，执行对应的回调方法。这里我们在错误回调中没有做任何处理，单纯地将返回的错误输出到控制台以便于排查问题。

onsuccess 事件将在数据库打开成功时触发。此时可以在回调中通过 dbRequest.result 获取到数据库对象的引用，接着将它赋值给外部变量 db。在后面的代码中，db 变量将被用于操作 indexedDB。

onupgradeneeded 事件会在以下两种情况下被触发。

（1）当前环境中尚未存在名为 MiniNoteDatabase 的数据库并且该数据库被首次初始化时。

（2）传入 open 方法的版本参数值大于当前环境中 IndexedDB 版本时。

当 onupgradeneeded 事件被触发时，indexedDB 给开发人员提供了一个可以对数据库的表和数据进行初始化的机会。例如在上述 onupgradeneeded 的回调函数中，我们通过 createObjectStore 方法创建了一个名为"notes"的表，并将表中数据结构的 id 设置为唯一索引。当我们有需要时，还可以利用 objectStore 对象继续给数据库添加初始数据，代码如下所示。

```
const db = event.target.result;
objectStore.add({
    "id":"1"
    "title": "未命名笔记",
    "date": 1615991222418,
    "content": ""
}{id:"1", })
```

需要注意的是，这些对数据库进行数据初始化的操作只能在 onupgradeneeded 事件回调中处理，如果在 onsuccess 中处理将会抛出异常。

数据库初始化完成后，接下来我们需要使用该数据库来实现增删改查操作。首先是增加数据的操作，代码如下所示。

```typescript
// Chapter6-3-2/window/utils/indexDB.ts
...
/**
 * 新增笔记数据
 * @param content  笔记内容
 */
export function add(content) {
  return new Promise((resolve, reject) => {
    const request = db.transaction(["notes"], "readwrite")
      .objectStore("notes")
      .add(content);

    request.onsuccess = function (event) {
      console.log('add success');
      resolve(0);
    };

    request.onerror = function (event) {
      console.log('add error', event);
      reject();
    }
  })
}
...
```

任何数据库的操作都是基于事务的，所以我们得先使用 db.transaction 方法来创建一个事务。db.transaction 方法接收两个参数，第一个参数为 objectStore 的名称，第二个参数为事务的模式（readonly、readwrite）。由于在 add 的方法中需要往数据库中写入数据，所以这里传入的是 readwrite 模式。db.transaction 方法返回一个 transaction 对象，我们通过 transaction 对象提供的 objectStore 方法获取指定的 objectStore 对象。

2. 实现数据的增删改查

objectStore 对象提供了一系列方法来让开发人员操作表中的数据，如 add、get、getAll、put 以及 delete 等。在我们自己实现的 add 方法中，使用了 objectStore.add 方法将从参数传入的 content 数据插入表中。

接下来是删除数据的方法，代码如下所示。

```
// Chapter6-3-2/window/utils/indexDB.ts
...
/**
 * 删除数据
 * @param key index
 */
export function remove(key) {
  return new Promise((resolve, reject) => {
    const request = db.transaction(["notes"], "readwrite")
      .objectStore("notes")
      .delete(key);

    request.onsuccess = function (event) {
      console.log('remove success');
      resolve(0);
    };

    request.onerror = function (event) {
      console.log('remove error');
      reject();
    }
  })
}
...
```

由于删除数据的操作需要更改数据库的数据，所以在 remove 方法中依然需要创建一个 readwrite 模式的事务。remove 方法接收一个字符串类型的 key 值作为参数，在事务创建后，获取到 objectStore 对象并在调用 delete 方法时将 key 值传入。这个 key 值为我们在数据库 onupgradeneeded 事件的回调函数中通过 db.createObjectStore 指定的 keypath 字段（id）的值。数据库通过在其中查找数据 id 字段的值与 key 值相同的数据进行删除。

接下来是修改数据的方法，代码如下所示。

```
// Chapter6-3-2/window/utils/indexDB.ts
...
export function put(content) {
  return new Promise((resolve, reject) => {
    const request = db.transaction(["notes"], "readwrite")
      .objectStore("notes")
      .put(content);
```

```
      request.onerror = function (event) {
        console.log('get error');
        reject();
      };

      request.onsuccess = function (event) {
        console.log('get success');
        resolve(0);
      };
  });
}
...
```

put 方法的参数接收需要更新的数据 content，在 put 方法中调用 objectStore 对象的 put 方法时将参数 content 的值传入。这里需要注意的是，虽然 objectStore.put 方法允许传入 key 作为第二个参数，但是在这里是不需要传入的，因为我们在初始化 objectStore 时已经指定了 keypath 为 id，indexedDB 会通过这个 id 来匹配需要更新哪条数据。只有当初始化 objectStore 时没有指定 keypath 的情况下才需要，否则传入 key 值将会抛出异常提示："The object store uses in-line keys or has a key generator, and a key parameter was provided."

接下来是获取数据的方法，代码如下所示。

```
// Chapter6-3-2/window/utils/indexDB.ts
...
/**
 * 获取笔记数据
 * @param key index
 */
export function get(key) {
  return new Promise((resolve, reject) => {
    const transaction = db.transaction(["notes"]);
    const objectStore = transaction.objectStore("notes");
    const request = objectStore.get(key);

    request.onerror = function (event) {
      console.log('get error');
      reject();
    };

    request.onsuccess = function (event) {
      console.log('get success');
```

```
      resolve(request.result);
    };
  });
}
...
```

　　get 方法接收 key 作为参数，从数据库中查询出 id 为 key 值的数据。get 方法与前面的方法不同的是，它不需要更改数据库中的数据，只需要将数据读取出来，因此在创建事务时没有显示传入模式参数，在这种情况下事务将会默认选择 readonly 模式。要获取数据库返回的结果，需要利用 objectStore.get 返回的 request 对象。在 request 对象提供的查询成功回调函数中，从 request.result 中获取查询返回的数据。

　　add、get、put 和 delete 4 个方法都是对单条笔记数据进行操作的，除此之外，我们还需要一个获取数据库中所有笔记的方法，用于在页面初始化时展示笔记列表，代码如下所示。

```
// Chapter6-3-2/window/utils/indexDB.ts
...
/**
 * 获取全部笔记数据
 */
export function getAll() {
  return new Promise((resolve, reject) => {
    const request = db.transaction("notes")
    .objectStore("notes").getAll();

    request.onsuccess = function (event) {
      console.log('getAll success');
      resolve(request.result);
    };

    request.onerror = function (event) {
      console.log('getAll error');
      reject();
    };
  });
}
...
```

　　getAll 没有任何参数，它将返回数据库中的所有数据。需要注意的是，调用 objectStore.getAll 方法并成功查询后，request.result 的值为数组类型。

　　到这里为止，所有对 indexedDB 进行操作的方法已经完成。最后一步，我们将使用

这些方法替换原来使用文件存储的方法。在项目中找到 note.ts 文件，首先删除引入
jsonFile.ts 的代码并替换成引入 indexDB.ts 的代码，然后找到增删改查逻辑的调用处进行
逐一修改，代码如下所示。

```
// Chapter6-3-2/window/pages/note/index.tsx
import { add, remove, get, put, getAll } from '../../utils/indexDB';
import { v4 as uuidv4 } from 'uuid';
...
useEffect(() => {
  setTimeout(()=>{
    // 调用 getAll 读取 indexedDB notes 表的所有数据，渲染笔记列表
    getAll().then((values: any)=>{
      console.log('getAll', values);
      setJsonData(values);
      if (values && values.length > 0) {
        setList([...values]);
        setCurrentDiary(values[index]);
      }
    }).catch((error)=>{
      console.log(error);
    });
  }, 2000)
}, []);
...


// 新增状态-添加笔记
const onAdd = () => {
  const newAddItem: ItemProps = {
    id: uuidv4(),   //使用三方库 uuid 来生成笔记数据的唯一 id
    title: '未命名笔记',
    date: new Date().valueOf(),
    content: '',
  };
  setIndex(0);
  let nextList = [...list];
  nextList.unshift(newAddItem);
  setList(nextList);
  setJsonData(newAddItem);
  // 调用 add 方法向 indexedDB notes 表插入笔记数据
  add(newAddItem);
};
...
```

```
//更新笔记数据
const onSaveOk = () => {
  setIsSaveModal(false);
  // 将当前编辑的日记同步到 state 和 jsonfile
  if (currentDiary) {
    let nextList = [...list];
    nextList[index] = {
      ...currentDiary,
      date: new Date().valueOf(),
    };
    setList(nextList);
    setJsonData(nextList[index]);
    console.log(nextList[index].id, nextList[index]);
    // 调用 add 方法向 indexedDB notes 表插入笔记数据
    put(nextList[index]);
    setEditStatus(false);
  }
};
...

const onDeleteOk = useCallback(() => {
  let nextList = [...list];
  const nextDeleteIndex = isDeleteModal.deleteIndex;
  const deleteData = nextList.splice(nextDeleteIndex, 1)[0];
  setIndex(0);
  setList(nextList);
  setCurrentDiary(nextList[0] || undefined);
  setIsDeleteModal({
    show: false,
    deleteIndex: -1,
  });
  // 从 indexedDB 中删除数据
  remove(deleteData.id);
  setEditStatus(false);
}, [index, isDeleteModal]);
```

现在我们通过 npm run start 启动应用,然后新建一些笔记或修改笔记内容来产生一些
数据,如图 6-31 所示。

通过 Ctrl+Shift+I 快捷键打开控制台,在 Application 界面的左侧可以看到 indexedDB
的数据库列表,里面显示了我们刚刚创建的名为 MiniNoteDatabase 的数据库以及名为
notes 的数据库表,如图 6-32 所示。

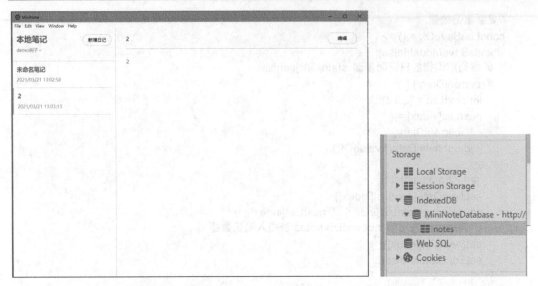

图 6-31　新增笔记示例　　　　　　　　图 6-32　indexedDB 列表

单击 notes 数据表，在右侧可以看到该表中的所有数据，如图 6-33 所示。

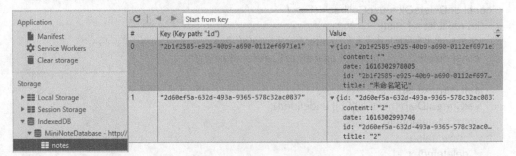

图 6-33　notes 表中的数据

在 Electron 中除了可以使用非关系型数据库 indexedDB 以外，你还可以使用关系型数据库 WEB SQL。虽然早在 2010 年 W3C 已经宣布不再支持 WEB SQL，但 Chromium 直到现在的 V92 版本还依旧支持它。我们在 caniuse.com 网站中查询 WEB SQL 的兼容性情况，可以发现除了 Chromium 之外，IE、Firefox 以及 Safari 浏览器的新版本都不支持 WEB SQL 了。由于 Electron 是基于 Chromium 的，因此你可以继续在 Electron 中放心地使用 WEB SQL。不过在真实的应用场景中，前端开发需要使用关系型数据库存储数据的场景还是比较少的。如果你有兴趣继续探索 WEB SQL，可以复用示例中的交互部分并按照同样的方式编写一个 webSql.ts 文件，在文件中实现操作 WEB SQL 的功能来进行学习。

本小节中所涉及的完整代码可以访问 https://github.com/ForeverPx/ElectronInAction/tree/main/Chapter6-3-2。在学习本章的过程中，建议你下载源码，亲手构建并运行，以达到最佳学习效果。

6.4 总 结

- ❑ 注册表是 Windows 系统中各种配置数据的集合，里面会存储软件、硬件、用户使用偏好以及系统设置等信息，它们决定着系统及软、硬件的各种表现和行为。
- ❑ Electron 可以通过在命令行中调用 Windows 系统提供的 reg 命令来实现对注册表数据的操作。
- ❑ node-ffi 是一个在 Node.js 中使用纯 JavaScript 语法调用动态链接库的三方模块，它能让 Electron 应用开发者在不写任何 C 或 C++代码的情况下使用动态链接库中暴露出来的方法。
- ❑ node-gyp 是一个用 JavaScript 实现的跨平台命令行工具，开发人员可以使用它来将 C/C++语言编写的源码文件编译成 Windows 系统的 DLL（动态链接库文件）。使用该工具进行编译时依赖 Visual C++ build Tools 和 python 2.7 环境，可以通过安装 windows-build-tools 来打包安装这些依赖。
- ❑ 由于 node-gyp 编译时会使用当前 Node.js 版本对应的头文件，所以要使得通过 node-gyp 编译后的文件可以在 Electron 中正常运行，需要保证开发环境中 Node.js 的版本与 Electron 所使用的版本一致。
- ❑ node-ffi 模块官方只支持到 Node.js 的 V10 版本。如果你需要基于更高的版本来使用，可以尝试从三方开发者的私人仓库（https://github.com/lxe/node-ffi/tree/node-12）下载。
- ❑ 如果使用 node-gyp 编译代码时遇到卡在下载依赖库的环节，可以尝试去淘宝镜像源的对应 Node.js 版本目录下手动下载依赖包，并放置于系统安装 node-gyp 的对应目录下。
- ❑ N-API 是一系列抽象的 ABI（Application Binary Interface）接口集合，它高度封装了不同 Node.js 版本之间的差异，给开发者提供了一套统一的接入方式。即使编译时与运行时的 Node.js 版本不相同，但只要它们的 N-API 属于包含关系，就可以直接使用而不需要重新进行编译。在大部分情况下开发人员在开发时会选择 V3 版本的 N-API，因为这个版本的兼容性是最好的，可以兼容 Node.js V6 到最新的版本。

❑ node-addon-api 提供了一系列 C++头文件，如 Napi::Number、Napi::Env 以及 Napi::Object 等。它简化开发人员使用 C++语言调用 C 语言风格的 N-API。

❑ Electron 可以很方便地借助 Node.js 或 Chromium 提供的 API 实现纯离线化应用。例如，借助 Node.js 提供的 fs 模块直接对本地文件内容进行读写来存储应用数据，借助 Chromium 的 indexedDB 实现大量非关系型数据的存储。

第 7 章 硬件设备与系统 UI

本章节的内容主要分为两大部分，第一个部分我们将通过完整示例来讲解 Electron 应用如何与硬件设备进行配合从而实现一些场景下的功能，例如快捷键功能、屏幕录制功能、音频录制功能以及调用打印机打印内容功能等；第二个部分我们将基于第一部分的应用示例，给它们增加如托盘菜单和系统通知等与 Windows 系统 UI 相关的功能，以此来展示 Electron 应用如何实现托盘菜单和系统通知。接下来我们从实现一个带有快捷键功能的应用开始。

7.1 键盘快捷键

一款桌面应用如果拥有丰富的快捷键，用户在使用它时会非常便捷和高效，同时也可以节省大量的时间。如果一个用户能熟练地使用应用提供的快捷键，那么可以在单位时间内处理更多的事情。

笔者在日常工作中就非常依赖于应用的快捷键来提升工作效率。例如在使用编辑器编写代码的场景中，会频繁进行保存、查找以及复制、粘贴代码等操作。一般情况下，如果这些操作都是通过右手移动鼠标到具体位置并单击对应按钮来完成，那将会有非常多的时间都消耗在了这些操作上面。实际上，开发人员在写代码的时候左手大部分时间也是放在键盘上的，如果在用右手操作鼠标的同时充分利用左手，直接按 Ctrl+S、Ctrl+F 等简单的快捷键就能完成此类重复的操作。另外，笔者工作时经常需要在浏览器中打开特定的一些网站来完成工作，例如 GitLab、Google 以及一些工具类网站。为了提高效率，笔者会通过软件设置一系列全局的快捷键来完成这项任务。例如在按 Ctrl+1 快捷键时，自动使用默认浏览器打开 GitLab 网站，无须先在系统中找到浏览器并启动，输入网址后按 Enter 键才能进入想要打开的网页。

Electron 内置的 globalShortcut 模块可以很方便地让开发者定义应用的快捷键。接下来的内容，我们将使用 globalShortcut 模块实现一个快捷打开网址的小应用。该应用可以让用户在界面上设置一些在快捷键触发后对应的需要打开的网址。为了简化业务逻辑突出 globalShortcut 相关的内容，应用中只提供用户设置 3 个快捷键的行为，分别为 Ctrl+1、Ctrl+2 和 Ctrl+3。

在开始之前，我们先来学习一下 globalShortcut 模块提供的快捷键注册和注销方法。

（1）globalShortcut.register(accelerator, callback)：注册全局快捷键。

❑　accelerator：字符串类型，用于描述快捷键的字符串，如 Ctrl+Y。该参数支持的按键可以在官方文档中查阅。

❑　callback：函数类型，当用户触发快捷键后执行的回调函数。

globalShortcut.register 方法被调用后将返回一个 Boolean 类型的值，该值用于判断当次调用是否成功注册快捷键。如果当前注册的快捷键已经被其他应用注册过，该方法将直接返回 false。

（2）globalShortcut.unregister(accelerator)：注销全局快捷键。

❑　accelerator：字符串类型，用于描述快捷键的描述字符串。同 globalShortcut.register 方法一样，开发人员在这个参数中传入已经注册过的快捷键描述字符串。

学习完 globalShortcut 模块相关的 API 后，现在正式开始实现我们的应用。首先编写的是窗口页面部分，代码如下所示。

```
// Chapter7-1/index.html
...
<body>
  <div class='item'>
    <label for="">Ctrl+1: </label>
      <input id='c-1' type="text" placeholder="http://www.baidu.com">
    </div>
    <div class='item'>
      <label for="">Ctrl+2: </label>
      <input id='c-2' type="text" placeholder="http://www.baidu.com">
    </div>
    <div class='item'>
      <label for="">Ctrl+3: </label>
      <input id='c-3' type="text" placeholder="http://www.baidu.com">
    </div>
  <script type="text/javascript" src="./window.js"></script>
</body>
...
```

在 index.html 代码中，我们创建了 3 个类名为 item 的 div 元素，每一个 div 标签内部都包含 label 和 input 标签。label 标签的文本内容为快捷键的描述字符串，用于提示用户 input 输入框中的网址是绑定到该快捷键的。input 输入框可以输入一个合法的 URL 地址，我们给它增加了 placeholder 属性，使得 input 输入框在内容为空时显示一个默认的 URL 地址，提示用户这里面需要填写内容的格式。编写完页面结构后，接下来给这些元素增加一些样式，代码如下所示。

```css
// Chapter7-1/index.css
.item{
    padding: 5px;
    margin-bottom: 10px;
}

.item label{
    margin-right: 5px;
    color: blue;
}

.item input{
    outline: none;
    padding: 5px;
}
```

现在页面结构和样式已经完成，通过 npm run start 启动，可以看到如图 7-1 所示的界面。

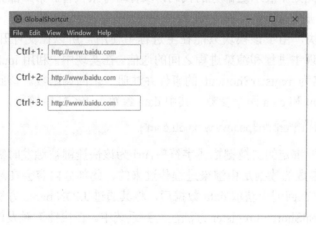

图 7-1　快捷键注册应用的界面

接下来实现主进程代码 index.js 的逻辑，代码如下所示。

```javascript
// Chapter7-1/index.js
const electron = require('electron');
const { app, ipcMain, globalShortcut, shell} = require('electron');
const url = require('url');
const path = require('path');
```

```
ipcMain.on('registerShortcut', (event, data) => {
  try {
    const dataObj = JSON.parse(data);
    const result = globalShortcut.register(dataObj.shortcut, function(){
      shell.openExternal(dataObj.url);
    })
    if(!result){
      console.log('注册快捷键失败');
    }else{
      console.log('注册快捷键成功');
    }
  } catch (error) {
    console.log(error)
  }
})
...
```

主进程的逻辑主要分为两个部分：第一部分是创建窗口，由于这部分的逻辑与之前 Demo 相同，所以此处不展示这部分的代码，以省略号来代替。第二部分是我们本小节的主要内容——注册快捷键。在主进程文件的开头，我们引入了 Electron 提供的 globalShortcut 模块，由于该模块只能在主进程中使用，所以在文件开头我们还需引入 ipcMain 模块来实现主进程和渲染进程之间的通信。在实现中，利用 ipcMain.on 方法在主进程中监听事件名为 registerShortcut 的事件并注册一个回调函数。该回调函数在事件触发时将接收到 event 和 data 两个参数，其中 data 参数为 JSON 字符串，其结构如下所示。

```
{"shortcut":"Ctrl+1","url":"https://www.baidu.com"}
```

shortcut 为将要绑定的快捷键描述字符串，url 为该快捷键被触发时需要使用浏览器打开的网址。data 参数的数据是由渲染进程传过来的，此部分内容会在涉及渲染进程代码的时候进行讲解。在回调中获取 data 数据后，将其通过 JSON.parse 方法转换成对象字面量，然后调用 globalShortcut.register 方法注册到系统中。在快捷键触发的回调中，我们使用在 6.1 节中讲述的 shell.openExternal 方法来通过系统默认浏览器打开对应的网址。在回调函数的最后，我们对 globalShortcut.register 方法调用后返回的结果 result 进行了判断，如果 result 为 false，则表示注册失败，在日志中打印"注册快捷键失败"。如果 result 为 true，则在日志中打印"注册快捷键成功"。

接下来实现渲染进程的逻辑，代码如下所示。

```
// Chapter7-1/window.js
const { ipcRenderer } = require('electron');
```

```
const reg = /(((([A-Za-z]{3,9}:(?:\/\/)?)(?:[\-;:&=\+\$,\w]+@)?[A-Za-z0-9\.\-]+|(?:www\.|[\-;:&=\+\$,\w]+@)
[A-Za-z0-9\.\-]+)((?:\/[\+~%\/\.\w\-_]*)?\??(?:[\-\+=&;%@\.\w_]*)#?(?:[\.\!\/\\\w]*))?)/;
function checkUrl(url){
  const re = new RegExp(reg, 'ig');
  const result = re.test(url);
  return result;
}

function regKey(shortcut, url) {
  try {
    const checkResult = checkUrl(url);
    if(!checkResult){
      alert('URL 格式不正确');
      return;
    }

    const data = JSON.stringify({
      shortcut,
      url
    })
    ipcRenderer.send('registerShortcut', data);
  } catch (e) {
    console.log(e);
  }
}

const input1 = document.getElementById('c-1');
input1.addEventListener('blur', function (e) {
  const inputValue = e.target.value;
  regKey('Ctrl+1', inputValue);
})

const input2 = document.getElementById('c-2');
input2.addEventListener('blur', function (e) {
  const inputValue = e.target.value;
  regKey('Ctrl+2', inputValue);
})

const input3 = document.getElementById('c-3');
input3.addEventListener('blur', function (e) {
  const inputValue = e.target.value;
  regKey('Ctrl+2', inputValue);
})
```

由于需要将注册快捷键所需要的数据传递给主进程，所以在文件开头引入了 Electron 提供的 ipcRenderer 模块，在下面的代码中通过该模块向主进程发送消息。为了在用户完成网址输入时程序能自动判断是否输入正确并给出相应的提示，应用需要一个校验 URL 是否合法的规则。reg 变量的值是一个校验 URL 是否合法的正则表达式，它将在 checkUrl 函数中被使用。在 checkUrl 函数中，我们创建了一个 RegExp 对象并将 reg 正则传入，然后使用 RegExp 提供的 test 方法来检验传入的 URL 是否合法。checkUrl 函数将直接返回 test 方法返回的 boolean 类型的值，当 URL 合法时值为 true，否则为 false。

regKey 方法接收 shortcut 和 url 两个参数，它们的值分别为快捷键的描述字符串和网页地址。该函数内部首先调用 checkUrl 函数判断 url 参数内容是否合法，在不合法的情况下弹出 "URL 格式不正确" 的提示。在参数正确的情况下，将 shortcut 和 url 按照前面提到的格式封装成 JSON 字符串并通过 ipcRenderer.send 方法发送到主进程中。

在代码最后的部分，我们给 3 个输入框注册了 blur 事件，该事件将在输入框失去焦点时触发。在 blur 事件回调中，通过 event 参数获取到输入框的内容，调用定义好的 regKey 方法注册对应的快捷键。

现在我们来体验一下这个应用。通过 npm run start 命令启动应用，在图 7-2 中的 3 个输入框中分别输入以下 3 个网址。

- https://www.baidu.com
- https://www.seewo.com
- https://www.163.com

图 7-2　快捷键注册应用的界面

接着依次按 Ctrl+1、Ctrl+2、Ctrl+3 快捷键，可以看到浏览器依次打开了这 3 个网址，如图 7-3 所示。

图 7-3　浏览器中打开的 3 个网址

　　到目前为止，让用户可以通过快捷键打开网页的应用已经完成，不过目前该应用的功能还比较简陋，你可以在此基础上增加更多的快捷键设置来丰富用户的快捷操作。平时除了需要使用快捷键打开网页外，使用快捷键打开应用也是一种提高效率的方式，如果你有这个方面的需求，可以继续尝试使用 globalShortcut 来实现。

　　本小节中所涉及的完整代码可以访问 https://github.com/ForeverPx/ElectronInAction/tree/main/Chapter7-1。在学习本章的过程中，建议你下载源码，亲手构建并运行，以达到最佳学习效果。

7.2　屏　　幕

　　屏幕截图和屏幕录制是应用中比较常见的两个场景。在日常学习或者工作中，我们经常需要把屏幕上显示的内容截取成图片，然后通过通信软件发送给朋友或同事来共享屏幕信息。如果需要共享屏幕上的动态内容，则需要把屏幕上的内容录制成视频后再发送出去。本节内容将使用两个应用来分别展示如何使用 Electron 提供的 desktopCapturer API 结合 HTML5 的 navigator.mediaDevices.getUserMedia 方法来实现屏幕截图和屏幕录制功能。这部分的示例会使用到前面章节学习到的多窗口、进程间通信以及快捷键等知识，如果你对这些内容还不太熟悉，建议先阅读对应章节的内容后再开始接下来的学习。

　　在真正开始之前，我们先来看一看 desktopCapturer API 的使用说明。

desktopCapturer.getSources(options)：获取屏幕媒体源。

❑　options：对象类型，配置媒体源信息。

● types：字符串数组类型，用于指定想要获取的媒体源类型。可选的类型有"screen"和"window"。"screen"类型指的是整个屏幕的图像，如果计算机外接了多个显示器，那么将返回两个显示器的屏幕媒体源。"window"类型指的是显示器中未被隐藏的窗口，它将把每一个窗口都当作一个独立的媒体源来返回，你可以通过这些媒体源获取到指定窗口的图像。传入什么类型需要结合应用实际的需要。

● thumbnailSize：Size 类型，用于获取媒体源的缩略图。下面的截图应用将使用到该配置。Size 类中包含 width 和 height 两个属性，分别用于设置缩略图的宽度和高度。

● fetchWindowIcons：Boolean 类型，用于指定是否获取窗口的图标。如果为 true，getSources 方法返回值的 source 对象中将包含窗口图标信息。

desktopCapturer.getSources 方法的返回值为 Promise<DesktopCapturerSource[]>，开发

人员可以在 then 中获取到 DesktopCapturerSource 数组。数组中包含了指定类型的媒体源对象 source，通过将 source 的 id 传入 navigator.mediaDevices.getUserMedia 方法的配置中，就能拿到对应媒体源的媒体流信息。

7.2.1　屏幕截图

　　本小节的示例将会实现一个屏幕截图应用。该应用在启动后会在后台持续运行，期间允许用户使用快捷键 Ctrl+0 来唤起截图功能。截图功能将截取当前设备主屏幕的图像，显示在一个全屏的窗口中用来预览。在预览的同时，可以使用鼠标在预览图上进行批注。预览界面右下角提供两个按钮，分别为"保存截图"和"关闭"。单击"保存截图"按钮会弹出系统的文件夹选择对话框，用户选择某个文件夹后，应用将会把截屏图像保存为本地图片文件到对应文件夹中。单击"关闭"按钮将关闭当前预览窗口。屏幕截图应用的整体流程如图 7-4 所示。

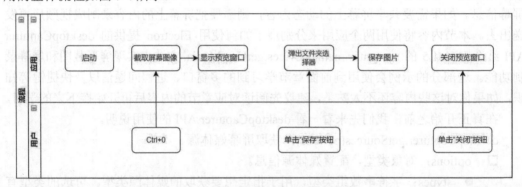

图 7-4　屏幕截图应用流程

首先，我们来实现主进程的功能，代码如下所示。

```
// Chapter7-2-1/index.js
const electron = require('electron');
const { app, globalShortcut, screen} = require('electron');
const url = require('url');
const path = require('path');

let window = null;

function regHotKkey(){
    const result = globalShortcut.register(`Ctrl+0`, function(){
        window.webContents.send('begin-capture');
```

```
        })
        if(!result){
            console.log('注册快捷键失败');
        }else{
            console.log('注册快捷键成功');
        }
    }

const winTheLock = app.requestSingleInstanceLock();
if(winTheLock){
    ...
    function createWindow() {
        const { width, height } = screen.getPrimaryDisplay().workAreaSize
        window = new electron.BrowserWindow({
            width: width,
            height: height,
            show: false, //默认不显示窗口
            frame: false,
            webPreferences: {
                nodeIntegration: true,
                enableRemoteModule: true
            }
        })
        ...
    }

    ...

    app.on('ready', function () {
        regHotKkey();
        createWindow();
    })
}else{
    console.log('quit');
    app.quit();
}
```

　　在主进程代码的开头，定义了一个名为 regHotKkey 的方法，该方法内部先通过 globalShortcut.register 方法向全局注册快捷键 Ctrl+0。在快捷键触发的回调中，通过 webContents.send 向预览窗口发送开始截图的消息 "begin-capture"。主进程接下来的代码我们应该比较熟悉了，这部分代码主要通过 BrowserWindow 创建了一个预览窗口。从

创建的配置中可以看到，该预览窗口是一个默认隐藏的无边框窗口，窗口的高度和宽度是由屏幕的高度和宽度决定的。在创建窗口之前，我们通过 screen.getPrimaryDisplay(). workAreaSize 获取屏幕的高度和宽度，并在创建窗口时通过配置进行设置。

接下来实现窗口页面的布局结构，代码如下所示。

```
// Chapter7-2-1/index.html
...
<body>
    <canvas id='screen-shot'></canvas>
    <div id='save-btn' class='btn'>
        保存截图
    </div>
    <div id='close-btn' class='btn'>
        关闭
    </div>
    <script type="text/javascript" src="./window.js"></script>
</body>
...
```

我们在 body 标签中插入了三个元素。第一个是 id 为“screen-shot”的 canvas 元素。该元素用于将截屏图像绘制出来，并在图像上面提供批注的功能。这里没有给 canvas 元素设置宽度和高度，它的高度和宽度将在 window.js 中进行动态设置。另外两个是用于模拟按钮的 div 元素，它们有同样的类名“btn”，这两个按钮分别用于保存截图和关闭当前窗口，单击它们之后的逻辑也将在 window.js 中实现。

接下来实现页面样式，代码如下所示。

```
// Chapter7-2-1/index.css
...
canvas{
    width: 100%;
    height: 100%;
}

.btn{
    width: 80px;
    height: 40px;
    border-radius: 50px;
    background-color: #fff;
    position: absolute;
    text-align: center;
    line-height: 40px;
```

```
    border: 2px solid #000;
    font-size: 16px;
}

#save-btn{
    bottom: 50px;
    right: 200px;
    cursor:pointer;
}

#close-btn{
    bottom: 50px;
    right: 100px;
    cursor:pointer;
}
```

　　为了让两个按钮在任何尺寸的窗口下都显示在屏幕的右下角，这里采用绝对定位的方式来设置它们的位置。我们给 save-btn 和 close-btn 固定了 bottom 值为 50px，让 btn 离窗口底部保持 50px 的距离。与此同时，分别给 save-btn 和 close-btn 设置了 right 值为 200px 和 right 值为 100px 来确定它们在横向的位置。

　　编写完样式代码之后，通过 npm run start 启动应用并将预览窗口默认显示出来，可以看到预览窗口的页面布局，如图 7-5 所示。

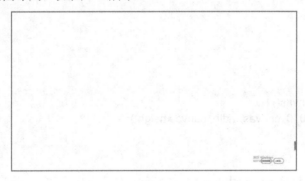

图 7-5　预览窗口的页面布局

　　由于该应用中涉及多个需要操作 canvas 的地方，如绘制图片、批注以及设置 canvas 大小。因此，我们将这些功能封装到 canvas.js 中，通过导出函数的方式提供给 window.js 使用。这样可以让与 canvas 相关的功能都隔离在 canvas.js 中，降低后续改动对 window.js 代码的影响。canvas.js 的代码如下所示。

// Chapter7-2-1/canvas.js

```
const canvas = document.getElementById('screen-shot');
const ctx = canvas.getContext('2d');
const {remote} = window.require('electron');
const screen = remote.screen;

/**
 * 在 canvas 中支持鼠标笔迹
 */
function drawCanvas() {
  canvas.onmousedown = function (event) {
    var ev = event || window.event;
    ctx.beginPath();
    ctx.moveTo(ev.screenX, ev.screenY);
    document.onmousemove = function (event) {
      var ev = event || window.event;
      ctx.strokeStyle = 'red';
      ctx.lineTo(ev.screenX, ev.screenY);
      ctx.stroke();
    };
  };
  document.onmouseup = function () {
    document.onmousemove = null;
    document.onload = null;
  };
}

/**
 * 清除 canvas
 */
function clearCanvas() {
  ctx.clearRect(0, 0, canvas.width, canvas.height);
}

/**
 * 根据屏幕大小设置 canvas 大小
 */
function resizeCanvas(){
  const {width, height} = screen.getPrimaryDisplay().workAreaSize;
  const c = document.getElementById("screen-shot");
  c.width = width;
  c.height = height;
}
```

```
module.exports = {
    drawCanvas,
    clearCanvas,
    resizeCanvas
};
```

canvas.js 中定义了三个方法，分别为 drawCanvas、clearCanvas 和 resizeCanvas。在 canvas.js 文件的最后将这三个方法导出给 window.js 使用。

drawCanvas 方法用于实现批注功能。在 drawCanvas 内部，首先给页面中的 canvas 绑定 onmousedown 事件，在鼠标位于 canvas 上按左键时，记录鼠标位移的起始点。在 mousedown 触发的同时绑定 document.onmousemove 事件，让鼠标在按下并移动时，通过 canvas 提供的 ctx.lineTo 方法连接鼠标移动过程中的点形成线条。最后绑定 document. onmouseup 事件，在触发时将 document.onmousemove 事件清除，这样鼠标在释放左键移动时就不会再进行批注了。

clearCanvas 调用 ctx.clearRect 方法清除整个画布的内容。

resizeCanvas 方法通过 Electron 提供的 workAreaSize 属性获取屏幕的宽度和高度，进而将 canvas 的大小设置成与屏幕相同。

接下来我们来编写预览窗口的代码 window.js。在 window.js 中，我们首先引入 canvas.js 模块，调用 resizeCanvas 方法初始化 canvas 的大小，然后调用 drawCanvas 方法给 canvas 加上批注功能，代码如下所示。

```
// Chapter7-2-1/window.js
...
const {
    drawCanvas,
    clearCanvas,
    resizeCanvas
} = require('./canvas');

resizeCanvas();
drawCanvas();
...
```

接着通过 ipcRenderer.on 监听主进程发送过来的"begin-capture"消息，在消息回调触发时调用 capture 方法进行截屏，代码如下所示。

```
// Chapter7-2-1/window.js
...
ipcRenderer.on('begin-capture', function (event) {
```

```
  capture();
});
···
```

接着实现 capture 方法，代码如下所示。

```
// Chapter7-2-1/window.js
···
let nativeImage = null;

async function capture() {
  try {
    const screenSize = screen.getPrimaryDisplay().workAreaSize;
    const sources = await desktopCapturer.getSources({
      types: ['screen'],
      thumbnailSize: {
        width: screenSize.width,
        height: screenSize.height
      }
    });

    const entireScreenSource = sources.find(
      source => source.name === 'Entire Screen' || source.name === 'Screen 1'
    );
    nativeImage = entireScreenSource.thumbnail
      .resize({
        width: screenSize.width,
        height: screenSize.height
      });

    const imageBase64 = nativeImage.toDataURL();

    const img = new Image();
    img.src = imageBase64;
    img.onload = function () {
      const c = document.getElementById("screen-shot");
      const ctx = c.getContext("2d");
      ctx.drawImage(img, 0, 0);
      win.show();
    }
  } catch (e) {
    console.log(e);
  }
```

```
}
...
```

在 capture 方法中，首先通过 screen.getPrimaryDisplay().workAreaSize 获取主屏幕的宽度和高度，然后调用 desktopCapturer.getSources 来获取屏幕的媒体源，媒体源的类型可以通过 types: ['screen'] 参数来设置。由于这里我们的需求是截取主显示器的屏幕图像，因此只需要获取主显示器媒体源即可。我们将 desktopCapturer.getSources 返回的 sources 数组打印出来，可以看到如图 7-6 所示的结果。

```
▼Array(2) 🔢
 ▼0:
    appIcon: null
    display_id: "2528732444"
    id: "screen:0:0"
    name: "Screen 1"
  ▶thumbnail: NativeImage {}
  ▶__proto__: Object
 ▶1: {name: "Screen 2", id: "screen:1:0", thumbnail: NativeImage, display_id: "2779098405", appIcon: null}
   length: 2
 ▶__proto__: Array(0)
```

图 7-6　sources 数组中的内容

由于笔者使用的这台计算机除了主显示屏外，还外接了一个扩展屏，所以能看到 getSources 方法返回了两个媒体源 "Screen 1" 和 "Screen 2"，它们分别对应于现在的主屏幕和扩展屏。如果在 types 参数中加入 "window" 类型，那么可获取到每一个可见窗口的媒体源。也就是说，如果我们只想截取某个窗口的图片，可以通过设置这种类型的媒体源来实现。在媒体源中加上 "window" 类型后，可以看到 sources 数组中的内容如图 7-7 所示。

```
▼Array(4) 🔢
 ▶0: {name: "Screen 1", id: "screen:0:0", thumbnail: NativeImage, display_id: "2528732444", appIcon: null}
 ▶1: {name: "Screen 2", id: "screen:1:0", thumbnail: NativeImage, display_id: "2779098405", appIcon: null}
 ▼2:
    appIcon: null
    display_id: ""
    id: "window:263800:0"
    name: "window.js - ElectronInAction - Visual Studio Code"
  ▶thumbnail: NativeImage {}
  ▶__proto__: Object
 ▼3:
    appIcon: null
    display_id: ""
    id: "window:199018:0"
    name: "微信"
  ▶thumbnail: NativeImage {}
  ▶__proto__: Object
   length: 4
 ▶__proto__: Array(0)
```

图 7-7　加上窗口媒体源后 sources 数组中的内容

从图中可以看到，加上"window"类型后返回的 sources 数组中包含了 VSCode 和微信两款应用程序的可见窗口。

当然，由于这里我们只需要截取 name 为 Screen 1 媒体源的图像即可，因此我们在代码中获取 sources 数组后需要过滤掉其他 screen 媒体源。在获取到 Screen 1 媒体源后调用 thumbnail 方法获取媒体源图像对象 nativeImage，代码如下所示。

```
// Chapter7-2-1/window.js
...
const entireScreenSource = sources.find(
    source => source.name === 'Entire Screen' || source.name === 'Screen 1'
  );
nativeImage = entireScreenSource.thumbnail
    .resize({
       width: screenSize.width,
       height: screenSize.height
    });
...
```

NativeImage 为 Electron 定义的图像类型，用于 Tray Icon 等场景。如果直接将 NativeImage 传入 canvas 提供的 drawImage 方法中，将会抛出如图 7-8 所示的异常。

```
⊗ ▶Uncaught TypeError: Failed to execute 'drawImage' on                window.js:50
 'CanvasRenderingContext2D': The provided value is not of type '(CSSImageValue or
 HTMLImageElement or SVGImageElement or HTMLVideoElement or HTMLCanvasElement or
 ImageBitmap or OffscreenCanvas)'
       at Image.img.onload (window.js:50)
```

图 7-8　错误使用 NativeImage 的异常提示

从异常信息中可以看到，drawImage 方法只接收异常提示中所列举的图片对象类型。因此，这里我们需要将 NativeImage 对象转换成 HTMLImageElement，代码如下所示。

```
// Chapter7-2-1/window.js
...
const imageBase64 = nativeImage.toDataURL();
const img = new Image();
img.src = imageBase64;
img.onload = function () {
  const c = document.getElementById("screen-shot");
  const ctx = c.getContext("2d");
  ctx.drawImage(img, 0, 0);
  //当图像绘制到 canvas 中时，显示预览窗口。
  win.show();
```

```
}
...
```

在 window.js 文件的最后，给"保存"按钮和"关闭"按钮加入对应的事件，代码如下所示。

```
// Chapter7-2-1/window.js
...
const saveBtn = document.getElementById('save-btn');
saveBtn.addEventListener('click', function(){
  dialog.showOpenDialog(win, {
    properties: ["openDirectory"]
  }).then(result => {
    if (result.canceled === false) {
      fs.writeFileSync(`${result.filePaths[0]}/screenshot.png`, nativeImage.toPNG());
    }
  }).catch(err => {
    console.log(err)
  })
})

const closeBtn = document.getElementById('close-btn');
closeBtn.addEventListener('click', function(){
  win.hide();
  clearCanvas();
})
...
```

在单击"保存"按钮后，首先调用 dialog.showOpenDialog 方法打开系统提供的文件选择器来让用户选择截图保存的文件夹路径，然后通过 fs.writeFileSync 方法将截图文件保存到该路径下，并命名为 screenshot.png。当单击"取消"按钮时，隐藏预览窗口并调用 clearCanvas 方法清空 canvas，将它恢复初始状态。

屏幕截图应用的代码已经编写完成，接下来我们通过 npm run start 启动程序，按 Ctrl+0 快捷键，可以看到如图 7-9 所示的界面。该界面为屏幕截图的预览界面，我们在上面通过批注功能画了一个圈。在预览界面的右下方可以看到"保存截图"和"关闭"按钮，如果用户觉得此次截图符合要求，那么可以单击"保存"按钮将图片保存到本地磁盘，如图 7-10 所示。

在系统文件夹选择器中找到目标文件夹后，单击"选择文件夹"按钮，应用将会把图片保存到当前选择的目录下并重命名为 screenshot.png。最后，我们可以在该文件夹下找到该图片，如图 7-11 所示。

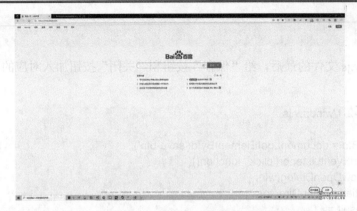

图 7-9　预览窗口中显示的屏幕截图和批注路径

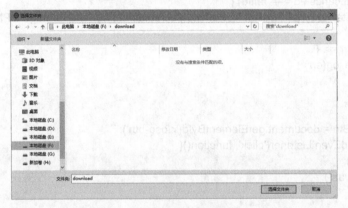

图 7-10　文件夹选择器界面

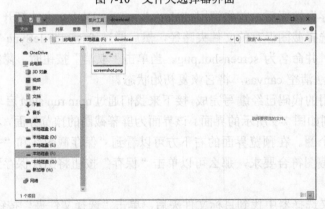

图 7-11　被保存在 download 目录下的屏幕截图文件

本节中所涉及的完整代码可以访问 https://github.com/ForeverPx/ElectronInAction/

tree/main/Chapter7-2-1。在学习本章的过程中，建议你下载源码，亲手构建并运行，以达到最佳学习效果。

7.2.2　屏幕录制

　　本节的内容将展示如何实现一个屏幕录制应用。与屏幕截图应用相同的是，屏幕录制应用在启动后也将持续运行在后台，等待用户使用快捷键来触发功能。在屏幕录制的场景中，由于涉及开始录制和结束录制两步操作，所以在应用中注册了两个快捷键来分别触发开始和结束录制。其中，快捷键 Ctrl+9 对应的是开始录制，快捷键 Ctrl+0 对应的是结束录制。当录制开始时，为了提示用户录制过程的时间，会在屏幕正中间显示一个分秒计时器。计时器将在结束录制时停止计时并消失。录制结束后，应用显示一个全屏的视频预览界面，用户在该界面中可以回看录制的视频。同样的，在界面的右下角会有"保存"和"关闭"按钮。单击"保存"按钮将弹出文件夹选择框，并在用户选择文件夹后将视频文件保存到其中。单击"关闭"按钮将关闭预览窗口。屏幕录制应用的整体流程如图 7-12 所示。

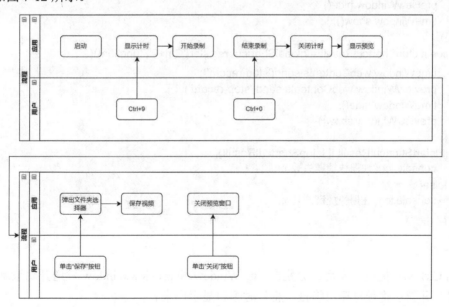

图 7-12　屏幕录制应用流程

　　接下来正式进入屏幕录制应用的功能实现部分。从上面对应用功能的描述中得知，这个应用包含两个窗口，一个是显示计时器的窗口，另一个是预览视频的窗口。因此，

我们在项目的目录结构上要做一些调整，使得它符合
多窗口应用的开发要求。我们在项目目录下为这两个
窗口分别创建了一个单独的文件夹"timeWindow"
和"previewWindow"，它们各自需要的 html、js 以
及 css 文件都在对应的文件夹中，如图 7-13 所示。

　　首先，我们来编写主进程的代码。在主进程代
码的开头定义了一个名为 regHotKkey 的方法，用于
注册触发开始录制和结束录制的快捷键，代码如下
所示。

图 7-13　屏幕录制应用窗口的目录结构

```
// Chapter7-2-2/index.js
...
function regHotKkey(){
  const startShortcutResult = globalShortcut.register('Ctrl+9', function(){

    timeWindow.webContents.send('begin-record');
    previewWindow.webContents.send('begin-record');
    previewWindow.hide()
    timeWindow.show();
  })
  const stopShortcutResult = globalShortcut.register('Ctrl+0', function(){

    timeWindow.webContents.send('stop-record');
    previewWindow.webContents.send('stop-record');
    timeWindow.hide();
    previewWindow.show()
  })
  if(!startShortcutResult || !stopShortcutResult){
    console.log('注册快捷键失败');
  }else{
    console.log('注册快捷键成功');
  }
}
...
```

　　当 Ctrl+9 快捷键触发后，分别向 timeWindow 和 previewWindow 发送开始录制的事
件消息，并随后将预览窗口隐藏，将计时窗口显示出来。
　　由于该应用拥有两个窗口，所以创建窗口部分的代码相比截图应用也需要做一些修
改，代码如下所示。

```
// Chapter7-2-2/index.js
```

```
function createWindow(url, options) {
  const window = new electron.BrowserWindow(options);
  window.loadURL(url)

  window.on('close', function(){
    window = null;
  })

  return window;
}

...

const timeWindowUrl = url.format({
  protocol: 'file',
    pathname: path.join(__dirname, 'timeWindow/index.html')
  })
  timeWindow = createWindow(timeWindowUrl, {
    width: 300,
    height: 200,
    show: false, //默认不显示窗口
    frame: false,
    webPreferences: {
      nodeIntegration: true,
      enableRemoteModule: true
    }
  });

  const previewWindowUrl = url.format({
    protocol: 'file',
    pathname: path.join(__dirname, 'previewWindow/index.html')
  });

  previewWindow = createWindow(previewWindowUrl, {
    width: 1280,
    height: 720,
    show: false, //默认不显示窗口
    frame: false,
    webPreferences: {
      nodeIntegration: true,
      enableRemoteModule: true
    }
  });
```

我们给 createWindow 函数增加了两个参数，分别为 url 和 options。createWindow 的返回值为窗口的引用。在 App 的 ready 事件触发后，通过给 createWindow 方法传入不同的参数来创建两个窗口，并将返回的窗口引用赋值给 timeWindow 和 previewWindow 变量。接下来分别实现 timeWindow 和 previewWindow 的页面、样式和逻辑。

首先是 timeWindow，其 HTML 代码如下所示。

```
// Chapter7-2-2/timeWindow/index.html
...
<body>
  <div id='time'>00:00</div>
  <script type="text/javascript" src="./window.js"></script>
</body>
...
```

timeWindow 的页面结构非常简单，只有一个 id 为 time 的 div 元素，它的子元素是一个显示分秒的文本节点。接下来我们需要给它添加样式，使得它能够在录制开始时清晰地展示计时内容，代码如下所示。

```
// Chapter7-2-2/timeWindow/index.css
...
#time {
  font-size: 80px;
  text-align: center;
  line-height: 200px;
  color: red;
}
```

在样式中，我们将 time 元素的 line-height 设置成与 timeWindow 的窗口高度相同，使得计时文本垂直居中于 timeWindow 窗口，并将文字颜色设置为醒目的红色，如图 7-14 所示。

为了让计时器动起来，我们给 timeWindow 加上 window.js 脚本，代码如下所示。

图 7-14　计时器界面

```
// Chapter7-2-2/timeWindow/window.js
const { remote, ipcRenderer } = window.require('electron');
const win = remote.getCurrentWindow();
const timeElement = document.getElementById('time');

let timeCounter = 0;
let interval = null;
```

```
/**
 * 格式化时间
 */
function formatTime() {
  let s = '${parseInt(timeCounter % 60)}';
  let m = '${parseInt(timeCounter / 60 % 60)}';
  if (s / 10 < 1) {
    s = '0${s}';
  }

  if (m / 10 < 1) {
    m = '0${m}';
  }
  return '${m}:${s}';
}

ipcRenderer.on('begin-record', ()=> {
  interval = setInterval(() => {
    timeCounter = timeCounter + 1;
    let timestr = formatTime();
    timeElement.innerHTML = timestr;
  }, 1000);
})

ipcRenderer.on('stop-record', ()=> {
  clearInterval(interval);
  timeCounter = 0;
  timeElement.innerHTML = '00:00';
})
```

timeCounter 变量存储的是录制持续的时间，以秒为单位。formatTime 函数负责将 timeCounter 的秒数转换成"00:00"格式的时间字符串，其中冒号左边为分钟，右边为秒。当 timeWindow 收到主进程发来的"begin-record"消息后，使用 setInterval 开启定时器累计秒数，并同时将其转换成格式化字符串后替换 timeElement 的内容，从而显示在页面中。当 timeWindow 收到主进程发来的"stop-record"时，将清除定时器并将 timeCounter 和 timeElement 的内容设置为初始化状态。

接下来是 previewWindow 部分。首先编写 index.html 的代码，代码如下所示。

```
// Chapter7-2-2/previewWindow/index.html
...
```

```
<body>
  <video id='preview' src="" controls></video>
  <div id='save-btn' class='btn'>保存视频</div>
  <div id='close-btn' class='btn'>关闭</div>
  <script type="text/javascript" src="./window.js"></script>
</body>
...
```

previewWindow 页面的代码与截图应用中预览窗口的页面代码几乎相同，唯一不同的是将预览图片使用的 canvas 元素改成了预览视频使用的 video 元素。接着我们给 HTML 加上对应的样式，代码如下所示。

```
// previewWindow/index.css
...
.btn{
    width: 80px;
    height: 40px;
    border-radius: 50px;
    background-color: #fff;
    position: absolute;
    text-align: center;
    line-height: 40px;
    border: 2px solid #000;
    font-size: 16px;
}

#save-btn{
    top: 50px;
    right: 200px;
    cursor:pointer;
}

#close-btn{
    top: 50px;
    right: 100px;
    cursor:pointer;
}
```

在这个应用的预览窗口中，我们将两个按钮通过绝对定位的方式放置在窗口的右上角，如图 7-15 所示。

图 7-15　屏幕录制应用的预览窗口

　　上图显示预览窗口的效果已经基本完成。由于当前 video 元素还没有指定视频源，且没有设置默认大小，因此视频区域看起来还比较小。当指定视频源并设置大小后，视频区域会铺满窗口。

　　接下来是最后一个模块，即 previewWindow 的 window.js 脚本。在该脚本中，我们首先定义了一个 startRecording 函数，代码如下所示。

```
// Chapter7-2-2/previewWindow/window.js
...
function startRecording() {
  try {
    desktopCapturer.getSources({ types: ['screen'] }).then(async sources => {
      for (const source of sources) {
        if (source.name === 'Entire Screen') {
          try {
            const stream = await navigator.mediaDevices.getUserMedia({
              audio: false,
              video: {
                mandatory: {
                  chromeMediaSource: 'desktop',
                  chromeMediaSourceId: source.id,
                  minWidth: 1280,
                  maxWidth: 1280,
                  minHeight: 720,
                  maxHeight: 720
                }
              }
            }
          })
```

```
          createRecorder(stream)
        } catch (e) {
          console.error(e);
        }
        return
      }
    }
  })
} catch (error) {
  console.log(error);
}
}
...
```

　　startRecording 函数首先通过 desktopCapturer.getSources 方法获取所有 screen 类型的
媒体源对象列表 sources。由于我们需要录制的是整个屏幕，所以需要对 sources 列表进行
过滤，获取 source.name 为"Entire Screen"的媒体源。接着在调用 navigator.media
Devices.getUserMedia 方法时将媒体源的 id 传入，获得媒体源的媒体流对象 stream。接下
来无论是预览视频还是保存视频文件，都需要借助 stream 对象来完成。

　　预览视频相关的代码逻辑如下所示。

```
// Chapter7-2-2/previewWindow/window.js
function createRecorder(stream) {
  recorder = new MediaRecorder(stream);
  recorder.start();
  recorder.ondataavailable = event => {
    blob = new Blob([event.data], {
      type: 'video/mp4',
    });
    previewMedia(blob);
  };
  recorder.onerror = err => {
    console.error(err);
  };
};

function previewMedia(blob) {
  document.getElementById('preview').src = URL.createObjectURL(blob);
}
```

　　createRecorder 方法内部使用到了 MediaRecorder 类，它用于录制流媒体数据，并将
流媒体数据转换成想要的格式。createRecorder 方法接收 stream 对象作为参数，然后将

stream 对象传入 MediaRecorder 来把媒体流数据转换为 mp4 格式的 blob 数据。我们都知道 Html5 video 标签的 src 属性支持 objectURL 的形式，所以在 previewMedia 方法中，我们将视频的 blob 对象通过 URL.createObjectURL 转换成 objectURL，使得视频可以在 video 元素中播放预览。

到这里为止，应用已经具备录制加预览的功能了，通过 npm run start 运行程序，按 Ctrl+9 快捷键开始录制屏幕，可以看到如图 7-16 所示的界面。

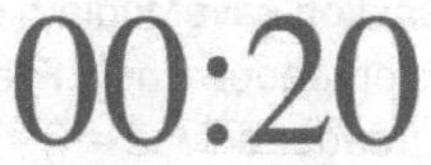

图 7-16　计时器界面

录制 20 s 后，按 Ctrl+0 快捷键结束录制，可以看到我们实现的预览界面，如图 7-17 所示。

图 7-17　预览界面

我们可以在预览界面中通过 video 组件提供的操作按钮来预览视频。接下来，我们继续来实现保存视频到本地的功能，这部分代码逻辑如下所示。

```
// Chapter7-2-2/previewWindow/window.js
...
const saveBtn = document.getElementById('save-btn');
saveBtn.addEventListener('click', function(){
  dialog.showOpenDialog(win, {
    properties: ["openDirectory"]
  }).then(result => {
    if (result.canceled === false) {
        saveMedia(blob, result.filePaths[0]);
    }
  }).catch(err => {
```

```
      console.log(err)
  })
});

function saveMedia(blob, path) {
  let reader = new FileReader();
  reader.onload = () => {
    let buffer = new Buffer(reader.result);
    fs.writeFile('${path}/screen.mp4', buffer, {}, (err, res) => {
      if (err) return console.error(err);
    });
  };
  reader.onerror = err => console.error(err);
  reader.readAsArrayBuffer(blob);
}
...
```

在 window.js 中，通过 DOM API 给 saveBtn 绑定单击事件，在事件触发后调用 dialog.showOpenDialog 方法弹出系统文件夹选择器让使用者选择目标文件夹。在选择完毕后，调用 saveMedia 方法将视频文件保存到目标文件夹中。

saveMedia 方法内部使用 FileReader 类将 Blob 类型的视频数据转换成 Buffer 类型，最后在目标文件夹中创建 screen.mp4 文件并写入 Buffer 数据到文件中。

在预览界面单击"保存"按钮，选择目标文件夹并确定，可以看到 screen.mp4 文件被存储到了该文件夹中，如图 7-18 所示。

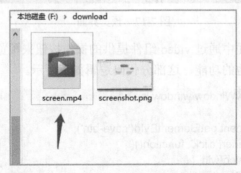

图 7-18　被保存在 download 文件夹下的视频文件

本小节中所涉及的完整代码可以访问 https://github.com/ForeverPx/ElectronInAction/tree/main/Chapter7-2-2 中找到。在学习本章的过程中，建议你下载源码，亲手构建并运行，以达到最佳学习效果。

7.3 录 制 声 音

在浏览器中，前端开发人员可以使用 HTML5 提供的 audio 标签实现在网页上播放音频功能。除了声音的简单播放之外，HTML5 还提供了 navigator.getUserMedia API 来获取各种音频源，并从这些音频源中获取音频数据，将它们保存下来或进行远程传输。本小节的内容将会通过一个完整的示例来展示如何在 Electron 中实现麦克风声音的录制功能。

录音应用的使用流程和交互与屏幕录制应用的交互比较相似，都是通过快捷键来触发录制行为的开始和结束，并且在录制过程中提供一个显示录制时间的窗口来告诉用户当前正在录制过程中。等到录制结束后，通过预览窗口给用户展示录制结果，在窗口中提供保存录制内容到文件的按钮以及关闭窗口按钮。不同的是，在录音应用的计时窗口内，除了显示录制的时长之外，还使用柱状图实时显示了音频源某个频率声音的分贝大小，让用户感知到当前录音的状态以及声音的变化。录音应用的整体流程如图 7-19 所示。

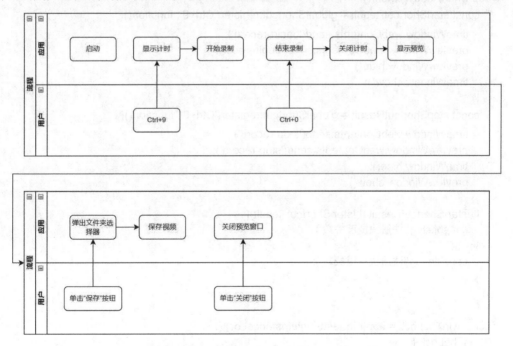

图 7-19　录音应用的整体流程

在录音应用中，我们通过给 navigator.mediaDevices.getUserMedia API 传入 audio:true

配置来获取音频源，然后使用 AudioContext 类来获取音频源中的频率及分贝数据，在预览窗口中使用这些数据来绘制频率分贝图。

　　AudioContext 是一个专门用于处理音频数据的工具类，它提供的许多方法不仅允许开发人员对音频数据进行更专业的修改，例如混响、增益等，还可以从中获取到音频的频率、分贝等数据。关于它的使用方法会在下面的内容中进行讲解。

　　我们首先来实现录音应用的主进程代码，代码如下所示。

```javascript
// Chapter7-3/index.js
const electron = require('electron');
const { app, globalShortcut } = require('electron');
const url = require('url');
const path = require('path');

let timeWindow = null;
let previewWindow = null;

app.whenReady().then(() => {
  const startShortcutResult = globalShortcut.register('Ctrl+9', function(){

    timeWindow.webContents.send('begin-record');
    previewWindow.webContents.send('begin-record');
    previewWindow.hide()
    timeWindow.show();
  })
  const stopShortcutResult = globalShortcut.register('Ctrl+0', function(){

    timeWindow.webContents.send('stop-record');
    previewWindow.webContents.send('stop-record');
    timeWindow.hide();
    previewWindow.show()
  })
  if(!startShortcutResult || !stopShortcutResult){
    console.log('注册快捷键失败');
  }else{
    console.log('注册快捷键成功');
  }
})

const winTheLock = app.requestSingleInstanceLock();
if(winTheLock){
  app.on('second-instance', (event, commandLine, workingDirectory) => {
    if (window) {
      if (window.isMinimized()){
```

```
        window.restore();
      }
      window.focus();
    }
})

function createWindow(url, options) {
  const window = new electron.BrowserWindow(options);
  window.loadURL(url)

  window.on('close', function(){
    window = null;
  })

  return window;
}

app.on('window-all-closed', function () {
  app.quit();
})

app.on('ready', function () {
  const timeWindowUrl = url.format({
    protocol: 'file',
    pathname: path.join(__dirname, 'timeWindow/index.html')
  })
  timeWindow = createWindow(timeWindowUrl, {
    width: 600,
    height: 400,
    show: false, //默认不显示窗口
    frame: false,
    webPreferences: {
      nodeIntegration: true,
      enableRemoteModule: true
    }
  })

  const previewWindowUrl = url.format({
    protocol: 'file',
    pathname: path.join(__dirname, 'previewWindow/index.html')
  })
```

```
    previewWindow = createWindow(previewWindowUrl, {
      width: 600,
      height: 100,
      show: false, //默认不显示窗口
      frame: false,
      webPreferences: {
        nodeIntegration: true,
        enableRemoteModule: true
      }
    })
  })
}else{
  console.log('quit');
  app.quit();
}
```

由于音频播放需要占据的页面空间不多，所以这里预览窗口的尺寸会比屏幕录制应用的预览窗口要小，设置为 600px × 100px。

接下来是预览窗口的相关代码，首先是它的 HTML 文件，代码如下所示。

```
// Chapter7-3/previewWindow/index.html
...
<body>
  <canvas id='graph'></canvas>
  <div id='time'>00:00</div>
  <script type="text/Java Script" src="./window.js"></script>
</body>
...
```

在预览窗口的 body 标签中，除了显示时间的元素之外，我们还在它前面添加了一个 id 为 graph 的 canvas 元素。正如前面所提到的那样，该元素将被用于绘制音频源的频率分贝图。接着我们给 HTML 文件加上对应的样式，代码如下所示。

```
// Chapter7-3/previewWindow/index.css
...
#time {
  font-size: 50px;
  text-align: center;
  color: red;
}

#graph{
  width: 100%;
```

```
  background: #f5f5f5;
}
```

接下来在预览窗口的脚本中，我们主要实现两个功能：计时器功能和绘制音频频率分贝图功能。由于计时器功能相较于前面的应用没有变化，所以这里不再展示这部分的实现代码。下面将重点展示音频频率分贝图的实现，代码如下所示。

```javascript
// Chapter7-3/previewWindow/window.js
...
const audioContext = new window.AudioContext();
let gainNode, audioInput, analyserNode = null;
function getAudioInfoAndDraw() {
  navigator.getUserMedia({ audio: true }, function (stream) {
    audioInput = audioContext.createMediaStreamSource(stream);
    gainNode = audioContext.createGain();
    audioInput.connect(gainNode);
    analyserNode = audioContext.createAnalyser();
    gainNode.connect(analyserNode);

    // 初始化 canvas 信息
    initCanvasInfo();
    // 绘制 canvas 图像
    canvasFrame();
  }, function (e) {
    console.log(e);
  });
}
...
```

在上面的代码中，首先创建了 AudioContext 对象并赋值给了 audioContext 变量。然后定义了 3 个在后面会用到的非常重要的变量，分别为 gainNode、audioInput 和 analyserNode。

在 getAudioInfoAndDraw 方法中，我们通过给 navigator.getUserMedia 方法传入 {audio:true} 配置获取到音频源 stream 对象，然后通过 audioContext.createMedia-StreamSource 方法将音频源转换成音频编辑的输入节点。

AudioContext 处理音频数据有一个规范化的流程，如图 7-20 所示。

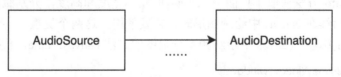

图 7-20　AudioContext 音频处理流程

这个流程中包含一个开始节点和目标节点。开发人员可以在这两个节点之前插入任意数量不同类型的节点来处理音频数据。位于前面的节点使用 connet 方法去连接下一个节点。在这个流程中，每一个节点都会对上一个节点流下来的数据进行对应的处理，然后将处理之后的数据继续流向下一个节点，直到目标节点为止。

我们的代码中使用了 GainNode 和 AnalyserNode 两种类型的节点，它们分别通过调用 audioContext.createGain 方法和 audioContext.createAnalyser 方法创建。GainNode 用于控制音频的音量大小，为了避免输入源音量较小而无法听清录音，此处通过它来对音频的音量进行增益放大。AnalyserNode 提供了音频的实时频率信息以及基于时域的分析信息，此处我们通过它来获取音频的频率以及分贝数据。

通过 AudioContext 提供的 connect 方法，将各个处理节点连接起来，形成一个我们自定义的音频处理流，如图 7-21 所示。

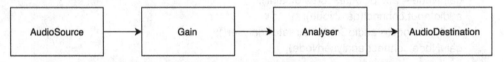

图 7-21　自定义的音频处理流程

当各个节点连接完毕后，音频流开始按照既定流程进行自动处理。此时我们调用开始 initCanvasInfo 方法对 canvas 的信息进行初始化，代码如下所示。

```
// Chapter7-3/timeWindow/window.js
...
let canvas = null;
let cWidth = 0; //canvas 宽度
let cHeight = 0; //canvas 高度
function initCanvasInfo() {
  const canvasElem = document.getElementById("graph");
  cWidth = canvasElem.width;
  cHeight = canvasElem.height;
  canvas = canvasElem.getContext('2d');
}
...
```

initCanvasInfo 方法获取了页面中 canvas 的实际宽度和高度，分别赋值给 cWidth 和 cHeight 变量。后续在 canvas 中绘制图形时，需要使用到这两个变量。

接下来开始实现在 canvas 中绘制频率分贝图的方法 canvasFrame，代码如下所示。

```
// Chapter7-3/timeWindow/window.js
...
```

```
let requestAnimationFrameId = null;
function canvasFrame() {
  var freqByteData = new Uint8Array(analyserNode.frequencyBinCount);
  analyserNode.getByteFrequencyData(freqByteData);
  canvas.clearRect(0, 0, cWidth, cHeight);
  canvas.fillRect(0, cHeight, cWidth, -freqByteData[0]);
  requestAnimationFrameId = window.requestAnimationFrame(canvasFrame);
}
...
```

这里我们先了解一下 AnalyserNode.fftSize 的概念，它表示的是通过 FFT（快速傅里叶变换）获取音频频域时的窗口大小。它的值越大获取到的频域信息越多。由于 AnalyserNode.fftSize 的默认值为 2048，且 AnalyserNode.frequencyBinCount 的值为 AnalyserNode.fftSize 的一半，所以这里 AnalyserNode.frequencyBinCount 的值为 1024。我们创建了一个长度为 AnalyserNode.frequencyBinCount 的 Uint8Array 数组，用于接收 analyserNode.getByteFrequencyData 返回的频率对应的分贝数据。等待数据就绪后，我们将分贝值转换成柱状图的高度，绘制在 canvas 中。

声音的录制是实时且持续的，所以这里也需要实时地绘制图像。我们这里通过调用 requestAnimationFrame API 来实现绘制方法的重复执行。每次执行时，canvasFrame 方法都会获取当前音频频率对应的分贝数据来进行绘制。我们会看到在音频持续输入时，canvas 上柱状图的高度会不停地变化。

绘制的逻辑实现完毕，我们在接收到主进程快捷键触发的事件中加入开始和结束绘制的相关逻辑，代码如下所示。

```
// Chapter7-3/timeWindow/window.js
...
ipcRenderer.on('begin-record', () => {
  ...
  getAudioInfoAndDraw();
})

ipcRenderer.on('stop-record', () => {
  ...
  canvas.clearRect(0, 0, cWidth, cHeight);
  window.cancelAnimationFrame(requestAnimationFrameId);
})
...
```

在 stop-record 消息中，我们将 canvas 的内容清空，并通过 cancelAnimationFrame 方

法停止对 canvas 的重复绘制。

　　计时窗口的功能已经实现完毕，我们接下来实现预览窗口的相关功能。录音应用预览窗口的代码与屏幕录制应用预览窗口的代码大部分相同，但有如下两个区别。

　　（1）页面中使用 audio 标签替代 video 标签播放音频，代码如下所示。

```
// Chapter7-3/previewWindow/index.html
...
<body>
  <audio id='preview' src="" controls></audio>
  <div id='save-btn' class='btn'>保存录音</div>
  <div id='close-btn' class='btn'>关闭</div>
  <script type="text/javascript" src="./window.js"></script>
</body>
...
```

　　（2）在使用 MediaRecorder 记录源数据并转换时，将 type 设置为 audio/mp3 来得到 mp3 格式的音频数据，代码如下所示。

```
// Chapter7-3/previewWindow/window.js
...
function startRecording(button) {
  navigator.getUserMedia({
    audio: true
  }, function (stream) {
    recorder = new MediaRecorder(stream);
    recorder.start();
    recorder.ondataavailable = event => {
      blob = new Blob([event.data], {
        type: 'audio/mp3',
      });
      previewMedia(blob);
    };
    recorder.onerror = err => {
      console.error(err);
    };
  }, function (err) {
    console.log(err);
  });
}
...
```

　　到这里为止，音频录制应用的所有代码已经编写完毕。通过 npm run start 启动应用，

同时按 **Ctrl+9** 快捷键开始进行音频录制，此时可以看到计时窗口已经显示出来，如图 7-22 所示。

通过麦克风持续出入音源，可以在计时窗口中看到柱形图的高度在不停的变化，如图 7-23 所示。

图 7-22　没有音频输入时的计时器窗口　　　　图 7-23　有音频输入时的计时器窗口

录制音频一段时间后，按 **Ctrl+0** 快捷键，将关闭计时窗口结束音频录制并显示音频试听窗口，如图 7-24 所示。

图 7-24　结束录制后的音频试听窗口

我们可以单击界面上音频播放器的"▶"按钮来试听刚才的录音。如果觉得录制效果满意，可以通过单击"保存录音"按钮将录音保存到选择目录下的 audio.mp3 文件中，如图 7-25 所示。

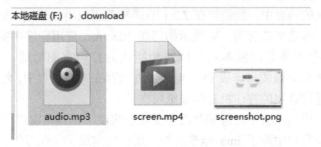

图 7-25　单击"保存录音"按钮出现的保存界面

本小节中所涉及的完整代码可以访问 https://github.com/ForeverPx/ElectronInAction/tree/main/Chapter7-3。在学习本章的过程中，建议你下载源码，亲手构建并运行，以达到最佳学习效果。

7.4　使用打印机

打印功能是比较常见的，Electorn 给开发人员提供了两个 API 来实现将目标内容打印成 PDF 电子文件或者是纸质文件的功能，它们分别是 print 和 printToPDF。对于打印的目标主体，可以是负责渲染和控制窗口页面的 webContents 对象，也可以是窗口页面中用于嵌入外来页面的 webview 标签。它们之间的对应关系如表 7-1 所示。

表 7-1　webContents 和 webview 对应的打印方法

主　　体	方　　法
webContents	print
	printToPDF
	getPrinters
webview	print
	printToPDF

从表格中可以看到，webview 和 webContents 都包含 print 和 printToPDF 方法。除此之外，webContents 还多了一个 getPrinters 方法。该方法用于获取系统打印机的列表，返回包含 PrinterInfo 对象的数组。PrinterInfo 存储了单台打印机的设备信息，调用 print 方法时将 PrinterInfo 对象中 name 属性的值赋值给 print 方法的 deviceName 配置，可以指定打印机来打印目标内容。如果你的需求并不是将目标内容打印成一份真正的纸质文件，而是将其输出为一份 PDF 电子文件，可以直接使用 printToPDF 实现。

在本节接下来的内容中，我们将在 7.2.1 节屏幕截图应用的基础上进行改造，实现一个提供屏幕截图打印功能的应用，来展示如何在 Electron 应用程序中实现打印功能。新的应用将原来保存屏幕截图到本地文件的功能改为打印截图功能。我们会先实现用 printToPDF 方法将屏幕截图打印成 PDF 电子文件保存在本地磁盘中，然后再实现用 print 方法将屏幕截图通过真实的打印机打印成纸质文件。

在屏幕截图应用的逻辑中，屏幕截图预览功能实现了在预览窗口中通过 img 标签展示屏幕截图。预览窗口中除了 img 标签之外，还分别实现了"保存"和"关闭"两个按钮来执行对应的逻辑。如果我们直接使用 webContents.print 或 webContents.printToPDF 方法来对页面进行打印，则会将两个按钮也打印出来，这并不是我们期望的结果，我们期望的是只将截图部分打印出来。因此，我们需要对窗口的内部结构做一些改造，使用一个独立的 webview 来单独展示屏幕截图，并使用 webview.print 或 webview.printToPDF 方法来单独对 webview 进行打印。

　　首先，我们在窗口页面的 HTML 和 CSS 文件中，将 img 标签以及对应的样式删除。然后，在原来 img 标签所在的位置插入 Electron 提供的 webview 标签，并给它添加默认样式，代码如下所示。

```
// Chapter7-4/index.html
...
<body>
  <webview id="preview" src='./webview/index.html' nodeintegration></webview>
  <div id='print-btn' class='btn'>
      打印截图
  </div>
  <div id='close-btn' class='btn'>
      关闭
  </div>
  <script type="text/javascript" src="./window.js"></script>
</body>
...

// Chapter7-4/index.css
...
#preview{
    display: inline-flex;
    width: 100%;
    height: 100%;
}
...
```

在 webview 中需要完成两件事。

（1）接收 base64 格式的图片并通过 img 标签展示出来。

（2）在图片展示成功后，通过 IPC 消息通知窗口。

　　当窗口接收到消息后，认为 webview 中的内容已经就绪，就会调用 webview.print 或 webview.printToPDF 方法将 webview 所展示的全部内容打印出来。由于这一系列流程涉及三个进程的 IPC 通信，所以在代码实现前我们先来画一个流程图，如图 7-26 所示。

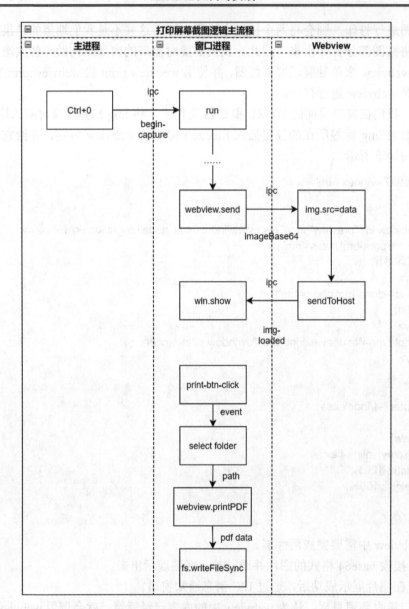

图 7-26　截图显示与打印的整体流程

从上图可以比较清晰地理解整个打印程序的执行流程，接下来我们用代码来实现它。我们从 webview 着手，在项目根目录下创建一个名为 webview 的文件夹，然后在其中创建 webview 相关的 index.html、index.css 以及 index.js 文件，目录结构如图 7-27 所示。

图 7-27　webview 文件目录结构

　　由于要在 webview 中展示屏幕截图，所以我们将原来在窗口页面中删除的部分代码移植到 webview 的 HTML 和 CSS 代码中，代码如下所示。

```
// Chapter7-4/webview/index.html
...
<body>
  <img id='preview-img' src="" alt="">
  <script src='./index.js'></script>
</body>
...

// Chapter7-4/webview/index.css
...
#preview-img{
  display: block;
  width: 100%;
  height: 100%;
}
...
```

　　按照图 7-26 的业务流程图所示，接下来需要在 webview 的脚本逻辑中实现对 IPC 消息的监听，并在接收到图片数据后，将其赋值给 image 标签的 src 属性来加载图片。随后监听图片加载完成事件，向窗口进程发送消息，告诉它图片已经加载完成。这部分的逻辑代码如下所示。

```
// Chapter7-4/webview/index.js
const { ipcRenderer } = require('electron');
```

```
const imgElem = document.getElementById('preview-img');
ipcRenderer.on('imageBase64', (event, data) => {
  imgElem.src = data;
  imgElem.onload = function () {
    ipcRenderer.sendToHost('img-loaded', 1);
  }
})
```

接下来我们需要对窗口的脚本 window.js 进行一些改造。首先，我们通过 DOM API 获取 webview 标签对象，并给 webview 注册 IPC 消息监听器 ipc-message。该监听器监听 webview sendToHost 方法发送回来的所有消息。在消息回调中，我们可以通过参数 event 中的 channel 属性获得消息频道名称。在上面的代码中，sendToHost 方法发送了一个名为 img-loaded 的消息频道，因此我们在回调中需要判断 channel 属性的值，当值为 img-loaded 时，才处理对应的逻辑，代码如下所示。

```
// Chapter7-4/window.js
...
const webview = document.querySelector('webview')
webview.addEventListener('ipc-message', (event) => {
  if (event.channel === 'img-loaded') {
    win.show();
  }
})
...
```

然后，在原来截图应用获取到图片 base64 数据的地方，调用 webview.send 方法将数据通过 IPC 的方式发送给 webview，代码如下所示。

```
// Chapter7-4/window.js
...
async function run() {
  try {
    const screenSize = screen.getPrimaryDisplay().workAreaSize;
    const sources = await desktopCapturer.getSources({
      types: ['screen'],
      thumbnailSize: {
        width: screenSize.width,
        height: screenSize.height
      }
    });
```

```
        const entireScreenSource = sources.find(
            source => source.name === 'Entire Screen' || source.name === 'Screen 1'
        );
        nativeImage = entireScreenSource.thumbnail
            .resize({
                width: screenSize.width,
                height: screenSize.height
            });

        const imageBase64 = nativeImage.toDataURL();

        //将图片数据通过 IPC 消息发送给 webview
        webview.send('imageBase64', imageBase64);
        win.show()
    } catch (e) {
        console.log(e);
    }
}
...
```

最后，是本示例中最关键的部分。我们将截图应用的"保存"按钮文案改为"打印"按钮文案，并修改按钮单击事件的逻辑，代码如下所示。

```
// Chapter7-4/window.js
...
const printBtn = document.getElementById('print-btn');
printBtn.addEventListener('click', function(){
    dialog.showOpenDialog(win, {
        properties: ["openDirectory"]
    }).then(result => {
        if (result.canceled === false) {
            // 打印文件到 PDF 电子文件
            webview.printToPDF({})
            .then(function(data){
                fs.writeFileSync(`${result.filePaths[0]}/printScreenshot.pdf`, data);
            }).catch(function(e){
            console.log(`打印失败 ${e}`)
            });
        }
    }).catch(err => {
        console.log(err)
    })
})
```

在用户选择要保存 PDF 文件的目标文件夹后，通过调用 webview.printToPDF 方法来将屏幕截图 PDF 文件输出到该文件夹中并命名为 printScreenshot.pdf。

通过 npm run start 启动应用，然后按 Ctrl+0 快捷键，可以看到与 7.2.1 节中屏幕截图应用相同的预览界面，如图 7-28 所示。

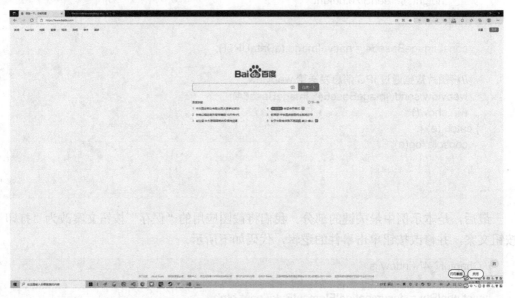

图 7-28　截图后的预览界面

单击"打印截图"按钮，选择目标文件夹并单击"确定"按钮，可以在目标文件夹中看到 printScreenshot.pdf 文件，如图 7-29 所示。

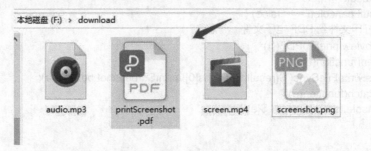

图 7-29　在 download 文件夹中生成的 printScreenshot.pdf 文件

双击 printScreenshot.pdf 文件，看看内容是否符合我们的预期，如图 7-30 所示。

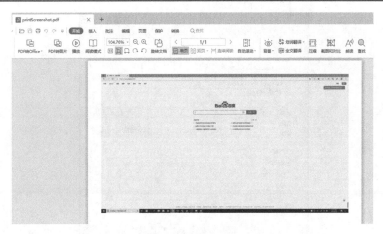

图 7-30　PDF 文件的内容

现在我们已经实现了将屏幕截图打印成 PDF 电子文件的功能，接下来我们将使用 webview.print 方法来操作真正的打印机，将屏幕截图打印在纸张上。

在单击"打印截图"按钮后，我们不再调用 dialog.showOpenDialog 方法打开文件夹选择器让用户进行选择，而是直接调用 webview.print 方法，代码如下所示。

```
// Chapter7-4/window.js
...
const printBtn = document.getElementById('print-btn');
printBtn.addEventListener('click', function(){
  webview.print({})
  .then(function(){
    console.log(`打印成功`)
  }).catch(function(e){
    console.log(`打印失败 ${e}`)
  });
})
...
```

从代码中可见，webview.print 方法调用后依旧返回一个 Promise 对象。但与 printToPDF 方法不同的是，它在操作成功时将不会在 then 方法中传入任何参数。当 webview.print 方法调用后，将展示如图 7-31 所示的界面，供用户选择要使用的打印机设备。

选择完毕后单击"打印"按钮，即可将屏幕截图通过对应打印机打印到纸张上。

本小节中所涉及的完整代码可以访问 https://github.com/ForeverPx/ElectronInAction/tree/main/Chapter7-4。在学习本章的过程中，建议你下载源码，亲手构建并运行，以达到最佳学习效果。

图 7-31　打印机选择界面

7.5　系统托盘与通知

屏幕截图应用在形态上被设计为一个在后台持续运行的应用，它一直等待着用户使用快捷键触发下一步操作，这会面临两个问题。

（1）在按下快捷键之前，用户在系统界面上是无法看出该应用是否在运行的。即使应用由于异常而导致崩溃了，用户也无法得知。只有在按下快捷键但没有任何响应时才能有所感知，这容易给用户造成一定程度上的误解。

（2）如果碰巧键盘中快捷键所需要的按键坏了，那么将没有其他方式来让用户继续使用该应用来进行屏幕截图。

为了解决这些问题，我们准备给屏幕截图应用加上系统托盘功能，让使用者可以在托盘列表中看到应用是否还在运行中，并且可以通过托盘的菜单来触发截图操作。接下来，我们开始使用代码来实现它。

托盘功能的代码非常简单，只需要在主进程的 ready 事件触发后调用 Tray 和 Menu 模块进行配置即可，代码如下所示。

```
// Chapter7-5/index.js
let tray = null;

app.on('ready', function () {
  createWindow();
```

```
tray = new Tray(path.join(__dirname, './logo.png'));
const contextMenu = Menu.buildFromTemplate([
  { label: '截屏', type: 'normal', click: function(){
      window.webContents.send('begin-capture');
  }},
  { label: '退出', type: 'normal', click: function(){
      app.quit();
  }}
])
tray.setToolTip('Screen Capture')
tray.setContextMenu(contextMenu)
});
```

在上面的代码中，我们首先将托盘所使用到的图片路径传入 Tray 的构造函数中，生成一个 tray 对象。然后利用 Menu 模块的模板方法构建两个在单击之后出现的菜单按钮，分别为"截屏"和"退出"。在截屏按钮配置的单击事件中，将通过 IPC 向渲染进程发送 begin-capture 消息来触发截屏逻辑。在"退出"按钮配置的单击事件中，将调用 app.quit 方法退出应用。

图 7-32　托盘菜单

通过 npm run start 启动应用，我们可以在任务栏右侧看到我们为该应用创建的托盘菜单，如图 7-32 所示。

单击"截屏"按钮的效果与按 Ctrl+0 快捷键相同，我们可以在触发之后看到截图预览窗口。单击"退出"按钮后应用将退出。

屏幕截图应用在目前保存截图的逻辑中，当保存成功时会在目标目录下生成对应的图片文件。但这个过程中没有任何提示，用户只有在目标目录下看到对应的图片才能确定图片是否保存成功了。为了能及时给用户反馈保存截图功能的成功与否，我们接下来给保存截图功能加上系统通知的功能。

在 Electron 的主进程中，可以使用 Notification 模块来调用系统的通知功能。而在渲染进程中，可以使用 HTML5 提供的 window.Notification 模块来实现。由于截图应用的保存逻辑是在渲染进程中实现的，因此我们将使用 window.Notification 来实现通知功能，代码如下所示。

```
// Chapter7-5/window.js
......
const saveBtn = document.getElementById('save-btn');
saveBtn.addEventListener('click', function(){
  dialog.showOpenDialog(win, {
    properties: ["openDirectory"]
  }).then(result => {
```

```
    if (result.canceled === false) {
        console.log("Selected file paths:");
        console.log(result.filePaths);
        fs.writeFileSync(`${result.filePaths[0]}/screenshot.png`, nativeImage.toPNG());

        const successNotification = new window.Notification('屏幕截图', {
            body: '保存截图成功'
        });
        successNotification.onclick = () => {
            shell.openExternal(`${result.filePaths[0]}`);
        };
    }
}).catch(err => {
    new window.Notification('屏幕截图', {
        body: '保存截图失败'
    });
    console.log(err);
});
});
```

在文件保存成功之后，我们调用 window.Notification 方法创建一个标题为"屏幕截图"、内容为"保存截图成功"的系统通知。然后给通知的 UI 注册一个单击事件，当事件触发后通过 openExternal 方法打开目标文件夹。在文件保存失败之后，创建一个带有失败提示的系统通知。

通过 npm run start 启动应用，在截图之后单击"保存"按钮并选择文件夹，可以看到系统弹出了如图 7-33 所示的系统通知。当我们单击该通知时，自动打开了我们选择的文件夹。

图 7-33　"保存截图成功"的系统通知

本小节中所涉及的完整代码可以访问 https://github.com/ForeverPx/ElectronInAction/tree/main/Chapter7-5 中找到。在学习本章的过程中，建议你下载源码，亲手构建并运行，以达到最佳学习效果。

7.6　总　　结

- ❑ 一款体验优秀的应用会设计许多快捷键来让用户进行快捷操作。Electron 中的 globalShortcut 内置模块可以很方便地让开发者给自己开发的应用注册全局的系统快捷键。
- ❑ globalShortcut 提供了 register 和 unregister 方法来分别注册和注销全局快捷键。需要注意的是，globalShortcut 只能在主进程中使用。
- ❑ Electron 提供了 desktopCapturer API 来让开发者实现屏幕图像截取和录制的功能。这个 API 需要结合 HTML5 的 navigator.mediaDevices.getUserMedia 方法来使用。
- ❑ 要在应用中实现声音的录制，可以给 navigator.mediaDevices.getUserMedia 方法传入 {audio:true} 配置来实现。getUserMedia 返回的 stream 对象将包含音频数据流，可以利用 MediaRecorder 对象来将流数据记录到文件中。
- ❑ Electron 提供了 print 和 printToPDF 方法来将内容打印成纸质文件以及 PDF 电子文档，webContent 和 webview 都具有这两个方法。在 webContent 上调用它们将会打印整个窗口的内容，而在 webview 上调用则只会打印 webview 中加载的内容。
- ❑ 托盘菜单常用于显示应用的状态以及提供一些便捷的操作，开发人员可以组合使用 Electron 提供的 Tray 和 Menu 模块来实现应用的托盘菜单功能。
- ❑ 在主进程中，开发人员可以使用 Notification 模块来创建系统通知。而在渲染进程中，需要使用 HTML5 提供的 window.Notification 模块来实现。

第8章 应用质量

对于一款桌面应用来说，质量是非常重要的一个方面。桌面应用的其中一个特点是在应用出现问题时对其进行修复的成本很高。不同于传统的 Web 应用，解决一个线上的 Bug 只需要部署新的版本就能让所有用户使用到最新的版本。桌面应用在发布更新包后，需要用户下载新的安装包或者触发 OTA 机制来让应用更新到最新的版本。这两种方式都无形中增加了修复 Bug 所带来的成本。

另外，桌面应用更新的及时性相对 Web 应用来说较差，这导致用户在一段时间内用的还是有 Bug 的版本。这对于用户口碑来说是一个致命的打击。试想你开发的应用是一个涉及交易的应用，那么一个影响交易流程的 Bug 可能从出现到真正修复的这段时间内已经丢失了无数的订单。这仅仅是当前的损失。与此同时，用户可能会选择尝试其他同类型的应用来完成需求，也意味着用户将会大概率流失。

因此，作为一名桌面应用开发人员，需要在开发阶段就尽可能地通过一些方法来提高应用的质量。在本章节的内容中，我们提取了开发阶段保障应用质量的一些关键行动（如测试、异常处理、错误信息收集等），逐一展示如何在应用中实现它们。

8.1　单 元 测 试

单元测试是指对应用最基本的组成单元进行测试，它的目的是对应用基本组成单元所具有的功能进行检查和验证。对于一款编程语言以 JavaScript 为主的应用来说，它的基本组成单元可以认为是函数。因此，代码中的函数是开发人员编写单元测试的目标对象。

单元测试要求目标函数具有幂等性（对同一个函数而言，在具有同样的输入的情况下，都必须要有同样的输出），想必对函数式编程这个概念比较熟悉的开发人员对它应该不陌生。除此之外，函数没有副作用也是很重要的，因为这样可以让开发人员无须花费较多精力用于构造副作用环境以及对其结果的验证上。

这里为了更方便地进行演示，我们将在 7.2.2 节屏幕录制应用的基础上展示如何编写单元测试代码。在本章节的示例中，将使用目前流行的 JavaScript 测试框架 Mocha 来编写单元测试。Electron 是由 Node.js 和 Chromium 组成的，Mocha 也有能力覆盖这两个环境。除了测试框架之外，我们还需要使用断言库来对结果是否符合预期进行判断，这里我们选用支持多种描述风格的断言库 Chai。

首先，我们将屏幕录制应用的代码复制一份，重命名为 Chapter8-1，并修改 package.json 中的项目名称 name 属性的值为"ScreenRecorderUnitTest"。

接着，在项目目录中通过如下命令安装 Mocha 和 Chai。

```
npm install mocha chai --save-dev
```

回顾屏幕录制应用主进程的代码，其中比较关键的是创建窗口的函数 createWindow，代码如下所示。

```
// Chapter8-1/index.js
...
function createWindow(url, options) {
  const window = new electron.BrowserWindow(options);
  window.loadURL(url)

  window.on('close', function(){
    window = null;
  })

  return window;
}
...
```

现在的 createWindow 函数在逻辑上还不够完善。首先，没有对参数的合法性进行最基本的判断，例如判断参数是否为空和判断参数类型是否符合预期。其次，close 事件的回调方式不便于后续使用和测试。因此我们将对其进行改造，代码如下所示。

```
// Chapter8-1/index.js
...
function createWindow(url, options, onClose) {
  if(!url || Object.prototype.toString.call(url) !== '[object String]'){
    return null;
  }
  if(!options || Object.prototype.toString.call(options) !== '[object Object]'){
    return null;
  }

  const window = new electron.BrowserWindow(options);
  window.loadURL(url)

  window.on('close', onClose || function(){});
```

```
    return window;
}

exports.createWindow = createWindow;
...
```

　　这里为了方便演示，我们直接在 index.js 中使用 exports 将 createWindow 函数导出，以供测试用例代码中导入使用。除此之外，你也可以将 createWindow 函数抽离到一个单独的文件中再通过 exports 导出。

　　接下来将编写关于它的测试用例。在项目根目录创建 test 文件夹用于存储单元测试代码，并在该文件夹中新建 index.testMain.js 文件，目录结构如图 8-1 所示。

图 8-1　单元测试代码目录

　　针对 createWindow 函数的功能，我们将设计以下测试用例集，如表 8-1 所示。

表 8-1　createWindow 函数功能测试用例集

用　　例	输 入 参 数	期 望 输 出
1	**Url:**file://C:\Users\panxiao\Desktop\Demos\ElectronInAction\Chapter8-1\test\timeWindow\index.html **Options:** {} **onClose:** function(){}	返回值的类型为 [object Object]
2	**Url:** null **Options:** {} **onClose:** function(){}	返回值的类型为 [object Null]
3	**Url:** {} **Options:** {} **onClose:** function(){}	返回值的类型为 [object Null]
4	**Url:**file://C:\Users\panxiao\Desktop\Demos\ElectronInAction\Chapter8-1\test\timeWindow\index.html **Options:** null **onClose:** function(){}	返回值的类型为 [object Null]

用 例	输 入 参 数	期 望 输 出
5	**Url:**file://C:\Users\panxiao\Desktop\Demos\ElectronInAction\Chapter8-1\test\timeWindow\index.html **Options:** "null" **onClose:** function(){}	返回值的类型为[object Null]

6	**Url:**file://C:\Users\panxiao\Desktop\Demos\ElectronInAction\Chapter8-1\test\timeWindow\index.html
	Options: {
	  width: 300,
	  height: 200,
	  show: false, //默认不显示窗口
	  frame: false,
	  webPreferences: {
	    nodeIntegration: true,
	    enableRemoteModule: true
	  }
	}
	onClose: function(){}
		返回值的类型为[object Object]，且窗口状态 isVisible 为 false

在上面的测试用例中，用例 1 测试的是在参数正确的情况下，能否正常创建 Browser Window 对象并返回。用例 2～5 测试的是在参数 url 和 options 都不正确的情况下，是否按预期返回 null 值。用例 6 不仅测试了 BrowserWindow 是否被正常创建，还测试了 options 参数中 show 的值是否生效。接下来我们将这些用例转换成单元测试代码，代码如下所示。

```
// Chapter8-1/test/index.testMain.js
const expect = require('chai').expect;
const url = require('url');
const path = require('path');
const { createWindow } = require('../index');

describe('testCreateWindow', function () {
  //用例 1
  it('should return Object when params is ok', function () {
    const winUrl = url.format({
      protocol: 'file',
      pathname: path.join(__dirname, 'timeWindow/index.html')
    })
```

```
      expect(Object.prototype.toString.call(createWindow(winUrl, {}, function () { }))).to.be.equal
('[object Object]');
   });

   //用例 2
   it('should return Null when url param is null', function () {
      expect(Object.prototype.toString.call(createWindow(null,{}, function () { }))).to.be.equal
      ('[object Null]');
   });

   //用例 3
   it('should return Null when url param is not a string', function () {
      const winUrl = {};
      expect(Object.prototype.toString.call(createWindow(winUrl, {}, function () { }))).to.be.equal
('[object Null]');
   });

   //用例 4
   it('should return Null when options param is null', function () {
      const winUrl = url.format({
         protocol: 'file',
         pathname: path.join(__dirname, 'timeWindow/index.html')
      })
      expect(Object.prototype.toString.call(createWindow(winUrl, null, function () { }))).to.be.equal
('[object Null]');
   });

   //用例 5
   it('should return Null when options param is not an object', function () {
      const winUrl = url.format({
         protocol: 'file',
         pathname: path.join(__dirname, 'timeWindow/index.html')
      })
      expect(Object.prototype.toString.call(createWindow(winUrl, "null", function () { }))).to.be.equal
('[object Null]');
   });

   //用例 6
   it('should return Object and Window is invisible when option's show config is false', function () {
      const winUrl = url.format({
         protocol: 'file',
         pathname: path.join(__dirname, 'timeWindow/index.html')
```

```
    })
    const window = createWindow(winUrl,  {
        width: 300,
        height: 200,
        show: false, //默认不显示窗口
        frame: false,
        webPreferences: {
            nodeIntegration: true,
            enableRemoteModule: true
        }
    }, function () {});
    expect(Object.prototype.toString.call(window)).to.be.equal('[object Object]');
    expect(window.isVisible()).to.be.equal(false);
    });
})
```

  Mocha 提供的 describe 方法代表一组相关的测试用例，它的第一个参数表示该组测试的名称，由于这里我们测试的是创建窗口的函数，所以我们将这组测试命名为testCreateWindow。它的第二个参数是一个函数，测试相关的代码将写在这个函数中。

  Mocha 提供的 it 方法表示一个测试用例，它的第一个参数为该用例的描述，第二个参数为该用例的测试代码。以测试用例 1 为例，该用例的描述为"should return Object when params is ok"，它表示该用例是用于测试当参数都正确的情况下函数应该返回正确的对象。在第二个参数传入的函数中，我们按照输入要求调用了 createWindow 方法，并通过Chai 库的 expect 方法对结果进行判断。如果结果符合传给 equal 方法的参数，那么测试用例执行通过，否则失败。

  测试用例编写完毕之后，我们尝试运行一下它们。在 package.json 的 scripts 中添加如下一条新的命令用于执行单元测试。

```
// Chapter8-1/package.json
...
"scripts": {
    "start": "electron .",
    "test": "mocha"
},
...
```

  通过 npm run test 命令执行单元测试，我们会发现在命令行中发生了错误，如图 8-2所示。

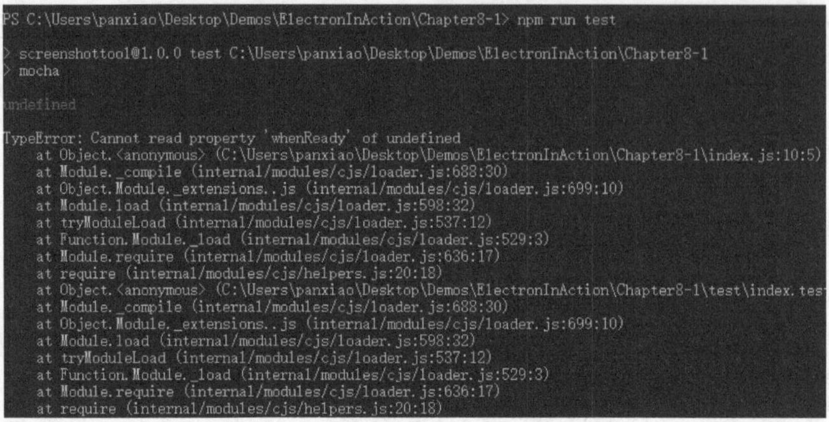

图 8-2　执行单元测试命令后的错误提示

从错误中我们可以看出，由于我们并不是用 Electron 命令启动的脚本，所以在执行单元测试脚本的时候，环境中缺少了 Electron 提供的方法。那如何在 Electron 的环境中执行 Mocha 单元测试脚本呢？我们可以借助 electron-mocha 这个三方库来解决这个问题，通过如下命令将 electron-mocha 安装到项目中。

```
npm install electron-mocha --save-dev
```

接着在 package.json 文件的 scripts 中，加入如下命令。

```
// Chapter8-1/package.json
...
"scripts": {
  "start": "electron .",
  "test": "mocha",
  "electron-test": "electron-mocha"
},
...
```

通过 npm run electron-test 命令执行单元测试，可以看到如图 8-3 所示的结果。

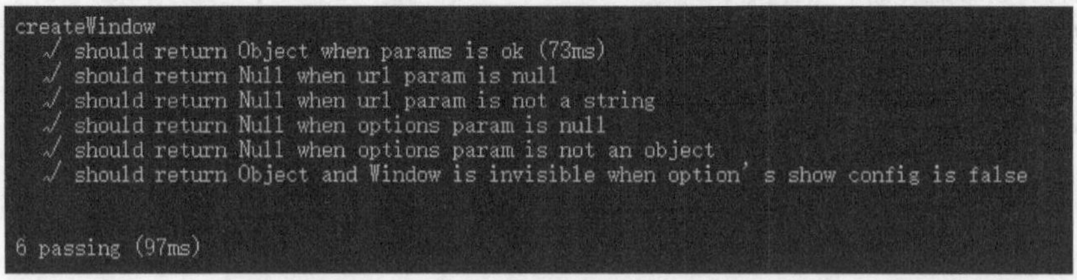

图 8-3　测试用例执行通过的结果

从命令行中输出的结果信息可以看出，我们编写的 6 条单元测试用例脚本已经全部执行通过。

本小节中所涉及的完整代码可以访问 https://github.com/ForeverPx/ElectronInAction/tree/main/Chapter8-1。在学习本章的过程中，建议你下载源码，亲手构建并运行，以达到最佳学习效果。

8.2　集　成　测　试

集成测试是一种用来测试当应用各个独立的模块组合在一起时是否能正常工作的方法。在真实的场景中，尽管每个独立的模块都通过了单元测试，但这并不意味着它们组合在一起时，能按我们预期的方式来运行。这其中可能会包含如下原因：

（1）单元测试只测试独立的模块，当它通过测试时，只能说明当前模块在该用例下是没问题的。试想一下这样一种情况：某个功能需要两个模块配合来实现，分别为 A 模块和 B 模块。你负责开发 A 模块，而另一位同事负责开发 B 模块，A 模块需要调用 B 模块的方法并传入参数来实现功能。你们约定好协议后便独立地对各自模块进行开发，并编写了对应的单元测试代码，模块最终也通过了单元测试。但这之后你的同事收到了消息要更改 B 模块逻辑的需求但你并不知情。你的同事修改完他负责的 B 模块以及对应的单元测试代码并测试通过。这个时候 A 模块和 B 模块看起来都通过了单元测试，但当 A 模块调用 B 模块时，显然是会报错的，因为 A 模块并没有更改对应的调用逻辑。

（2）在大部分的真实项目中，单元测试达到 100%覆盖率的情况非常少。大多数情况会因为项目周期紧和开发人员意识不足等因素导致项目中的单元测试覆盖率较低，无法保证各独立模块是经过测试的。

这个时候我们就需要使用集成测试方法在更高维度来验证功能逻辑的正确性。集成测试的测试用例与单元测试的区别在于，集成测试关注的是功能流程、数据流向以及接口调用等方面，而单元测试关注的是单个模块（函数）的输入、输出情况。接下来的内容我们将以屏幕截图应用为例，展示如何设计它的集成测试用例以及测试代码的编写。

Electron 官方提供了一个开源的集成测试框架 Spectron，它是在 ChromeDriver 和 WebDriverIO 的基础上进行开发的。选择使用 Spectron 有以下两点原因：

（1）Spectron 为开发人员提供了非常多的能直接控制 Electron 行为的 API。例如，你可以通过代码让 Electron 启动起来，并在测试代码中调用 Electron 内置的 API 来完成测试用例。不仅如此，它还能获取到每一个窗口实例，控制窗口自身的表现以及获取或修改窗口内页面的内容。

（2）Spectron 能很友好地跟 Mocha、Chai 等测试框架结合使用。

我们将在屏幕截图应用中使用 Spectron 框架来进行集成测试。针对屏幕截图应用的功能，我们设计 3 个测试用例来进行展示，如表 8-2 所示。

表 8-2　针对屏幕截图应用功能的测试用例

用　例	用　例　描　述	判　断　标　准
1	启动应用，待窗口创建完毕，验证打开的窗口数量	仅打开 1 个窗口
2	验证窗口中内容	窗口内存在以下元素： canvas、save-btn、close-btn
3	向发送 begin-capture 消息，并进行截图。单击"save-btn"按钮保存图片到本地	截图功能正常，并且该图片文件存在于目标路径下，且图片正常

现在我们开始编写上述 3 个集成测试用例。首先在项目中使用如下命令安装 Spectron、Mocha 以及 Chai。

```
npm install spectron@13.0.0 mocha chai --save-dev
```

Spectron 对 Electron 的版本有依赖，可以在 Spectron 的官方文档（https://github.com/electron-userland/spectron#version-map）上查看它们版本之间的对应关系。由于屏幕截图应用项目中使用的 Electron 版本为 V11，所以我们这里需要安装 Spectron 的 V13 版本。

接着在项目根目录下创建一个名为 test 的文件夹，并在该文件夹中创建 spec.test.js 文件。我们将在该文件中编写上述 3 个用例的测试代码。

根据用例中的描述，每次执行一个用例的前后，都需要分别启动应用和结束应用。因此，我们使用 Mocha 提供的 beforeEach 和 afterEach 方法来实现。beforeEach 方法的回调函数将在每个用 it 定义的用例执行前被调用，afterEach 方法的回调函数则是在每个用 it 定义的用例执行后被调用，代码如下所示。

```
// Chapter-8-2/test/spec.test.js
...
describe('SceenShot', function () {
  // 每次执行用例前，启动应用
  beforeEach(function () {
    this.app = new Application({
      path: electronPath,
      args: [path.join(__dirname, '../index.js')]
    })
    return this.app.start()
  })
```

```
// 每次执行用例后，停止应用
afterEach(function () {
  if (this.app && this.app.isRunning()) {
    return this.app.stop()
  }
})
}
...
```

用例 1 的测试代码如下所示。

```
// Chapter8-2/test/spec.test.js
...
it('it should create 1 window after app launch', async function () {
  await this.app.client.waitUntilWindowLoaded();
  const winCount = await this.app.client.getWindowCount();
  winCount.should.equal(1);
});
...
```

在上面的测试用例代码中，我们使用到了 Spectron 提供的 waitUntilWindowLoaded 方法等待应用窗口内容加载完成。然后通过 getWindowCount 方法获取当前应用打开的窗口数量（只要窗口被成功创建，无论是否显示都可以获取）。通过 Chai 库 should 风格的写法，判断窗口数量是否为 1。当 equal 方法返回 true 时表示用例执行通过，否则表示执行失败。

用例 2 的测试代码如下所示。

```
// Chapter8-2/test/spec.test.js
...
it("it should create neccessary electron in window", async function () {
  await this.app.client.waitUntilWindowLoaded();

  const saveBtnElem = await this.app.client.$("#save-btn");
  const closeBtnElem = await this.app.client.$("#close-btn");
  const canvasElem = await this.app.client.$("#screen-shot");

  const saveBtnElemIsExist = await saveBtnElem.isExisting();
  const closeBtnElemIsExist = await closeBtnElem.isExisting();
  const canvasElemIsExist = await canvasElem.isExisting();

  saveBtnElemIsExist.should.equal(true);
  closeBtnElemIsExist.should.equal(true);
```

```
    canvasElemIsExist.should.equal(true);
});
...
```

为了验证窗口页面内容是否顺利加载，我们所判断的方法和依据是：从页面中获取关键的三个 HTML 元素，判断它们是否存在。如果都存在，则认为是成功的。因此，在代码中，我们先通过 WebdriverIO 提供的类似于 jQuery 的$符号来根据元素 id 查找对应的元素。查找结果将返回 WebdriverIO 自定义的一个元素对象，该对象包含一个名为 isExisting 的方法，调用它之后将返回代表元素是否存在的 boolean 值。接着我们通过判断三个元素的值是否为 true 来判断页面内容是否顺利加载，在它们都为 true 的情况下，表示页面加载成功，测试通过。

在接下来编写第三个用例的代码时，有一个问题我们需要提前解决，那就是如何通过代码测试文件夹选择框问题。在原来的逻辑中，当我们单击"保存"按钮时，会弹出文件选择框让我们选择图片保存的路径。遗憾的是，Spectron 尚未提供对应的 API 来自动地操作文件夹选择器，无法使用测试脚本来进行测试。因此，这里我们只能在测试的环节将这部分代码进行屏蔽，修改为单击"保存"按钮后直接将图片保存在固定的文件夹中的形式，代码如下所示。

```
// Chapter8-2/window.js
const saveBtn = document.getElementById('save-btn');
saveBtn.addEventListener('click', function(){
  // 注释原来的逻辑
  // dialog.showOpenDialog(win, {
  //    properties: ["openDirectory"]
  // }).then(result => {
  //    if (result.canceled === false) {
  //        console.log("Selected file paths:")
  //        console.log(result.filePaths)
  //        fs.writeFileSync(`${result.filePaths[0]}/screenshot.png`, nativeImage.toPNG());
  //    }
  // }).catch(err => {
  //    console.log(err)
  // })

  // 直接写入当前目录
  fs.writeFileSync(`./screenshot.png`, nativeImage.toPNG());
})
```

调整完逻辑之后，我们开始编写用例 3 的测试代码，代码如下所示。

```
// Chapter8-2/test/spec.test.js
...
it("it should create an screenshot image file in current folder and named screenshot.png", async
function () {
  await this.app.client.waitUntilWindowLoaded();
  await this.app.webContents.send("begin-capture");
  const saveBtnElem = await this.app.client.$("#save-btn");
  saveBtnElem.click();
  setTimeout(() => {
    const isFileExist = fs.existsSync("./screenshot.png");
    isFileExist.should.equal(true);
  }, 3000);
});
...
```

用例 3 的测试逻辑相对复杂一些，它需要贯穿整个屏幕截图应用的使用流程。首先是等待窗口（预览窗口）加载完毕，紧接着通过 IPC 向渲染进程发送 begin-capture 消息，触发屏幕截图逻辑。然后获取到预览窗口中的 save-btn 按钮，触发它的单击事件，此时将会执行把图片写入文件的逻辑。由于图片生成需要一定的时间，我们在延迟 3 s 后开始检查目录下是否存在 screenshot.png 文件。如果存在，则表示测试通过。

编写完所有测试用例的代码后，在 package.json 中加入如下启动测试的命令。

```
// Chapter8-2/package.json
...
"scripts": {
"start": "electron .",
"test": "mocha"
},
...
```

通过 npm run test 命令开启测试，在测试脚本运行的过程中可以观察到，应用会如预期地在每一个用例执行前后自动地启动和关闭。等待一小段时间，可以在执行测试命令的控制台中查看测试结果，如图 8-4 所示。

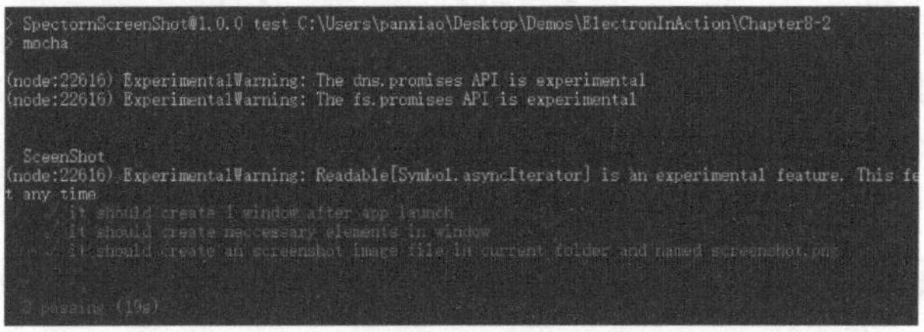

图 8-4　集成测试用例执行的结果

从图中结果信息可以看出，我们编写的 3 条集成测试用例脚本已经全部执行通过。

本小节中所涉及的完整代码可以访问 https://github.com/ForeverPx/ElectronInAction/tree/main/Chapter8-2。在学习本章的过程中，建议你下载源码，亲手构建并运行，以达到最佳学习效果。

8.3　异 常 处 理

8.3.1　全局异常处理

无论是代码健壮性还是运行环境的原因，应用程序在运行的过程中总是不可避免地发生异常。Electron 是基于 Node.js 和 Chromium 的，熟悉 Node.js 的开发人员应该知道，在 Node.js 的进程中如果产生了未捕获的异常，那么该进程将进入一个不稳定的状态，并且导致进程退出，这也同样适用于使用 Electron 开发的桌面应用程序。应用频繁崩溃将会严重影响用户体验，因此在应用代码的编写过程中对异常的处理就显得非常重要。

我们这里将异常处理分为局部异常处理和全局异常处理两大类。局部异常处理是指开发人员在编写具体代码逻辑的过程中可以意识到并捕获加以处理的异常。例如，开发人员经常会使用 JSON.parse 方法将一个 JSON 字符串转换为 JavaScript Object，但如果这个字符串的结构不符合 JSON 格式的规范，那么调用该方法时将抛出异常。对于一个有经验的前端开发人员来说，遇到使用 JSON.parse 或 JSON.stringify 方法的地方会使用 try 将这段逻辑包裹住，并使用 catch 捕获执行时的异常，代码如下所示。

```
try{
  const jsonObj = {
    name: 'px'
  };
  const jsonStr = JSON.stringify(jsonObj);
}catch(e){
  console.log(`JSON 序列化错误 ${e}`)
}
```

由于这类异常的捕获和处理与具体的业务逻辑有较大的相关性，涉及的情况较多，因此这里不会一一举例。另外，局部异常的捕获和处理非常依赖于开发人员的代码质量意识，在真实项目中，我们往往遇到很多本应该捕获异常的代码片段没有捕获而导致应用程序不可用。为了应对这种情况，我们需要第二类异常处理机制来做最后的拦截——全局异常处理。

无论是 Node.js 环境还是 Chromium 环境，都提供了全局事件来捕获各自环境中代码执行时抛出的异常，它们之间的对应关系如表 8-3 所示。

表 8-3　Node.js 和 Chromium 环境中全局异常的对应关系

环　　境	事 件 名	注 册 对 象
Node.js	uncaughtException	process
	unhandledRejection	
Chromium	error	window
	unhandledRejection	

由于是全局异常的捕获和处理，那么我们在开发项目的过程中，期望有一个独立的模块能专门处理这部分逻辑。因此，在接下来的内容中，我们通过实现一个 errorHandler 模块来展示如何在 Electron 应用中实现全局异常捕获和处理。

1．统一处理模块

首先，我们创建一个名为 errorHandler.js 的文件，我们将在该文件中通过注册事件的方式捕获全局异常，并进行统一的处理。它的核心代码部分如下所示。

```
// Chapter8-3/errorHandler.js
let isInited = false;

function initHandler() {
  if (isInited) {
    return;
  }
  isInited = true;
  if (process.type === "renderer") {
    window.addEventListener("error", (event) => {
      event.preventDefault();
      const errorMsg = event.error || event;
      console.log(errorMsg);
    });
    window.addEventListener("unhandledrejection", (event) => {
      event.preventDefault();
      const errorMsg = event.reason;
      console.log(errorMsg);
    });
  } else {
    process.on("uncaughtException", (error) => {
      console.log(error);
```

```
  });

  process.on("unhandledRejection", (error) => {
    console.log(error);
  });
 }
}

module.exports = initHandler;
```

由于在设计该模块时，我们对它的预期是可以同时在主进程和渲染进程中使用的，所以在 initHandler 方法中编写注册异常事件的具体代码之前，我们通过 process.type 方法来判断该模块当前处于哪个环境中。当模块处于主进程时，我们给 process 对象注册 uncaughtException 和 unhandledRejection 事件来监听主进程的全局异常。反之，如果模块处于渲染进程时，process.type 的值为 renderer，此时我们给 window 对象注册 error 和 unhandledRejection 事件来监听渲染进程的全局异常。为了防止事件在同一个进程中重复注册导致一个异常响应多次的情况，我们增加 isInited 变量来存储是否已经初始化过的信息。当它的值为 true 时，不执行事件注册逻辑。

2. UncaughtException and Error

到这里，一个非常简单的且能同时用于主进程和渲染进程的全局异常捕获和处理模块已经完成。它将在捕获到异常时，将异常输出到控制台中。我们首先在项目的主进程中引入该模块并初始化，接着在主进程或者渲染进程的代码中通过代码制造一个 Error 来进行测试，代码如下所示。

```
// Chapter8-3/index.js 和 //Chapter8-3/window.js
...
const errorHandler = require('./errorHandler')
errorHandler();

throw new Error();
...
```

通过 npm run start 启动应用，可以在控制台中看到我们输出的 uncaughtException 错误日志，如图 8-5 所示。

ℹ️ 注意：

如果是渲染进程抛出的异常，需要在对应窗口页面的 devTools 工具中的 Console 面板中查看输出的日志。

```
> SpectornScreenShot@1.0.0 start
> electron .

App threw an error during load
Error
    at Object.<anonymous> (/Users/panxiao/Documents/codes/ElectronInAction/Chapter8-3/index.js:63:7)
    at Module._compile (internal/modules/cjs/loader.js:1152:30)
    at Object.Module._extensions..js (internal/modules/cjs/loader.js:1173:10)
    at Module.load (internal/modules/cjs/loader.js:992:32)
    at Module._load (internal/modules/cjs/loader.js:885:14)
    at Function.f._load (electron/js2c/asar_bundle.js:5:12633)
    at loadApplicationPackage (/Users/panxiao/Documents/codes/ElectronInAction/Chapter8-3/node_modules
pp.asar/main.js:110:16)
    at Object.<anonymous> (/Users/panxiao/Documents/codes/ElectronInAction/Chapter8-3/node_modules/ele
sar/main.js:222:9)
    at Module._compile (internal/modules/cjs/loader.js:1152:30)
    at Object.Module._extensions..js (internal/modules/cjs/loader.js:1173:10)
Error
    at Object.<anonymous> (/Users/panxiao/Documents/codes/ElectronInAction/Chapter8-3/index.js:63:7)
    at Module._compile (internal/modules/cjs/loader.js:1152:30)
```

图 8-5　uncaughtException 错误日志

UnhandledRejection：在以上代码的基础上修改一下代码，在其中创建一个 Promise 对象，然后仅调用它的 reject 方法让它失败但并不调用 catch 方法对异常进行捕获，代码如下所示。我们通过这个方式来触发 unhandledRejection 事件，看看是否会被 errorHandler 模块捕获并处理。

```
// Chapter8-3/index.js or //Chapter8-3/window.js
...
const errorHandler = require('./errorHandler')
errorHandler();

//throw new Error();

new Promise((resolve, reject)=>{
   reject('reject error');
})
...
```

再次运行代码，可以在控制台中看到符合我们预期的结果，如图 8-6 所示。

```
> SpectornScreenShot@1.0.0 start
> electron .

reject error
```

图 8-6　unhandledRejection 日志

8.3.2　日志文件

errorHandler 模块目前捕获到的异常信息是打印在控制台中的，在开发过程中利用这些异常信息有助于开发人员解决异常问题。但是当应用正式打包后，并不是通过控制台的方式启动的，因此这些信息将不会显示或保留下来。当需要排查用户端发生的问题时，开发人员将无从下手。

我们推荐通过文件的形式来维护应用使用过程中产生的异常信息，以便于后续问题的排查。因此，我们将专门实现一个 log 模块，结合现有的 errorHandler 模块来实现异常信息写入文件的功能。

在实现这个功能之前，我们需要关注如下三个问题。

（1）为了防止一个文件体积过大而导致打开、查阅以及传输困难，我们需要按体积上限或日期来对文件进行分割，且文件名能根据拆分规则来重命名。

（2）为了防止文件过多地占用用户磁盘，我们需要按照一定的策略定期地清理无用的历史文件。

（3）为了让查阅文件内容更加方便，我们需要设计一个合理的文件内容格式。

Log4js 是一个在 Node.js 中比较成熟的日志文件写入工具，在接下来的内容中，我们将展示如何使用 Log4js 工具来实现我们需要的 log 模块。

1. 实现日志模块

首先，在项目的根目录中创建一个名为 log.js 的文件，在文件内容的开头引入依赖的相关模块，代码如下所示。

```
// Chapter8-3/log.js
const log4js = require('log4js');
const path = require('path');
const app = require('electron').app || require('electron').remote.app;
const mkdirp = require('mkdirp');
...
```

log.js 需要同时能被主进程和渲染进程使用，所以在获取 Electron 的 app 对象时，需要通过不同的方式来获取。当 require('electron').app 为 undefined 时，说明 app 对象正处于渲染进程中，间接通过 remote 对象获取。我们通过如下代码获取到 Windows 系统中专门用于存储应用数据的目录。

```
// logPath = C:\Users\panxiao\AppData\Roaming\ScreenShot\logs
const logPath = path.join(app.getPath('appData'), 'ScreenShot', 'logs');
```

接着，通过调用 mkdirp 方法并将 logPath 传入来创建对应存放异常信息文件的文件夹。这里使用 mkdirp 模块的原因是它可以递归创建上述路径中的多级目录，而不需要我们自己写代码来逐级创建。

存放异常信息文件的文件夹创建完毕后，调用 Log4js 的 configure 方法来配置异常信息写入文件的策略，代码如下所示。

```
// Chapter8-3/log.js
...
const pattern = '[%d{yyyy-MM-dd hh:mm:ss}][%p]%m%n';
log4js.configure({
  appenders: {
    out: { type: 'stdout', layout: { type: 'pattern', pattern } },
    app: {
      type: 'dateFile',
      filename: path.join(logPath, 'ScreenShot.log'),
      alwaysIncludePattern: true,
      pattern: '-yyyy-MM-dd',
      daysToKeep: 7,
      layout: { type: 'pattern', pattern }
    }
  },
  categories: {
    default: { appenders: ['out', 'app'], level: 'info' }
  }
});
...
```

pattern 变量定义了每次写入文件的内容格式规则，规则中如%d 这类百分号加字母的组合分别代表不同信息的占位符。

❑ %d：格式化的时间字符串，紧跟后面花括号内的字符串（yyyy-MM-dd hh:mm:ss），表示时间具体的格式。

❑ %p：日志等级，如 ERROR、WARN、INFO、DEBUG 等。它的值取决于你调用时使用的日志级别。

❑ %m：具体的日志内容。

❑ %n：换行符。

Log4js 将根据这个规则，在写入文件时生成如下文本内容。

```
[2021-04-09 16:28:22.200][ERROR]log content
```

appenders 配置表示各类输出源的集合。Log4js 支持多种输出源，如 Stdout、File、SMTP、GELF、Loggly 以及 Logstash UDP。我们的需求只是将内容输出到控制台和写入文件中，所以这里只配置了 Stdout appender 和 File appender。

Stdout appender 中的配置非常简单，定义了在控制台中的内容输出格式。而 File

appender 的配置相对较多，我们逐个进行讲解。

- ❏ type：字符串类型。type 可以传入的值有 file 和 dataFile 两种，它们分别代表两种分割文件的维度。file 表示以文件大小规则来分割，dataFile 表示以日期规则来分割。我们这里选择使用以日期规则来分割文件。
- ❏ filename：字符串类型。它用于指定文件名。
- ❏ alwaysIncludePattern：布尔类型。Log4js 默认当前正在使用的文件的名称不包含 pattern 定义的规则，只有在设置为 true 时才会以 pattern 规则命名当前使用的文件。
- ❏ pattern：字符串类型，表示文件名的规则。需要注意的是，这里配置的仅仅只是文件名称的规则，而不是写入内容格式的规则。
- ❏ daysToKeep：数字类型，表示保留文件的最大天数。在以天为分隔规则的情况下，最多只保留 N 天的历史文件。这个配置可以实现前面内容提到的文件删除策略。
- ❏ layout：对象类型。layout 区别于上面的 pattern 配置，它定义的是写入内容格式的规则。具体的规则如前面所提到的 pattern 变量的值。

categories 配置给不同的输出源定义了日志级别的基准，在这里我们将 Stdout 和 File 输出源的日志级别基准都定义为 INFO。也就意味着，只有当日志级别在 INFO 及其以上级别的日志才会输出到这两个输出源。

在代码的最后，我们通过如下代码获取 logger 实例并将它导出。

```
// Chapter8-3/log.js
...
const logger = log4js.getLogger();
module.exports = logger;
```

2. 使用日志模块

我们将在 errorHandler 模块中做如下改动来将异常通过 log 模块记录到文件中。

（1）初始化时增加一个可选参数 isAutoLogFile，用于决定在异常触发时是否将异常信息写入文件中。

（2）在异常事件的回调函数中，对参数 isAutoLogFile 进行判断，如果值为 true，则调用 log 模块进行文件写入。

errorHandler 改动后的代码如下所示。

```
// Chapter8-3/errorHandler.js
const logger = require('./log');
```

```
let isInited = false;
let defaultOptions = {
  isAutoLogFile: true //决定是否将异常信息写入文件
};

function initHandler(newOptions, errorCallback) {
  defaultOptions = {
    ...defaultOptions,
    ...newOptions
  };
  if (isInited) {
    return;
  }
  isInited = true;
  if (process.type === "renderer") {
    window.addEventListener("error", (event) => {
      event.preventDefault();
      const errorMsg = event.error || event;
      defaultOptions.isAutoLogFile && logger.error(errorMsg);
      errorCallback && errorCallback("Unhandled Error", errorMsg);
    });
    window.addEventListener("unhandledrejection", (event) => {
      event.preventDefault();
      const errorMsg = event.reason;
      defaultOptions.isAutoLogFile && logger.error(errorMsg);
      errorCallback && errorCallback("Unhandled Promise Rejection", errorMsg);
    });
  } else {
    process.on("uncaughtException", (error) => {
      defaultOptions.isAutoLogFile && logger.error(error);
      errorCallback && errorCallback("Unhandled Error", error);
    });

    process.on("unhandledRejection", (error) => {
      defaultOptions.isAutoLogFile && logger.error(error);
      errorCallback && errorCallback("Unhandled Promise Rejection", error);
    });
  }
}
module.exports = initHandler;
```

可以从最新的 errorHandler 代码中看到，为了方便使用者自定义全局异常处理逻辑，在 initHandler 方法中我们还增加了一个 errorCallback 参数。使用者可以将自定义的异常处理逻辑封装到一个方法中通过 errorCallback 参数传入。

　　一切准备就绪，现在来验证一下新增加的 log 模块以及更新过的 errorHandler 模块。我们先在主进程或渲染进程中通过如下代码初始化 errorHandler。

```
// Chapter8-3/index.js or //Chapter8-3/window.js
const errorHandler = require('./errorHandler');
errorHandler({isAutoLogFile: true}, ()=>{
    console.log('custom error logic')
});
```

然后使用如下方法来制造异常。

```
throw new Error();
```

通过 npm run start 启动应用，可以在控制台中看到输出的异常信息，如图 8-7 所示。

```
[2021-04-09 21:54:48.200][ERROR]Error
    at Object.<anonymous> (/Users/panxiao/Documents/codes/ElectronInAction/Chapter8-3/index.js:65:7)
    at Module._compile (internal/modules/cjs/loader.js:1152:30)
    at Object.Module._extensions..js (internal/modules/cjs/loader.js:1173:10)
    at Module.load (internal/modules/cjs/loader.js:992:32)
    at Module._load (internal/modules/cjs/loader.js:885:14)
    at Function.f._load (electron/js2c/asar_bundle.js:5:12633)
    at loadApplicationPackage (/Users/panxiao/Documents/codes/ElectronInAction/Chapter8-3/node_module
pp.asar/main.js:110:16)
    at Object.<anonymous> (/Users/panxiao/Documents/codes/ElectronInAction/Chapter8-3/node_modules/el
sar/main.js:222:9)
    at Module._compile (internal/modules/cjs/loader.js:1152:30)
    at Object.Module._extensions..js (internal/modules/cjs/loader.js:1173:10)

custom error logic
```

图 8-7　控制台中输出的异常信息

　　在 C:\Users\panxiao\AppData\Roaming\ScreenShot\logs 目录下找到日志文件并用记事本打开，可以在文件内容中看到，每一条异常记录的格式都符合我们在 Log4js 中配置的 pattern 规则。到这里为止，我们已经实现了将全局异常信息自动写入文件的功能。

8.3.3　上报异常信息文件

　　在桌面应用的使用过程中，当用户反馈我们应用中某些功能有 Bug 而影响使用时，我们往往需要获取程序的日志内容才能更快速地分析出问题的根本原因，进而针对性地解决问题。在 8.3.2 节的日志模块中，我们仅将日志内容记录在了本地文件中，这种情况下要获取用户端机器上的日志文件内容将非常困难。因此，我们推荐开发人员在应用中将日志文件按照一定的策略上传到服务器中。采用这种方式后，开发人员就可以直接在后台管理系统中根据用户的信息来查询到已上传的历史日志信息。

1. 获取最新的文件并上传

我们将在原来的 log 模块中，增加一个方法来将最新的日志文件上传到服务器端，代码如下所示。

```
// Chapter8-3/log.js
const request = require('request');
...
logger.reportFile = function () {
  fs.readdir(logPath, (err, files) => {
    if (err) return;
    let newest = {
      filePath: '',
      createTime: 0
    };
    if (files) {
      for (let i = 0; i < files.length; i++) {
        const filePath = path.join(logPath, files[i]);
        let stats = fs.statSync(filePath);
        const createTime = +new Date(stats.birthtime);
        if (createTime > newest.createTime) {
          newest.createTime = createTime;
          newest.filePath = filePath;
        }
      }
    }
  });
}
...
```

由于该方法的逻辑是上传最新的日志文件，因此我们首先需要通过 fs.readdir 方法获取 C:\Users\panxiao\AppData\Roaming\ScreenShot\logs 目录下所有日志文件的文件名集合。紧接着遍历这个集合，通过 fs.statSync 方法获取日志文件的创建时间信息。在遍历的过程中，通过 newest 对象来记录创建日期最近的文件信息。当遍历完成时，newest 对象中的 filePath 属性值即为最新的日志文件路径。

随后，我们使用 request（https://www.npmjs.com/package/request）模块通过 Http 请求将日志文件上传到服务器中，代码如下所示。

```
// Chapter8-3/log.js
const request = require('request');
...
logger.reportFile = function () {
```

```
fs.readdir(logPath, (err, files) => {
  if (err) return;
  //存放最新的日志文件信息
  let newest = {
    filePath: '',
    createTime: 0
  };
  if (files) {
    //找到最新的日志文件
    for (let i = 0; i < files.length; i++) {
      const filePath = path.join(logPath, files[i]);
      let stats = fs.statSync(filePath);
      const createTime = +new Date(stats.birthtime);
      if (createTime > newest.createTime) {
        newest.createTime = createTime;
        newest.filePath = filePath;
      }
    }
    const formData = {
      file: fs.createReadStream(newest.filePath)
    };
    //通过 Http 请求将日志文件上传到服务端
    request({
      url: 'https://127.0.0.1/api/logs',
      headers: {
        'Content-Type': 'multipart/form-data',
        'User-Id': '123' //用户的唯一 ID，用于关联用户与日志
      },
      method: 'POST',
      formData: formData
    }, function (error, response, body) {
      console.log('[reportFile]', error, body);
    });
  }
});
}
...
```

　　由于我们以表单的形式封装将要传输的文件数据，并在 Http 请求协议中设置请求体的格式为 multipart/form-data，因此我们还需要在服务端实现一个接收对应格式请求的 API。接下来，我们将使用 Node.js+Express+Multer 技术来实现一个可以接收文件请求的 API。

2. 在服务端接收文件

首先通过如下命令安装服务端所依赖的模块。

```
npm install express multer –save
```

接着在根目录中创建一个名为 server 的文件夹，用于存放服务端相关的代码以及文件。在其中创建服务器端逻辑入口的文件 index.js，以及用于存储日志文件的 temp 文件夹。

接着在 index.js 中，使用 Node.js 的 Http 模块来启动一个监听 3000 端口的服务，并通过 app.post 方法注册前面在 log 模块中文件定义的上传请求的 url 路径 api/logs，代码如下所示。

```javascript
// Chapter8-3/server/index.js
const express = require('express');
const multer = require('multer');
const path = require('path');
const http = require('http');

const app = express();
const server = http.createServer(app);

app.post('/api/logs', (req, res) => {
  res.end();
});

server.listen(3000, () => {
  console.log('running on port 3000');
});
```

Multer（https://www.npmjs.com/package/multer）是一个专门用于处理 multipart/form-data 格式请求的中间件，我们这里使用它来接收上传的文件流并将文件写入文件中，代码如下所示。

```javascript
// Chapter8-3/server/index.js
...
const logPaths = path.join(__dirname, 'temp');
const storage = multer.diskStorage({
  destination: function (req, file, cb) {
    cb(null, logPaths)
  },
  filename: function (req, file, cb) {
    cb(null, file.originalname)
  }
```

```
})

let upload = multer({
  storage:storage
}).single('file');

app.post('/api/logs', upload, (req, res) => {
  req.body.filename = req.file.filename
  res.end();
});
...
```

在 Multer 初始化的过程中，我们通过 diskStorage 定义了日志文件存储的路径以及文件名，日志文件最终会以原名称的方式存储在 server 目录下的 temp 文件夹中。multer 方法被调用后返回一个中间件，我们将该中间件插入/api/logs 请求的处理流程中，这样它就能获取 request 对象中的数据并进行处理了。

现在，我们可以在其他模块中调用 logger.reportFile 来上传最新的异常日志文件了。在 package.json 中增加一条启动 server 的命令，如下所示。

```
"scripts": {
  ...
  "server": "node ./server"
}
```

通过 npm run server 启动服务端，然后在应用中调用 logger.reportFile 方法，可以在 temp 目录下看到上传到服务端的日志文件，如图 8-8 所示。

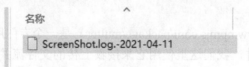

名称

ScreenShot.log.-2021-04-11

图 8-8　上传到服务器中的日志文件

值得注意的是，当用户体量达到一定的量级时，上传用户日志所消耗的流量和存储的费用将带来一笔不小的开支。作为开发人员，我们需要衡量这其中的成本与收益，选择使用最合适的策略。

8.3.4　Sentry

Sentry（https://sentry.io/）是一个现成的且较为成熟的异常日志收集、分析与管理服务，接入它的 SDK 可以轻松实现异常的监听和上报。下面我们将项目中原来自己实现的异常监听与记录模块删除并替换成接入 Sentry SDK 来演示如何使用 Sentry 服务。

　　使用 Sentry 服务前，我们需要在 Sentry 的网站上注册一个账号，并在创建账号成功后，在创建项目界面新建一个名为 px-sentry-demo、类型为 Electron 的项目，如图 8-9 所示。

图 8-9　Sentry 中应用类型选择的界面

　　单击"Create Project"按钮，开始创建项目。创建成功后，可以在项目列表界面中看到如图 8-10 所示的界面。

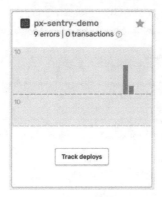

图 8-10　在 Sentry 中创建的项目

接着在项目中通过如下命令安装 Sentry 提供的 SDK 模块。

```
npm install @sentry/electron
```

Sentry SDK 的引入方式在主进程和渲染进程中有所不同，我们在代码中引入 SDK 时需要对当前的环境进行判断以引用对应环境的模块。我们以主进程代码为例，代码如下所示。

```
// Chapter8-3-4/index.js
...
const { init } = process.type === "browser" ? require("@sentry/electron/dist/main")
                : require("@sentry/electron/dist/renderer");
...
```

接下来只需要调用 init 方法，并传入相关配置即可完成 Sentry 的初始化，代码如下所示。

```
// Chapter8-3-4/index.js
...
const { init } = process.type === "browser" ? require("@sentry/electron/dist/main")
                : require("@sentry/electron/dist/renderer");
init({
    dsn: "https://b7f8b0ced252acd33466b@o569388.ingest.sentry.io/5715064"
});
...
```

配置中 DSN 属性的值为该项目专属的上报 URL，我们可以在 Sentry 网站中项目的配置界面找到。以 px-sentry-demo 为例，可以在如图 8-11 所示的界面找到该项目的 DSN 值。

图 8-11　获取 DSN 的页面

初始化完成之后，我们在主进程代码的末尾尝试加入下面的代码，人为制造异常来验证是否配置成功。

```
throw new Error('test error')
```

通过 npm run start 运行程序，我们在控制台中看到了该异常的发生。当我们在 Sentry 网站中 px-sentry-demo 项目的 issues 列表界面看到该异常的记录时，意味着异常上报成功，如图 8-12 所示。

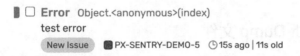

图 8-12　已经上报的异常 issue

Sentry 服务不仅能记录错误的异常堆栈信息，还可以定位到异常发生时所处的具体文件和行列数（如果应用的代码是使用 webpack 构建的过程中被压缩和混淆的，需要在项目中配置对应的 sourceMap 文件）。单击图上的 Error 标题，进入详细信息界面可以看到这部分的内容，如图 8-13 所示。

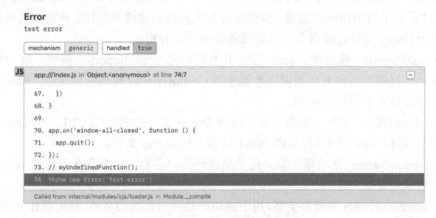

图 8-13　显示异常具体行列的界面

在上面的演示中，SDK 会将数据传输到 Sentry 的服务器中进行存储，其中可能会包含一些源代码及其他敏感信息。如果我们的业务对数据安全比较在意，那么也可以选择 Sentry 的私有化部署方案。官方提供了一个通过 Docker 快速部署私有 Sentry 服务的项目，地址为 https://github.com/getsentry/onpremise。开发人员可以通过利用该项目将 Sentry 部署到私有的服务器中进行使用。

值得注意的是，Sentry 免费版本的功能仅面向于开发者，它所支持的功能和错误数是有限的，无法满足大多数真实项目的使用需求。如果想要在真实的项目中使用它，需要评估并选择它提供的付费方案。另外，虽然 Sentry 以及它的 onpremise 私有化部署方案都在 github 上有开源，但它们使用的 License 为 BSL1.1，该协议仅对非商业使用免费。因此在商业化使用时，需要进行相应的评估。

8.4　崩溃收集与分析

8.4.1　生成与分析 Dump 文件

应用崩溃，指的是应用在使用的过程中因各种原因而导致的退出，无法继续使用的情况。在使用 Electron 开发的应用中，很多时候崩溃的原因来自应用依赖的原生模块或者是 Electron 本身底层代码的异常。频繁的崩溃在实际使用的过程中将会严重地影响用户体验。虽然无法完全避免崩溃，但我们需要有方式来收集崩溃的信息并分析原因，进而持续进行优化来逐步降低崩溃率。

Electron 官方提供的 CrashReporter 模块可以在应用崩溃时自动生成 Dump 文件，Dump 文件记录了崩溃相关的信息，提供给开发人员排查崩溃的原因。开发人员可以选择在本地分析 Dump 文件，或者是上传到服务器中进行分析。

在 CrashReporter 模块中，start 方法用于初始化 CrashReporter 模块，它必须先于 CrashReporter 提供的其他方法被调用才能使得 CrashReporter 模块正常工作。start 方法在被调用时可以传入下列配置内容。

- ❑ submitURL：字符串类型，用于接收 Dump 文件的服务器 URL。当 Dump 文件生成时，将往该 URL 发送 POST 请求上传 Dump 文件。
- ❑ productName：字符串类型，用于描述产品的名称。该配置在上传 Dump 文件的请求中会带上。
- ❑ companyName：字符串类型，用于描述产品所属公司的名称。该配置在上传 Dump 文件的请求中会带上。
- ❑ uploadToServer：布尔类型。默认值为 true，当值为 false 时将不上传 Dump 文件到服务器。
- ❑ ignoreSystemCrashHandler：布尔类型。默认值为 false，当值为 true 时将不会把主进程产生的 crashes 转发到系统的崩溃处理器。
- ❑ rateLimit：布尔类型。默认值为 false，当值为 true 时将会限制一定时间内上报 Dump 文件的数量。
- ❑ compress：布尔类型。默认值为 true，当值为 false 时将不会使用 Gzip 对上传请求做压缩处理。

❑ extra：对象类型。可以在该对象中配置跟随主进程崩溃上报到服务器的额外信息，这些信息必须是字符串类型的。如果崩溃发生在子进程中，extra 字段中配置的信息将不会跟随请求发出，这种情况下需要在子进程中调用 addExtraParameter 来进行配置。

❑ globalExtra：对象类型。它的用法与 extra 类似，区别在于在任意进程崩溃后的请求中都会带上 globalExtra 中配置的信息。需要注意的是，globalExtra 在 start 方法执行后将无法被改变。当 globalExtra 与 extra 配置有相同的字段时，那么将以 globalExtra 中的为准。

我们可以通过如下代码来初始化 CrashReporter 模块，并在崩溃发生时生成 Dump 文件到本地。

```
// Chapter8-4/index.js
...
const { crashReporter } = require("electron");
crashReporter.start({
uploadToServer: false,
submitURL: ""
});
...
```

CrashReporter 会将生成的 Dump 文件存放在应用的用户数据目录中，如图 8-14 所示。

图 8-14　存放在 reports 目录中的 Dump 文件

正如前面所提到的，Dump 文件存储的是崩溃时的内存信息。使用编辑器打开 Dump 文件，我们会发现其中的内容为二进制形式的数据，这显然无法指导开发人员排查问题。因此，我们需要使用专业的工具来解析 Dump 文件的内容。在 Windows 系统中，我们将使用 WinDbg Preview 软件。

首先，我们在 Windows 10 应用商店中搜索 WinDbg Preview 软件并进行安装，如图 8-15 所示。

图 8-15　Windows Store 中的 WinDbg Preview 软件

安装完成后，运行 WinDbg Preview 软件，可以看到如图 8-16 所示的界面。

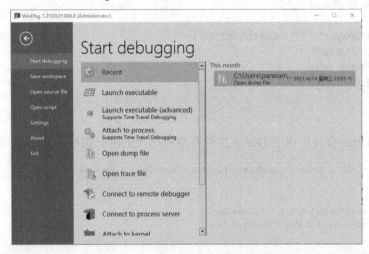

图 8-16　WinDbg Preview 软件的首页

单击 Start debugging 菜单中的"Open dump file"按钮，在弹出的文件选择器中选择已经生成的 Dump 文件。

要顺利解析 Dump 文件，光有 Dump 文件还不够，WinDbg Preview 还需要配合 Electron 提供的 Symbols 文件才能将 Dump 文件解析成开发人员可以理解的调试信息。这些 Symbols 文件中包含了 Electron 源代码的相关信息，如全局变量、函数名及其入口地址、源代码行列位置等。结合 Symbols 文件，开发人员可以了解与崩溃相关的具体函数和变量等信息。我们可以把 Symbols 文件理解为在 Web 前端项目中通过 Webpack 构建工具生成代码的 soureMaps 文件。开发人员可以在 Electron 官方提供的 Symbols 文件服务器

（https://symbols.electronjs.org）中获取全部的 Symbols 文件。

　　WinDbg Preview 强大之处在于，它会自动去下载 Dump 文件依赖的 Symbols，不需要开发人员手动地配置。因此，我们可以直接在命令输入框中输入 !analyse -v 命令开始对 Dump 文件进行解析。等待解析完成，就可以在结果中寻找引起崩溃的原因了，如图 8-17 所示。

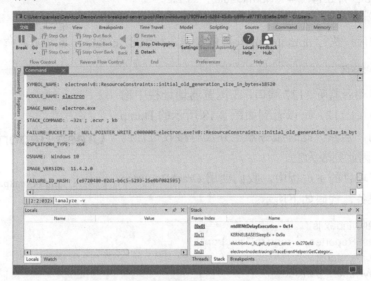

图 8-17　WinDbg Preview 软件的 Dump 分析界面

8.4.2　在服务器端管理 Dump 文件

　　Dump 文件除了可以保存在本地并用工具查看之外，还可以上传到服务器中进行管理和在线预览。在本小节中，我们将展示两个现成的可用于接收并管理 Dump 文件的服务器端方案，它们分别是 mini-breakpad-server 和前面使用过的 Sentry。

1. mini-breakpad-server

　　mini-breakpad-server 是一个开源的用来接收、管理和解析 Dump 文件的服务器方案。

　　它是基于 Node.js 的 Http Server 来实现的，内部提供了一个 Http POST API 来对接 CrashReporter 模块发出的上传请求。此外，它还提供了一个简单的页面让开发人员可以查看已经上传的 Dump 文件列表。单击页面中的列表项，可以查看 Dump 文件解析后的内容。接下来，我们将展示 mini-breakpad-server 的使用方法。

首先，我们从 GitHub 中克隆 mini-breakpad-server 的源代码到本地。由于我们使用的 Node.js 版本为 V12，该项目中依赖的 formidable 和 minidump 模块的版本过旧，会导致使用过程中出现部分 API 无法使用的问题。因此，在执行 npm install 之前，需要修改 package. json 中如下两个依赖包的版本。

```
"formidable": "~1.0.14"   ->   "formidable": "~1.2.2"
"minidump": "0.3.0"       ->   "minidump": "^0.9.0"
```

修改完成后，执行 npm install 安装依赖包。待安装完成后，通过如下命令启动服务。

```
node ./lib/app.js
```

该服务启动后监听 1127 端口，在浏览器地址栏中输入 http://127.0.0.1:1127，可以看到如图 8-18 所示的 Dump 文件列表界面。当然，此时服务器上并没有接收过任何 Dump 文件，因此列表为空。

接下来在项目的主进程中，我们使用 CrashReporter 模块对接该服务，代码如下所示。

Crash Reports

图 8-18　mini-breakpad-server 首页

```
// Chapter8-4/index.js
const { crashReporter } = require("electron");
crashReporter.start({
  companyName: "panxiao",
  productName: "Demo",
  ignoreSystemCrashHandler: true,
  submitURL: "http://127.0.0.1:1127/post", //mini-breakpad-server 提供的上传 API
});
```

在上面的代码中，我们没有显示的设置 uploadToServer 为 false，因此在崩溃发生时，crashReporter 模块会自动将 Dump 文件通过 submitURL 配置的接口进行上传。

接下来通过如下代码制造主进程崩溃。

```
process.crash();
```

在应用崩溃并退出后，我们可以在 mini-breakpad-server 项目的/pool/files/minidump 目录下看到 CrashReporter 上传的 Dump 文件，如图 8-19 所示。

mini-breakpad-server 支持 Dump 文件的在线解析和查看。我们在 8.4.1 节中已提到，解析 Dump 文件需要结合对应的 Symbols 文件。mini-breakpad-server 使用 minidump 工具来解析 Dump 文件，在使用这个功能之前，开发人员需要访问 https://github.com/electron/electron/releases 找到项目中使用的 Electron 版本，并下载该版本对应的 Symbols 文件。

mini-breakpad-server 会在 pool/symbols/{projectName}目录下寻找 Symbols 文件，其中的 projectName 即为 crashReporter 中配置的 projectName 字段。在前面的代码中，我们将 projectName 的值设置为 "Demo"，因此，我们需要把下载好的 Symbols 文件全部复制 到 mini-breakpad-server 项目的 pool/symbols/Demo 文件夹中。

　　当 Symbols 文件准备就绪后，在 Dump 列表页面中选择任意一个 Dump 文件项，可 以在新的页面中看到解析后的 Dump 文件内容，如图 8-20 所示。

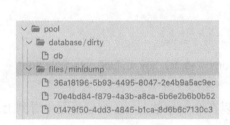

图 8-19　上传到 mini-breakpad-server 中的
Dump 文件

图 8-20　mini-breakpad-server 提供的 Dump 详情页面

　　mini-breakpad-server 的特点在于它足够轻量的同时，也提供了 Dump 相关的核心功 能。如果业务中已经有了应用质量管理的相关平台，你可以很容易地把 mini-breakpad-server 提供的功能集成到现有平台中去补充相关的功能。

2. Sentry

　　Sentry 不仅提供了异常收集的功能，还提供了完善的 Dump 管理和分析功能。在前 面的章节中我们已经注册好了 Sentry 的账号以及创建了类型为 Electron 应用的项目，接 下来只需要简单的几个步骤就可以使用 Sentry 来接收、管理和解析 Dump 文件。

　　首先，我们同样需要在代码中使用 CrashReporter 模块来生成和上报 Dump 文件。但 在这之前，我们需要先获取 Sentry 项目接收 Dump 文件的 URL 地址。这个地址我们可以 在 Sentry 项目的设置面板中找到，如图 8-21 所示。

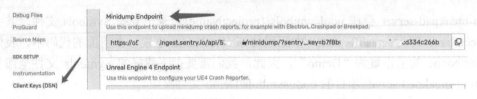

图 8-21 上传 Dump 文件的地址

接着，在项目代码中初始化 CrashReporter 模块，代码如下所示。

```javascript
// Chapter8-4/index.js
const { crashReporter } = require("electron");
crashReporter.start({
  uploadToServer: false,
  companyName: "panxiao",
  productName: "Demo",
  ignoreSystemCrashHandler: true,
  submitURL:
"https://o5xxx88.ingest.sentry.io/api/57xxx64/minidump/?sentry_key=b7f8b0xxxec907266b",
});
```

通过 process.crash 方法制造崩溃后，我们可以在 Sentry 的 issues 列表界面中看到上报的 Dump 文件记录，如图 8-22 所示。

图 8-22 已经上报的异常 issue

如果想要在平台中查看 Dump 文件解析后的内容，我们依旧需要告诉 Sentry 平台需要用到哪些 Symbols 文件。在项目中安装 Sentry 时，会在根目录下生成一个名为 sentry-symbols.js 的脚本文件，该脚本文件专门用于将 Electron Symbols 文件下载到本地缓存起来，并上传到 Sentry 平台中。我们通过如下命令执行该脚本。

```
node ./sentry-symbols.js
```

在执行过程中，我们可以看到命令行中的日志显示正在下载、上传 Symbols 文件。由于 Electron 所有的 Symbols 文件的体积加起来较大，所以这个过程所需要的时间取决于当时的网络速度。

sentry-symbols.js 脚本执行完毕后，项目根目录中会多出一个名为.electron-symbols 的文件夹，该文件夹内存放了当前版本 Electron 所有的 Symbols 文件。这些文件将作为缓存，避免后续在相同 Electron 版本下再次执行 sentry-symbols.js 脚本时重复下载它们。

　　与此同时，我们可以在 Sentry 平台的项目设置中查看到已经上传的 Electron Symbols 文件，如图 8-23 所示。

图 8-23　上传到 Sentry 平台中的 Symbols 文件

　　当 Symbols 文件准备就绪后，回到刚才我们提到的 issues 列表界面，单击上报上来的崩溃 issue，然后进入详情界面。在 issue 详情界面中，我们可以看到 Dump 文件分析后的详细内容。由于其中的内容较多，这里只截取部分内容进行展示，如图 8-24 所示。

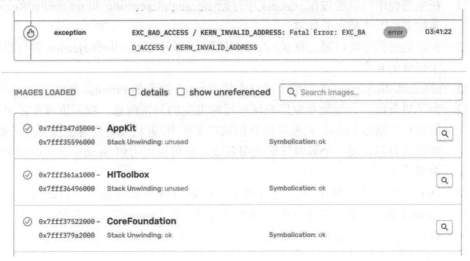

图 8-24　Dump 文件分析后的内容

本小节中所涉及的完整代码可以访问 https://github.com/ForeverPx/ElectronInAction/

tree/main/Chapter8-4。在学习本章的过程中，建议你下载源码，亲手构建并运行，以达到
最佳学习效果。

<h1 style="text-align:center">8.5　总　　结</h1>

- [ ] Electron 是基于 Node.js 和 Chromium 的，开发应用的主要语言是 JavaScript。在
  Electron 应用的开发过程中，我们可以使用 Web 前端开发人员比较熟悉的单元
  测试工具来对代码进行单元测试，如 Mocha、Chai 等。
- [ ] 仅使用 Mocha 来执行包含 Electron API 的单元测试用例是会报错的，因为普通
  的 Node.js 环境中不包含 Electron 相关的上下文。在这种情况下，开发人员需要
  使用 electron-mocha 模块来执行单元测试用例。
- [ ] Electron 官方提供了一个基于 ChromeDriver 和 WebDriverIO 开发的开源集成测
  试框架 Spectron。该框架提供了一系列可以控制 Electron 及其内部 Chromium 的
  API，允许开发人员通过代码的方式控制 Electron 应用执行特定的逻辑。基于此，
  开发人员可以很方便地使用它来进行功能的集成测试。但是，并不是所有的功
  能都可以使用 Spectron 提供的 API 来控制。例如，模拟用户触发在系统中注册
  过的快捷键，或者是在系统弹出的资源管理器中自动选择文件（文件夹）等。
- [ ] 在主进程中可以通过在 process 中注册 uncaughtException 和 unhandledRejection
  事件来监听未捕获的异常。
- [ ] 在渲染进程中可以通过在 window 中注册 error 和 unhandledRejection 事件来监听
  未捕获的异常。
- [ ] unhandledRejection 专门用于捕获未使用 catch 捕获的 Promise 异常。
- [ ] 为了更及时、方便地获取用户端使用时发生的异常信息，我们推荐在应用运行
  的过程中通过 Log4js 将异常信息记录在文件中，并将文件信息上报到服务器端。
  你可以自己实现一个异常管理的服务端，也可以使用如 Sentry 这类比较成熟的
  服务。
- [ ] Dump 文件内存储了开发人员用于分析崩溃所需要的信息。Electron 提供的
  CrashReporter 模块用于在应用崩溃时自动生成 Dump 文件，并允许开发人员配
  置是否需要上传到指定的服务器中。

第9章 打包与发布

当应用完成代码编写并测试通过后，将进入打包与发布环节。打包是指将编写好的源代码通过工具生成一个在 Windows 系统中可执行的 exe 文件，使得用户可以直接通过双击 exe 文件来启动应用。发布指的是将打包好的应用发布到 Windows 提供的应用商店中，用户可以在商店中搜索到该应用并一键下载安装。Electron 官方提供了许多工具来帮助开发者完成打包与发布的操作，例如 asar、electron-packager 以及 electron-builder 等。在本章节的内容中，我们将以打包并发布屏幕截图应用为例，来展示这些工具的使用方法。

9.1 应 用 打 包

在 Windows 系统中，应用打包是将应用源代码通过某种方式转换成可执行的 exe 文件的过程。但是这个过程对于 Electron 应用来说，会稍微有些不同。下载过 Electron 的开发人员应该知道，当我们将某个版本的 Electron 下载下来之后，解压出来的文件夹中已经包含了一个名为 electron.exe 的可执行文件。在双击这个文件之后，将会启动一个 Demo 应用。既然 Electron 框架中已经包含了可执行文件，那我们还需要将源代码打包成可执行文件吗？对于 Electron 应用的打包操作，过程是怎样的？这些问题可以在接下来的内容中寻找到答案。

9.1.1 asar

asar 是 Electron 框架开发人员定义的一种文件格式。在 Electron 应用构建的过程中，会把所有的源代码以及相关资源文件打包进这个文件中。Electron 框架中的可执行文件 electron.exe 在启动时，会去根目录下的 resources 目录中寻找后缀名为 asar 的文件并读取和执行其中的内容，如图 9-1 所示。

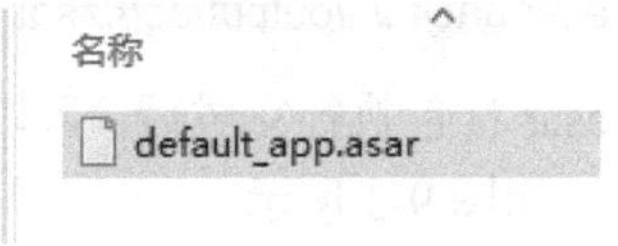

图 9-1 resources 目录下默认的 asar 文件

asar 文件内容的开头为一个 JSON 字符串，其中详细记录了该文件中包含的所有资源文件的结构以及每一个文件的位置。我们使用 Visual Studio Code 打开 default_app.asar 文件，将该文件的头部内容截取出来并格式化，可以看到如图 9-2 所示的数据内容。

其中，files 的值包含了所有被打包进来的文件的名称、大小以及它们在 asar 中的偏移量信息。Electron 会根据每个文件的 offset 信息来找到该文件在 asar 文件内容中的位置，从而加载文件内容。Electron 使用自定义的 asar 文件来存储应用源代码的原因主要有以下两点。

```
{
    "files": {
        "default_app.js": {
            "size": 3111,
            "offset": "0"
        },
        "icon.png": {
            "size": 73801,
            "offset": "3111"
        },
        "index.html": {
            "size": 11928,
            "offset": "76912"
        },
        "main.js": {
            "size": 8818,
            "offset": "88840"
        },
```

图 9-2　asar 文件部分内容

（1）加快资源的读取速度。在 Electron 应用的源代码中，我们会使用 require 方法通过路径来引用不同的模块。如果这些模块都以独立文件的形式存储在对应的磁盘目录中，那么每个模块初次 require 执行时都需要在对应的路径找到模块文件后读取里面的内容。把这些模块文件的内容集中在一个文件中，通过文件位置偏移量来寻找它们，将会节省寻找文件的时间。

（2）摆脱 Windows 路径长度限制。Windows 系统默认的最长资源路径为 256 位字符串，如果资源路径字符串过长，将会导致资源访问失败。Electorn 为了规避这个问题，在 asar 文件中使用偏移量来模拟一套资源路径定位方案。

在一些场景下，我们只是想把编写好的应用转换成可执行程序给到产品和交互进行验收。这个过程中可能会对代码进行频繁的修改。如果每次都采用安装包的形式，那么无论对于开发人员还是验收方都会变得非常麻烦。因此，我们推荐在这种场景下使用将源码打包成 asar 文件的方式。

Electron 官方提供了一个名为 asar 的工具来将源码打包成 asar 文件，下面的内容将展示如何使用它。

首先，通过如下命令安装 asar。

```
npm install asar -g
```

安装完成后，通过下面的命令将项目打包成 asar 文件。

```
cd Chapter8-4
asar pack ./ ./output/app.asar
```

asar 打包执行完成后，可以看到在项目根目录的 output 文件夹下生成了一个 app.asar 文件，如图 9-3 所示。

只有 asar 文件并不能让程序运行起来，我们还需要准备一个 Electron 环境。由于我们在开发环境使用的 Electron 版本是基于 X64 架构的 V11 版本，因此我们需要在 Electron 官网中下载对应版本的可执行程序，如图 9-4 所示。

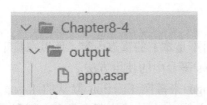

图 9-3　生成到 output 文件夹中的 asar 文件　　　　　图 9-4　需要下载的 Electron 版本

　　下载并解压这个文件，我们可以得到一个完整的 Electron 可执行环境。接下来，我们将前面打包完成的 app.asar 文件复制到 resouces 目录中。由于 Electron 在 resources 目录中有 app.asar 文件的情况下会优先加载该文件，因此不需要特意去删除 default_app.asar文件。接着回到上一级目录，双击 electron.exe 文件启动应用后，同时按 Ctrl+0 快捷键，可以看到屏幕截图应用的预览窗口。接下来，我们将整个目录通过压缩软件进行压缩，就可以分发给其他人使用了。

　　正如前面所说，在一些非正式或临时性的使用场景中，这是一种比较方便的方式。甚至在 Electron 版本没有变化的情况下，你只需要把 app.asar 文件发送给需要使用的人，让他们去替换已有的 app.asar 文件即可。

　　但是，这种方式存在如下不足。

　　（1）需要手动去官网下载对应的 Electron 版本，这个步骤不仅烦琐，还比较容易出错。如果版本下载错误，应用有可能无法正常运行。

　　（2）在应用需要跨平台的情况下（发布后可以同时在多个操作系统上使用），我们得去下载不同平台对应的 Electron 版本。

　　（3）可执行文件 electron.exe 的文件名和 icon 需要手动修改。

　　为此，Electron 提供了一个名为 electron-packager 的工具来解决这些问题。在下一小节的内容中，我们将展示这个工具的使用方法。

9.1.2　生成可执行程序

　　electron-packager（https://www.npmjs.com/package/electron-packager）是由 Electron 官方提供的命令行打包工具。它可以把应用的源代码打包成一个可以用于发布的、包含可执行文件及其依赖文件的发布包。开发人员无须手动下载支持目标平台的 Electorn 框架，只需要在 electron-packager 提供的打包命令中进行相关的配置即可。

　　electron-packager 目前支持以下 3 个系统平台。

　　❑　Windows（32/64 位）

    ❑　macOS（OS X）

    ❑　Linux（x86/x64）

由于 Electron 在 macOS 与 Linux 平台下的使用不是本书的重点内容，所以在接下来的内容中，将重点展示 electron-packager 在 Windows 平台中的使用方法。

在开始打包之前，我们先来给应用准备一个 logo 来替换 Electron 默认的 logo。在 Windows 中，可执行程序文件的图标为 ico 格式的文件。ico 格式实际上是多个不同尺寸的图片集合，Windows 应用程序会在不同的场景下自动选择合适尺寸的 logo 来进行展示。那么，各个尺寸的图片都需要我们自己手动生成吗？实际上是不需要的，我们可以借助 electron-icon-builder 工具自动地基于一个大尺寸的图片来生成不同尺寸的图片，并且可以将它们直接合成到 ico 文件中。下面是 electron-icon-builder 的使用方法。

首先，通过如下命令安装 electron-icon-builder。

```
npm install electron-icon-builder --save-dev
```

将我们提前准备好用于制作 logo 的一张 png 图片复制到项目根目录下，然后，在 package.json 中新增如下 logo 的生成脚本。

```
// Chapter9-1-2/package.json
...
"scripts": {
  "build-icon":"electron-icon-builder
--input=C:/Users/panxiao/Desktop/Demos/ElectronInAction/Chapter9-1-2/icons/logo.png
--output=C:/Users/panxiao/Desktop/Demos/ElectronInAction/Chapter9-1-2/icons"
 },
...
```

通过 npm run build-icon 执行 logo 生成命令，可以在指定的目录中看到 electron-icon-builder 为各个平台生成的 logo 文件，如图 9-5 所示。

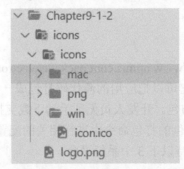

图 9-5　electron-icon-builder 生成的 logo 集合

我们在 package.json 中增加一条使用 electron-packager 打包应用的命令。在该命令中，定义了源代码路径、源代码打包方式、打包后的应用名以及 icon 文件路径。

```
// Chapter9-1-2/package.json
...
"scripts": {
  "start": "electron .",
   "packager": "electron-packager ./ screenshot --platform=win32 --arch=x64 --icon=./icons/
icons/win/icon.ico --asar"
  },
...
```

执行 npm run packager 命令开始打包，会在项目根路径中生成一个名为 screenshot-win32-x64 的文件夹，其中包含了所有打包后应用的文件。我们在该文件夹中可以看到，可执行文件的名称和图标都已经替换成了我们在命令中设置的内容，如图 9-6 所示。

除了可执行文件的图标之外，应用所有会显示 logo 的地方都将显示新图标，例如任务栏，如图 9-7 所示。

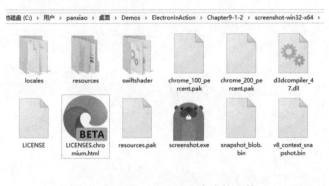

图 9-6　electron-packager 生成的文件

图 9-7　任务栏中显示的 logo

screenshot-win32-x64 文件夹已经是一个完整的应用，我们可以将它压缩成压缩文件进行分发。用户在获取到压缩包后，解压到任意目录，双击可执行文件即可使用。

9.1.3　安装包

安装包是提供给用户进行应用配置化安装的程序。与前面的打包方式不同，安装包提供的安装流程可以让用户对应用的安装进行更多自定义的操作。

（1）如果应用是支持按模块安装的，那么在安装的过程中可以提供一个界面让用户选择性安装自己所需要的模块。

（2）用户可以在安装界面中自己选择想要将应用安装到磁盘的哪个路径。

（3）在安装的过程中，可以自动地配置好程序首次运行依赖的注册表和环境变量等内容。记得我们在讲解注册表的章节中提到，如果在应用首次运行时想要使用自定义协议，那么需要在安装过程中向注册表写入自定义协议内容。

Electron 官方提供了一个名为 electron-builder 的打包工具，它允许开发人员将应用打包成 Windows 支持的应用安装程序，如 NSIS、AppX 以及 Msi 等。NSIS（https://nsis.sourceforge.io/Main_Page）是一个专业且开源的安装包制作工具，它非常小巧和灵活，开发人员能快速地上手并制作出应用的安装程序。下面我们将通过制作屏幕截图应用的 NSIS 安装包来展示如何使用 electron-builder 打包工具。

electron-builder 的配置方式有两种：一种是将配置信息写在项目原有的 package.json 文件中的 build 属性下；另一种是在执行 electron-builder 命令时通过 config 参数指定单独的配置文件，config 配置的默认值为 electron-builder.yml。这里我们选择使用第一种方式来进行配置。

在 package.json 中，我们新增 electron-builder 相关的配置，代码如下所示。

```
// Chapter9-1-3/package.json
...
"build": {
  "directories": {
    "output": "build"
  },
  "win": {
    "icon": "./icon.ico",
    "target": [
      {
        "target": "nsis"
      }
    ]
  },
  "nsis": {
    "allowToChangeInstallationDirectory": true,
    "installerIcon": "./icon.ico",
    "uninstallerIcon": "./icon.ico",
    "installerHeaderIcon": "./icon.ico",
    "createDesktopShortcut": true,
    "createStartMenuShortcut": true,
    "shortcutName": "screenshot",
```

```
    "oneClick": false
  }
}
...
```

在上面的配置中，我们将安装包的输出类型设置为 nsis，并将安装包输出的目录设置为项目根目录下的 build 文件夹中，随后 electron-builder 生成的 nsis 安装文件以及其他文件将存储在这个目录中。安装包的 icon 使用的是我们在 9.1.2 节中生成的 icon.ico 文件。

在配置文件的 nsis 字段中，配置了如下与 nsis 安装包相关的内容。

- ❑　allowToChangeInstallationDirectory：布尔类型，表示是否允许用户在安装过程中修改安装的路径。当它设置为 true 时，我们可以在安装界面中看到选择安装路径的界面。
- ❑　installerIcon：字符串类型，安装程序的图标。
- ❑　uninstallerIcon：字符串类型，卸载程序的图标。
- ❑　installerHeaderIcon：字符串类型，安装程序界面顶部标题栏中显示的图标。
- ❑　createDesktopShortcut：布尔类型，表示应用安装后是否需要创建桌面快捷方式。
- ❑　createStartMenuShortcut：布尔类型，表示应用安装后是否需要在 Windows 开始菜单中创建快捷方式。
- ❑　shortcutName：字符串类型，快捷方式显示的名称。
- ❑　oneClick：布尔类型，表示是否需要一键式安装程序。当设置为 true 时，安装包的流程中将不会提供用户进行选择的选项，如安装用户组选择、安装路径选择等。在单击安装后所有安装选项都按照 NSIS 的默认值来设置。

我们在 package.json 中增加如下 npm 命令来执行 electron-builder。

```
// Chapter9-1-3/package.json
...
"scripts": {
  "start": "electron .",
  "build": "electron-builder"
},
...
```

在命令行中执行 npm run build 命令制作安装包，随后可以在 build 目录下看到生成的安装包文件 screenshot-packager-demo Setup 1.0.0.exe，如图 9-8 所示。

本地磁盘 (C:) › 用户 › panxiao › 桌面 › Demos › ElectronInAction › Chapter9-1-3 › build

名称	修改日期	类型	大小
win-unpacked	2021/4/18 星期...	文件夹	
builder-debug.yml	2021/4/18 星期...	Yaml 源文件	6 KB
builder-effective-config.yaml	2021/4/18 星期...	Yaml 源文件	1 KB
screenshot-packager-demo Setup 1.0.0.exe	2021/4/18 星期...	应用程序	53,451 KB
screenshot-packager-demo Setup 1.0.0.exe.blockmap	2021/4/18 星期...	BLOCKMAP 文件	57 KB

图 9-8　通过 electron-builder 生成的安装包文件

双击安装文件，开始进入如图 9-9 所示的界面。

在这个界面中可以看到，标题栏和安装选项右侧显示的是我们在配置文件中定义的图标。选择为任一用户安装应用后，单击"下一步"按钮进入选定安装位置的界面，如图 9-10 所示。

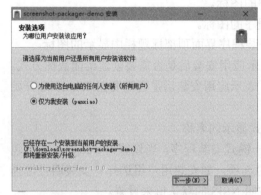

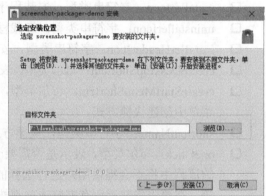

图 9-9　安装流程中选择用户的界面　　　　图 9-10　安装流程中选定安装位置的界面

单击"安装"按钮开始正式的安装，等待应用安装完毕后，我们可以在 F:\download\screenshot-packager-demo 目录下看到安装后的 screenshot-packager-demo 应用。同时，在桌面以及开始菜单中，也能看到屏幕截图应用的快捷方式，如图 9-11 和图 9-12 所示。

图 9-11　桌面快捷方式　　　　　　　图 9-12　开始菜单中的快捷入口

　　与前面使用 electron-packager 进行打包后生成的文件不同的是，目录下还会多出一个用于卸载应用的可执行程序。双击这个卸载程序将会进入应用的卸载流程中，流程结束后将会清理我们在安装过程中设置的配置及所有生成的文件。

　　至此，我们已经得到了一个完整的应用安装程序，现在可以将其分发给用户进行下载和安装。

　　在 electron-builder 制作安装包的过程中，你可能会因为网络问题遇到下面的错误提示。

> Get "https://github.com/electron-userland/electron-builder-binaries/releases/download/nsis-3.0.4.1/nsis-3.0.4.1.7z": dial tcp 192.30.255.113:443: connectex: A connection attempt failed because the connected party did not properly respond after a period of time, or established connection failed because connected host has failed to respond.

　　这是因为 electron-builder 制作安装包时需要先下载 NSIS 工具，如果在网络不稳定的情况下，这个工具将无法正常下载。在这种情况下，我们可以访问 https://github.com/electron-userland/electron-builder-binaries/releases 下载 NSIS 工具对应版本的源代码，如图 9-13 所示。

图 9-13　需要下载的 NSIS 源码

　　下载完成后，解压 zip 文件到任意目录。进入解压后的目录，将图 9-14 中的两个文件夹复制并粘贴到 electron-builder 缓存依赖文件的文件夹中即可（路径为 C:\Users\panxiao\AppData\ Local\electron-builder\Cache\nsis），如图 9-15 所示。

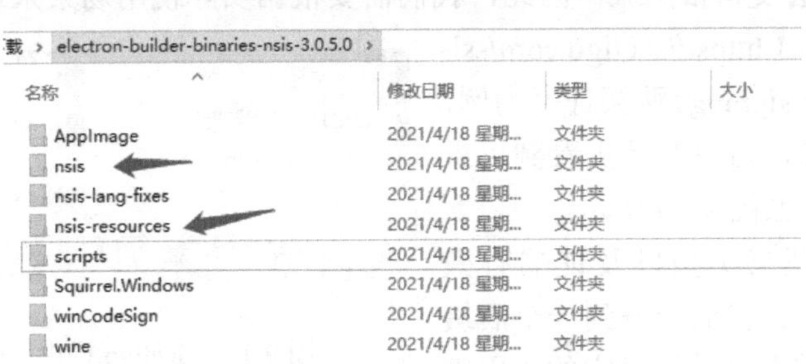

图 9-14　源码文件夹中需要复制的两个文件夹

地磁盘 (C:) › 用户 › panxiao › AppData › Local › electron-builder › Cache › nsis

名称	修改日期	类型	大小
280654147	2021/4/18 星期...	文件夹	
404693623	2021/4/18 星期...	文件夹	
811768847	2021/4/18 星期...	文件夹	
nsis-3.0.4.1	2021/4/18 星期...	文件夹	
nsis-3.0.5.0	2021/4/18 星期...	文件夹	
nsis-resources-3.4.1	2021/4/18 星期...	文件夹	

图 9-15　目标文件夹

9.2　应 用 签 名

出于安全考虑，Windows 系统在安装应用时会对应用的签名信息进行校验，确保该应用是出自原作者本人的。这种校验方式可以防止用户下载到被第三方恶意篡改过的软件，进而在安装后威胁用户计算机的安全。如果你经常在浏览器中下载软件，那么应该遇到过浏览器在下载前向你提示"该应用不可信，可能会危害计算机"的信息。即使你执意下载，在安装时也将会弹出相关系统信息提示。因此，为我们的应用进行签名是在发布前很重要的一个步骤。

应用签名需要一个合法的电子证书，目前我们可以在 Sectigo、DigiCert 以及 SSL.com 等证书颁发网站进行购买。需要注意的是，Windows 中的证书会分为以下两大类：Code Signing Certificate 和 EV Code Signing Certificate。Code Signing Certificate 相对较便宜，但是证书的生效依赖于应用一定的安装数阈值。在超过这个阈值之前，用户在安装应用时会弹出警告信息。而 EV Code Signing Certificate 的信任级别更高，购买之后可以立刻生效。但是 EV Code Signing Certificate 在签名时依赖于 USB dongle，你无法将证书导出在没有 USB dongle 的情况下进行使用。如果我们想在 CI 服务中进行签名，EV Code Signing Certificate 方式将会变得很困难。因此，我们需要根据实际使用场景来选择证书类型。

以 在 Sectigo（https://sectigo.com/ssl-certificates-tls/code-signing）购买证书为例，我们打开它的网站，可以在首页看到可供购买的证书选择，如图 9-16 所示。

选择合适的证书类型以及证书有效期，然后进行购买。我们会得到一个后缀名为 pfx 的证书签名文件以及它的使用密

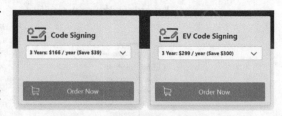

图 9-16　Sectigo 提供的两种证书类型

码。结合 electron-builder 中的配置，开发人员可以在打包的时候对应用进行签名，相关
配置代码如下所示。

```
"build": {
...
    "win": {
      "icon": "./icon.ico",
      "target": [
        {
          "target": "nsis"
        }
      ],
      "signingHashAlgorithms": ["sha1", "sha256"],
      "certificateFile": "./my_sectigo_cert.pfx",
      "certificatePassword": "********"
    },
...
}
```

其中使用到了如下三个与签名相关的配置。

❑　signingHashAlgorithms：字符串数组类型，指定签名使用的算法。在 Windows
　　中使用 sha1 和 sha256 算法进行双重签名。

❑　certificateFile：字符串类型，指定证书的路径。

❑　certificatePassword：字符串类型，指定证书的密码。

配置完成后，再次运行 npm run build 命令就可以在打包的时候对应用进行签名了。
如果你购买的证书类型是 EV Code Signing Certificate，那么还需要在配置中增加
certificateSubjectName 字段，具体的配置方法可以参考 https://www.electron.build/
configuration/win#WindowsConfiguration-certificateSubjectName 中的内容。

9.3　应 用 升 级

9.3.1　自动升级

应用的迭代是一个持续的过程，迭代的内容会涉及新增功能、体验优化以及 Bug 修
复等方面。为了让这些迭代的内容可以持续地触达用户，让用户保持使用应用的最新版
本，我们开发的应用需要支持自动升级功能。

Electron 官方为开发者提供了 electron-updater 的工具，可以配合 electron-builder 通过

简单的几个 API 来实现应用自动更新。

在使用 electron-updater 之前，我们需要先在 electron-builder 的配置中配置 Publish 选项（https://www.electron.build/configuration/publish）。Publish 选项的其中一个作用是指定 electron-updater 去哪里下载新版本的安装包。它支持很多现成的安装包存储服务，如 Github Release、S3、Spaces 以及 Snap Store 等，开发人员只需要按照官方文档中关于这些服务特定的配置就可以快速地配置好并使用。另外，它还支持配置自定义的文件存储服务器，在这种模式下开发人员可以自行搭建一个 Http 服务器，将应用新版本的安装包存放在服务器中并提供一个下载路径，electron-updater 会通过配置的下载路径检查应用是否有更新。接下来我们将重点展示如何使用 electron-updater 配合自建的 Http 服务器来实现应用的自动更新功能。

首先，我们通过如下命令安装 http-server 工具，它可以零配置地通过命令行启动一个 Http 服务器。

```
npm install http-server --save-dev
```

然后，在 package.json 中增加如下命令用来启动监听 8080 端口的服务器，并将/statics 目录作为静态文件目录。后续会将安装包以及安装包描述文件存放在该目录中。

```
http-server statics/ -p 8080
```

通过运行 npm run server 命令将该服务器启动。

最后，在 package.json 的 electorn-builder 相关配置中增加 publish 选项及其内容，代码如下所示。

```
// Chapter9-3-1/package.json
...
"build": {
  "publish": [
    {
      "provider": "generic",
      "url": "http://127.0.0.1:8080/"
    }
  ],
  ...
}
...
```

provider 表示更新源的类型，如果是使用自建的服务器，那么它的值应该被设置为 generic。与此同时，我们指定自建服务器的 url 为前面我们启动的服务器地址。

接下来是使用 electron-updater 实现具体的更新逻辑，我们在主进程代码中增加升级相关的逻辑，代码如下所示。

```
// Chapter9-3-1/package.json
...
const {autoUpdater} = require("electron-updater");
autoUpdater.on('checking-for-update', () => {
  console.log('Checking for update...');
})
autoUpdater.on('update-available', (info) => {
  console.log('Update available.');
})
autoUpdater.on('update-not-available', (info) => {
  console.log('Update not available.');
})
autoUpdater.on('error', (err) => {
  console.log('Error in auto-updater. ' + err);
})
autoUpdater.on('download-progress', (progressObj) => {
  let log_message = "Download speed: " + progressObj.bytesPerSecond;
  log_message = log_message + ' - Downloaded ' + progressObj.percent + '%';
  log_message = log_message + ' (' + progressObj.transferred + "/" + progressObj.total + ')';
  console.log(log_message);
})
autoUpdater.on('update-downloaded', (info) => {
  console.log('Update downloaded');
  autoUpdater.quitAndInstall();
});

app.on('ready', function () {
  createWindow();
  autoUpdater.checkForUpdatesAndNotify().then((res)=>{
    console.log('update sucess');
  }).catch((e)=>{
    console.log('update fail', e);
  });
})
...
```

在上面的代码中，我们首先通过 autoUpdater.on 方法监听了 electron-updater 提供的多个更新事件，如 checking-for-update、update-available 以及 update-not-available 等。这些事件的命名比较通俗易懂，相信大家通过事件名就能清楚地知道它的触发时机以及作用。

在本示例中，我们在这些事件的回调中只简单地打印了相关 log 信息，知道当前的更新状态以便于调试。而在真实的项目中，开发人员可以借助这些事件，在界面上给予用户一些交互和信息的反馈以达到更好的更新体验。

接着，我们在 app 达到 ready 状态时，调用 autoUpdater.checkForUpdatesAndNotify 检查更新。此时 electron-updater 将会去服务器中查找安装包描述文件 latest.yml 的内容，通过里面的 sha512 信息与当前正在运行的版本进行比对，如图 9-17 所示。

```
version: 1.0.4
files:
  - url: screenshot-packager-demo Setup 1.0.4.exe
    sha512: plRyHfmbxz/Ml5vIZgyBV6hHoPY6v1CvxlnInNVE/ImH5qfwcMzvCGvhZgjOWcHphKW8m7QmNywcSLw3tWQ/jQ==
    size: 54946124
path: screenshot-packager-demo Setup 1.0.4.exe
sha512: plRyHfmbxz/Ml5vIZgyBV6hHoPY6v1CvxlnInNVE/ImH5qfwcMzvCGvhZgjOWcHphKW8m7QmNywcSLw3tWQ/jQ==
releaseDate: '2021-04-18T14:36:52.083Z'
```

图 9-17　latest.yml 文件的内容

比对结果如果表示有更新，则下载对应的安装包文件。当下载完成时，electron-updater 会触发 update-downloaded 事件。在该事件的回调中，调用 autoUpdater.quitAndInstall 让应用退出并开始使用新的安装包进行安装。我们在更新前使用的应用版本为 1.0.3，可以在新的安装包界面中看到，应用退出后弹出的安装程序显示我们即将安装的是 1.0.4 版本。我们继续将安装流程执行完，应用就升级到了新的版本。

9.3.2　差分升级

差分升级是一种能有效减少升级包体积，进而减少升级成本的方式。差分升级按差分粒度可以分为以下两种：文件级别的差分升级和内容级别的差分升级。我们先来看看什么是文件级别的差分升级。

1. 文件级别差分升级

在上一小节的自动升级示例中，虽然新版本的源代码相比旧版本仅改动了几行，但是新版本安装包的体积已经接近 54M。这是因为每次在生成安装包时，都会将 Electron 的整个环境完整地集成进去，即使是应用所依赖的 Electron 没有任何改动的情况下。学习过前面章节的读者应该知道，实际上我们对源代码的改动只影响了 resources 目录下的 asar 文件。因此，在 Electron 框架自身版本没有更新的情况下，应用的新版本与旧版本的差别绝大多数情况下只是在 asar 上。我们可以在文件管理器中看到，目前屏幕截图应用的 asar 文件的大小只有 6 M，是远小于安装包体积的。如果我们在升级应用的时候，只下载新版本应用的 app.asar 文件来替换旧版本的 app.asar 文件，也同样可以完成应用功能的升级。这种基于查找变更文件并进行替换的升级方式就是文件级别的差分升级。文件级别差分升级的整体流程与前面相同，但我们需要额外实现如下关键的逻辑。

（1）在服务器端开发一个文件级别的 diff 功能，该功能需要比对新版本和旧版本应用中的 asar 文件，在有变更的情况下将新版本 asar 文件压缩后返回下载。

（2）在差分升级包下载完成后，退出应用并替换旧的 asar 文件。

我们推荐使用 MD5 工具（https://github.com/pvorb/node-md5#readme）来实现判断两个文件是否相同的逻辑。接下来将简单展示它的使用方法。

首先，通过如下命令在项目中安装 MD5。

```
npm i md5 --save-dev
```

这里我们将对比上一小节中 1.0.0 版本的 asar 文件以及 1.0.1 版本的 asar 文件的 MD5 值。为了方便展示，我们将两个版本的 asar 文件都复制到同一个文件中，并在文件名中加上版本标识以便于区分，如图 9-18 所示。

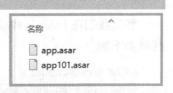

图 9-18　两个版本的 asar 文件

在项目根目录创建一个名为 md5.js 的文件，在其中定义了一个 compareFile 函数来判断从参数中传入的两个文件的 MD5 值是否相同，代码如下所示。

```
// Chapter9-3-2/fileDiff.js
const fs = require('fs');
const md5 = require('md5');

function compareFile(preApp, curApp) {
  return new Promise(function (resolve, reject) {
    fs.readFile(preApp, function (err, buf) {
      if(err){
        reject(err);
        return;
      }
      const appMD5 = md5(buf);
      fs.readFile(curApp, function (err, buf) {
        if(err){
          reject(err);
          return;
        }
        const app101MD5 = md5(buf);
        // 判断两个文件的 MD5 值是否相同
```

```
        if(appMD5 === app101MD5){
            resolve(true);
        }else{
            resolve(false);
        }
      });
    });
  });
}

module.exports = {
  compareFile
};
```

然后我们在 index.js 中调用 compareFile 函数来对比 asar 文件夹中的两个 asar 文件，代码如下所示。

```
// Chapter9-3-2/index.js
const md5 = require('./fileDiff');
const path = require('path');
const app = path.join('./asar/app.asar');
const app101 = path.join('./asar/app101.asar');

md5.compareFile(app, app101).then(function(result){
  console.log(result ? '、文件相同':'文件不相同');
}).catch(function(err){
  console.log(err);
});
```

运行 index.js 脚本，可以在命令行中看到如图 9-19 所示的结果。

```
PS C:\Users\panxiao\Desktop\Demos\ElectronInAction\Chapter9-3-2> node . \index.js
当前版本asar的MD5值： 0249ad170660d3d05d82b68a751d69c7
新版本asar的MD5值： 167ad8774e2c03944b20ed088f1f7026
文件不相同
```

图 9-19　asar 文件使用 MD5 对比的结果

2. 内容级别差分升级

文件级别的差分升级虽然降低了一部分升级包的体积，但我们进一步思考还会发现，新旧版本的 asar 文件在内容上也会存在较多重复的情况。例如，我们只在文件的末尾增加了 1 行代码（console.log(1)），但是打包出来的 asar 文件体积还是有 6 M。虽然体积不算大，但实际上变更的内容只有几个字节的大小。因此，差异内容的体积与 asar 文件本身的体积之间的差距也是不小的。如果我们找到一种方式，能将新、旧 asar 文件的内容差异计算出来，再把差异内容以同样的方式插入旧版本的 asar 文件中，那么就可以在这个场景下以非常小的体积完成应用升级。这种以计算文件内容差异为基础的升级方式，就是内容级别的差分升级。内容差分升级需要我们实现如下关键的逻辑。

（1）在服务器端开发一个内容级别的 diff 功能，该功能需要比对新版本和旧版本应用中的 asar 文件，计算出新、旧 asar 文件的差异内容，将该内容进行压缩并提供下载。

（2）在差分升级包下载完成后退出应用，使用同样的算法将差异内容插入旧版本的 asar 文件中。

在计算文件内容差异上，如果你使用的是 Node.js 来实现升级服务，那么我们推荐使用 bsdiff-node 工具（https://github.com/Brouilles/bsdiff-node）来实现。它基于 bsdiff 和 bspatch 算法对文件内容进行差异内容计算和补丁，我们可以使用它来实现内容级别的差分升级。接下来的内容将简单展示它的使用方法。

首先，我们通过如下命令在项目中安装 bsdiff-node。

```
npm i bsdiff-node --save-dev
```

这里我们使用上一小节中 1.0.0 版本的 asar 文件以及 1.0.1 版本的 asar 文件进行对比。为了方便展示，我们将两个版本的 asar 文件都复制到同一个文件中，并在文件名中加上版本标识以便于区分，如图 9-20 所示。

新建一个名为 contentDiff.js 的脚本文件，在其中实现内容差异计算和补丁相关的逻辑，代码如下所示。

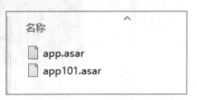

图 9-20　新、旧版本的 asar 文件

```
// Chapter9-3-2/contentDiff.js
const bsdiff = require('bsdiff-node');

async function diffAndPatch(preApp, curApp, patchFile, finalApp) {
  await bsdiff.diff(preApp, curApp, patchFile, function (result) {
    console.log('diff:' + String(result).padStart(4) + '%');
  });

  await bsdiff.patch(preApp, finalApp, patchFile, function (result) {
    console.log('patch:' + String(result).padStart(4) + '%');
  });
}

module.exports = diffAndPatch;
```

在上面的代码中，我们首先通过 bsdiff.diff 方法计算出了 app101.asar 和 app.asar 文件的差异内容并写入 patchFile 文件，然后通过 bsdiff.patch 方法将 patchFile 内容补丁进 app.asar 文件中，生成一个新的 app.asar 文件。bsdiff.diff 和 bsdiff.patch 方法的回调函数会在计算和补丁的过程中被多次调用，我们利用回调函数中的 result 参数值来打印进度信息。

接着在 index.js 文件中调用 contentDiff 方法，代码如下所示。

```
// Chapter9-3-2/index.js
const contentDiff = require('./contentDiff');
const path = require('path');
const app = path.join('./asar/app.asar');
const app101 = path.join('./asar/app101.asar');
const patchFile = path.join('./dist/app100-101.patch');
const finalApp = path.join('./dist/app.asar');

contentDiff(app, app101, patchFile, finalApp);
```

运行 index.js 脚本，可以在命令行中看到如图 9-21 所示的结果。

图 9-21　diff 与 patch 执行过程中输出的信息

与此同时，打开项目下的 dist 目录，可以看到生成的 patch 文件以及最终的 app.asar 文件，如图 9-22 所示。

名称	大小	修改日期	类型
app.asar	5,660 KB	2021/4/24 星期…	ASAR 文件
app100-101.patch	4 KB	2021/4/24 星期…	PATCH 文件

图 9-22　最终生成的文件

patchFile 文件的体积只有 4 KB，与完整的 asar 文件相比减少很多。如果按照我们的预期，此时新的 app.asar 文件的内容应该与 app101.asar 文件的内容相同。为此，我们通过如下方法进行验证。

（1）将 app.asar 复制到 Electorn 的 resources 目录中替换原来的同名文件。

（2）启动应用，看功能上是否与 1.0.1 版本相同。如果相同，则说明我们成功地通过内容差分的方式将屏幕截图应用从 1.0.0 版本升级到了 1.0.1 版本。

每一种升级方式都有自己的优势及弊端。以内容差分升级为例，虽然它可以最大限度地降低升级包的体积，从而提升升级速度与降低升级成本，但是它在 diff 和 patch 的过程中是非常消耗计算机资源的。这对于目前只是单个 asar 文件的升级场景还不太明显，但如果我们想对更多的文件执行 diff 操作，这个过程将会变得非常缓慢。不仅如此，在真实场景中，我们的应用可能需要同时生成从多个旧版本到最新版本的差分安装包，这不仅对服务器资源提出了更高的要求，也增加了相应的成本。

　　因此，我们需要根据业务实际情况来进行多方面考量，从而选择更适合我们的升级方式。

9.4　发布应用到商店

　　在 Windows 8 及其后续更新版本的系统中，都为用户提供了一个专门用于下载应用程序的商店——Windows Store。开发人员可以将自己开发的应用程序发布到应用商店中，使得用户可以在商店中搜索应用并下载安装。

　　开发人员要将基于 Electron 开发的应用发布到 Windows Store 中，需要经过如下 3 个步骤。

　　（1）注册 Windows Store 开发者账号并配置项目信息。

　　（2）将开发好的应用打包成 appx 安装包。

　　（3）上传 appx 安装包到 Windows Store。

　　接下来的内容，我们将按照这三个步骤详细讲解如何将 Electron 应用发布到 Windows Store 中。

　　首先，我们打开 Windows Store 官网的开发人员中心页面 https://developer.microsoft. com/zh-cn/ store/register/，单击"注册"按钮进入注册开发者账号流程，如图 9-23 所示。

图 9-23　注册开发者账号

　　在注册页面中，填入必填信息进行注册。其中，我们需要选择将要注册的账户类型，如图 9-24 所示。

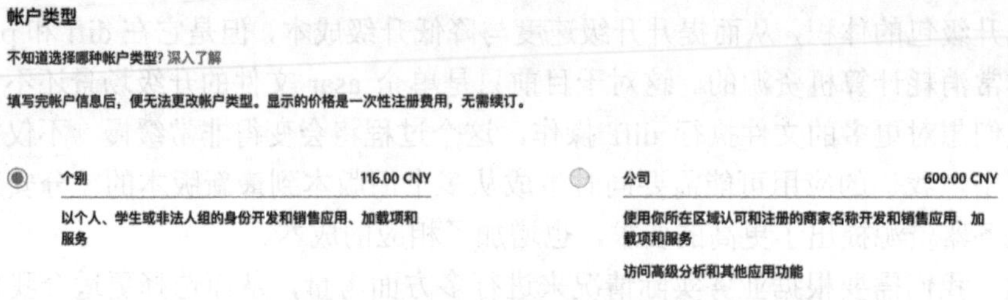

帐户类型

不知道选择哪种帐户类型? 深入了解

填写完帐户信息后, 便无法更改帐户类型。显示的价格是一次性注册费用, 无需续订。

⦿ 个别	116.00 CNY	◯ 公司	600.00 CNY
以个人、学生或非法人组的身份开发和销售应用、加载项和服务		使用你所在区域认可和注册的商家名称开发和销售应用、加载项和服务	
		访问高级分析和其他应用功能	

图 9-24　选择开发者账户类型

账户类型分为"个别"和"公司"两类。个别账户类型是以个人、学生或非法人组的身份开发和销售应用、加载项和服务,需要缴纳 116 元的注册费用。而公司账户类型使用你所在区域认可和注册的商家名称开发和销售应用、加载项和服务,需要缴纳 600元的注册费用,而且还需要提供公司的合法证明才能完成注册。想要了解更多关于账户类型的信息,可以单击 "深入了解" 按钮进行了解。这里为了便于演示,我们选择"个别"开发者账户类型。

接下来是填写发布者显示名称信息,如图 9-25 所示。该信息将在应用商店的应用详情页面进行展示。

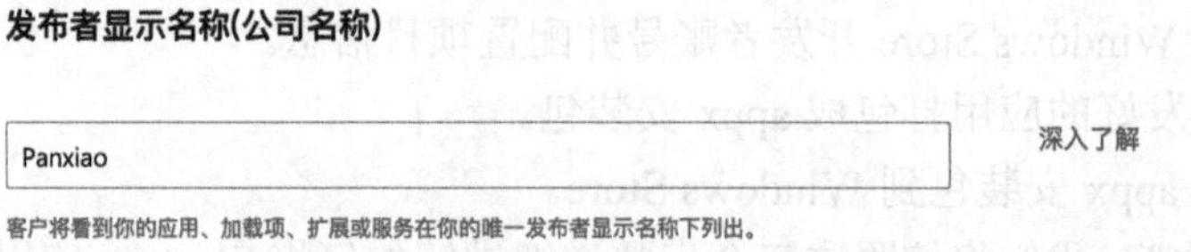

发布者显示名称(公司名称)

Panxiao	深入了解

客户将看到你的应用、加载项、扩展或服务在你的唯一发布者显示名称下列出。

图 9-25　填写发布者显示名称

接着填写如图 9-26 所示的联系人信息。

名字 *	姓氏 *
潘	潘

电子邮件地址 *	电话号码 *		
13■■■■@qq.com	+86	139	2■■■■

网站

地址行 1 *	地址行 2
广州市■ ■■ ■■■ ■■03	

城市 *	省/自治区/直辖市
广州	

邮政编码 *	首选电子邮件语言 *
519000	中文(简体) ⌄

图 9-26　填写联系人信息

单击"下一页"按钮，进入付费页面，我们需要支付所选账户类型相对应的费用。当费用扣除成功后，就完成了开发人员账号的注册，如图 9-27 所示。

单击图中的"Windows 和 Xbox"模块，进入 Windows 应用产品管理页面。由于我们尚未创建任何应用，所以当前该页面的产品列表显示为空。在发布应用之前，我们单击"创建新应用"按钮，根据流程创建一个名为 ScreenShotForTest 的应用，如图 9-28 所示。

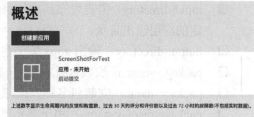

图 9-27 注册成功后进入的应用管理页面　　图 9-28 创建的 ScreenShotForTest 应用

接下来，我们将使用 electron-windows-store 工具将开发好的应用打包成后缀名为 appx 的安装包并上传到商店中。

由于 electron-windows-store 在使用时需要依赖 Windows 10 SDK，因此我们需要在网址 https://developer.microsoft.com/en-us/windows/downloads/windows-10-sdk/中下载对应版本的 SDK 进行安装。SDK 将默认安装到 C:\Program Files (x86)\Windows Kits\10\bin\10.0.17134.0\x64 目录下，这个路径我们在后面执行 electron-windows-store 命令时将会用到。

现在使用 electron-package 工具将屏幕截图应用的源代码打包成可执行程序，输出到项目的 packager 目录下。然后通过如下命令安装 electron-windows-store 到全局。

```
npm install electron-windows-store -g
```

打开 powershell 命令行工具，执行如下命令设置 powershell 的执行策略。

```
Set-ExecutionPolicy -ExecutionPolicy RemoteSigned
```

RemoteSigned 表示在 powershell 中只允许下载被可信的开发者签名过的文件。

接着在 powershell 中继续执行如下命令，将 electron-package 打包后的应用制作成 appx 安装包。

```
electron-windows-store
 --input-directory
C:\Users\panxiao\Desktop\Demos\ElectronInAction\Chapter9-4\ ScreenShotForTest- win32-x64
--output- directory
C:\Users\panxiao\D.esktop\Demos\ElectronInAction\Chapter9-4\appx
--package-version 1.0.0.0
```

```
--package-name ScreenShotForTest
--package-display-name ScreenShotForTest
--publisher-display-name Panxiao
--identity-name Panxiao.ScreenShotForTest
--a C:\Users\panxiao\Desktop\Demos\ElectronInAction\Chapter9-4\icons
```

在使用 electron-windows-store 命令时，我们传入了下面一系列的配置参数。

❑ input-directory：需要发布的应用目录。传入的值一般为在 electron-packager 中指定的应用输出目录。

❑ output-directory：输出 appx 安装包的路径。

❑ package-version：安装包版本号，一般情况下使用 package.json 中 version 字段的值。

❑ package-name：安装包名称，同应用可执行文件的文件名。

❑ package-display-name：用于显示的安装包名称。开发人员可以在图 9-29 所示的界面中设置更改名称。

❑ publisher-display-name：显示在应用介绍中的发布人员名称。

❑ identity-name：应用的身份标识，可以在图 9-30 所示的界面中找到对应的值。

❑ a：应用的资源路径，其中存放如应用图标等资源。

图 9-29　更改显示的安装包名称页面

图 9-30　查看应用身份标识的页面

执行命令后，等待命令行中显示如图 9-31 所示的内容时，表示 appx 安装包生成成功。

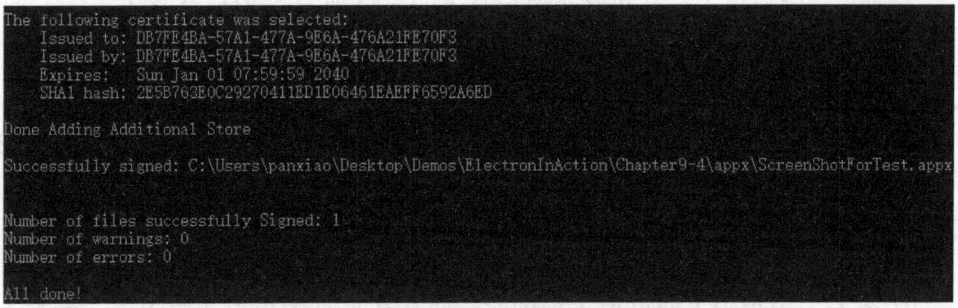

图 9-31　appx 安装包生成成功的提示信息

与此同时，我们可以在项目根目录下的 appx 文件夹中看到生成的 ScreenShotFor-
Test.appx 安装包。接下来在管理后台的应用概述界面创建一个提交流程，然后在流程中
的程序包模块上传 ScreenShotForTest.appx 安装包并保存，如图 9-32 所示。

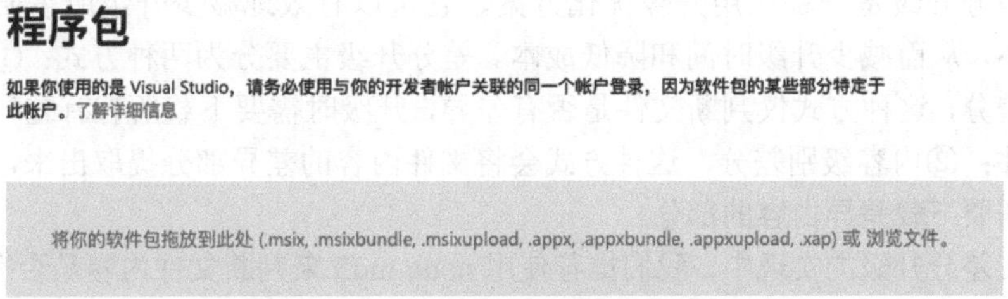

图 9-32　上传 appx 安装包进行发布的界面

完成这一步骤之后，我们就可以把应用提交到 Windows Store 了。由于应用都需要经
过审核才能上架，所以应用提交成功后还不能立刻在 Windows Store 中被用户搜索到。这
个过程可能需要几天的时间，需要耐心等待。

9.5　总　　结

❑ asar 工具可以把 Electron 应用的源代码打包成一个后缀名为 asar 的文件。该文
件内容的开头为一个 JSON 字符串，其中详细记录了文件中包含的所有资源的
内容以及位置信息。Electron 框架会默认读取 resources 目录中的 asar 文件内容
来加载应用逻辑。

❑ electron-packager 工具可以帮助开发人员快速地生成一个带有可执行文件的完整

应用目录。在这个过程中，electron-packager 会根据你指定的配置下载匹配的 Electron 框架版本，并将源代码打包成 asar 文件放入框架目录的 resources 目录中。除此之外，开发人员还可以配置自定义应用的名称和 logo。

- □ electron-builder 工具可以帮助开发人员快速地制作一个 Electron 应用的安装包程序。开发人员可以在 electron-builder 指定的配置文件中进行配置来定制安装流程中的各个步骤。

- □ 给应用签名是在应用发布之前需要做的一件非常重要的事情。这不仅可以防止操作系统在安装或运行应用时弹出应用不安全的提示，给用户带来不好的体验，更能在一定程度上帮助用户识别所下载的软件是否来自应用官方，避免安装经过篡改的软件，使得计算机安全受到威胁。

- □ electron-updater 工具配合 electron-builder 可以实现应用程序的自动升级。升级所需要的服务器可以根据业务情况来进行选择。开发人员可以选择如 Github、S3 之类现有的服务器，也可以自己搭建一个服务器。

- □ 差分升级是一种应用升级优化方案，它可以有效地减少升级所需的文件大小，从而减少升级时间和降低成本。差分升级主要分为两种方式：①文件级别差分，这种方式仅判断文件是否有差异，升级时需要下载所有有差异的完整文件；②内容级别差分，这种方式会将文件内容的差异部分提取出来，升级时仅需要下载差异内容的部分。

- □ 在差分升级的实现中，我们推荐使用 node-md5 来判断文件内容是否有变更，使用 bsdiff-node 来计算文件内容的差异部分。

- □ 开发人员可以使用 electron-windows-store 工具来将通过 electron-packager 打包后的应用进一步生成 appx 安装包。开发人员在 Windows 商店中注册一个开发者账号之后，就可以将 appx 安装包上传到商店中进行发布了。

第 10 章　Sugar-Electron

在此之前的章节中，我们讲解了 Electron 框架中的重要概念，并辅以案例帮助大家对概念的理解。阅读到这里，你应该已经从刚接触 Electron 框架的阶段过渡到了可以在项目中进行实践的阶段了。但是在后续的实践中你也许会发现，Electron 框架的上手难度虽然不高，但是它在开发模式上是缺乏约束的，这很有可能会导致项目随着时间的推移逐渐出现开发效率越来越低、稳定性越来越差的问题。

关于开发效率低的问题：Electron 框架本身只提供了基础的 API 来让开发人员实现跨平台桌面应用，但框架本身并未对开发模式进行约定。因此，随着时间推移，项目代码会出现模块划分混乱、写法多样以及耦合严重的问题。当需要添加一个新功能或者修改旧功能时将会变得非常困难，这将会显著地增加开发人员对于项目的学习成本，降低开发效率。

关于应用稳定性差的问题：在 Electron 中，应用的代码主要运行在主进程和渲染进程中。对于一个多窗口应用而言，往往包含单个主进程和多个渲染进程。一般情况下，开发人员为了逻辑共用会将一些公共的业务逻辑写在主进程代码中，这其实给整个应用的稳定性埋下了隐患。在 Electron 中，主进程控制了整个程序的生命周期，同时也负责管理它创建出来的各个渲染进程。一旦主进程的代码出现异常，将导致以下情况发生。

（1）主进程出现未捕获的异常崩溃，直接导致应用退出。

（2）主进程出现阻塞，导致全部渲染进程阻塞，UI 处于阻塞无响应状态。

这里我们推荐在大型多窗口应用的场景中尝试使用基于 Sugar-Electron 框架来进行开发。Sugar-Electron 框架在设计层面对开发过程进行了一定程度上的约束，可以在一定程度上避免上述问题的发生。

Sugar-Electron（https://github.com/SugarTurboS/Sugar-Electron）是一个基于 Electron 框架开发的上层应用框架，为多人协同开发多窗口桌面应用而生，旨在帮助开发团队降低应用开发和维护成本的同时提高应用质量。

Sugar-Electron 的设计原则主要有以下 3 点。

（1）一切围绕渲染进程为核心，主进程只充当窗口管理（对窗口进行创建、删除以及异常监控）和调度（进程通信、状态共享）的角色。基于此，在主进程中将不处理大量且复杂的业务逻辑，降低主进程逻辑复杂度，从而降低因主进程逻辑出现异常导致的应用崩溃与卡顿问题的概率。

（2）对进程间通信的方法进行高度封装。开发者无须关心进程间通信需要使用 Electron 框架的哪些 API 来实现，只需要调用 Sugar-Electron 框架提供的通信方法即可。这些方法能让开发者便捷地在进程间实现一对一、一对多以及响应式的通信方式。

（3）为了保证框架核心足够的精简、稳定以及高效，框架是否具有扩展能力至关重要。为此，Sugar-Electron 框架提供自定义插件机制来扩展框架能力。

基于上述三点，Sugar-Electron 框架内部划分为 7 大模块。

- 基础进程类 BaseWindow
- 服务进程类 Service
- 进程管理 WindowCenter
- 进程间通信 IPC
- 进程间状态共享 Store
- 配置中心 Config
- 插件管理 Plugins

这 7 个模块几乎涵盖了 Electron 应用开发过程中绝大多数的场景。因此，在本章节接下来的内容中，我们将通过列举 6 种比较常见的使用场景，来展示如何使用这些模块。

10.1　应用环境的切换

一款产品的研发周期可以划分为 3 个阶段：开发、测试以及上线。开发人员往往会在不同的阶段使用不同配置来让应用执行与当前阶段匹配的逻辑。在几个阶段中，会有一部分共用的基础配置，也会各自有一套差异化的配置。在这种场景下，我们需要思考和解决以下几个问题。

（1）如何规范化地集中管理多个环境的配置？

（2）如何基于基础配置来扩展各个环境所需要的配置？

（3）如何让应用能自由地切换不同环境的配置？

为了解决上述问题，Sugar-Electron 框架中的 Config 模块提供了一套可扩展的多环境配置方案，它可以让开发者更便捷地对多环境配置进行管理和扩展。

10.1.1　集中管理多环境配置

Config 模块基于框架约定来对应用的配置进行管理，该模块会自动加载约定目录中的配置文件，无须在使用配置代码前进行手动指定。按照约定，开发人员需要在项目根目录中创建一个名为 config 的文件夹，用于存储基础配置以及各环境的配置。同时 config 文件夹内配置文件的名称需要按照 config.{env}.js 的规则来命名。目录结构与文件名示例如下。

```
config
|- config.base.js          // 基础配置——所有环境共享
|- config.js               // 生产配置——默认环境 或者 env=prod
|- config.test.js          // 测试配置——环境变量 env=test
|- config.dev.js           // 开发配置——环境变量 env=dev
```

其中，config.base.js 为基础配置，其他环境的配置都将以它为基础。如果 config 文件夹中有且仅有 config.base.js 配置时，它将默认作为开发环境配置。

10.1.2　基础配置与扩展

在 Config 模块初始化时，它会根据当前的应用环境自动加载 config 目录中对应的配置文件并将基础配置和环境配置进行合并。以开发环境（dev）为例，Config 模块初始化时会读取 confg.base.js 文件和 config.dev.js 文件的内容，并以 confg.base.js 为基础配置将 config.dev.js 使用深复制的方式与之合并。当 Config 模块初始化完成后，我们可以在代码中直接使用 require 引入的 config 对象来获取最终的配置内容，代码如下所示。

```js
// Chapter10-1/config/config.base.js
module.exports = {
   appCode: 'demoConfigApp'
serverUrl: 'https://demo.com'
}

// Chapter10-1/config/config.dev.js
module.exports = {
serverUrl: 'https://dev.demo.com'
}

// Chapter10-1/index.js
start().then(() => {
   console.log('config', config);
});
```

通过 npm run start 启动应用，可以在输出的信息中看到 config 对象最终的内容。其中，config 对象包含两个配置项：appCode 和 serverUrl。由于 config.dev.js 中没有配置 appCode，因此 config 中 appCode 的值与 config.base.js 文件中的相同。另外，由于我们在

confg.dev.js 文件中将 serverUrl 的值设置成了 https://dev.demo.com，它将会覆盖 config.base.js 文件中 serverUrl 的值，因此在 config 中 serverUrl 的值最终为 https://dev.demo.com。现在输出的结果正如我们所预期，最终的配置是使用 confg.dev.js 覆盖了 config.base.js。

10.1.3　设置应用环境

Config 模块提供两种方式来指定应用所需要的环境配置：一种是通过命令行参数的方式，另一种是通过本地全局配置文件的方式。下面我们将分别展示它们的使用方法。

1. 命令行参数方式

在应用的开发阶段，我们通过在 package.json 文件的 scripts 中给应用的启动命令加上环境变量的方式来指定环境，代码如下所示。

```
// Chapter10-1/package.json
"scripts": {
   "dev": "electron . env=dev",
   "test": "electron . env=test",
   "prod": "electron . ",
}
```

依然以开发环境为例，当我们通过 npm run dev 命令启动应用时，Config 将加载 config.dev.js 配置文件。

如果是想要在应用被打包成可执行文件之后指定应用的环境，可以在应用可执行文件的属性界面进行配置，如图 10-1 所示。

图 10-1　在启动文件的属性界面配置环境参数

在"目标"右侧的输入框中，将环境配置 env={env}追加到可执行文件路径的后面（注意，是加在最后一个双引号的后面），单击"确定"按钮保存即可生效。再次双击可执行文件启动应用，应用将会加载对应环境的配置内容。

2. 全局配置文件

基于命令行参数的方式，开发人员虽然可以改变应用打包后的运行环境，但前提是应用内对应环境的配置在当前是有效的。我们来看这么一种情况：开发环境的 serverUrl 由应用开发阶段的 https://dev.demo.com 变成了现在的 https://dev1.demo.com。这样即使将应用切换到了开发环境，由于原来的 serverUrl 已经失效了，那么也无法使用开发环境的服务。为了解决这个问题，Config 模块提供了一个全局配置覆盖功能。

开启全局配置覆盖功能后，Config 模块会自动读取%appData%/{appName}文件夹中的config.json文件内容来覆盖应用内部的配置。因此，我们进入该目录中并创建config.json文件，文件内容代码如下所示。

```
{
"env": "dev",
"config": {
    "serverUrl": "https://dev1.demo.com"
}
}
```

配置中 env 的值表示 config 的值将会覆盖哪个环境的配置。在上面的代码中，我们指定覆盖 dev 环境的配置，将 serverUrl 设置为 https://dev1.demo.com。

接下来在使用 Config 模块时开启全局配置覆盖功能，代码如下所示。

```
// Chapter10-1/index.js
start({
  useAppPathConfig: true
}).then(() => {
  console.log('config', config);
});
```

当全局配置功能开启后，命令行中传入的 env 参数以及应用内部的配置将会被覆盖，serverUrl 最终的值将是 https://dev1.demo.com。我们可以通过图 10-2 所示了解配置加载的整个流程。

本小节中所涉及的完整代码可以访问 https://github.com/ForeverPx/ElectronInAction/tree/main/Chapter10-1。在学习本章的过程中，建议你下载源码，亲手构建并运行，以达到最佳学习效果。

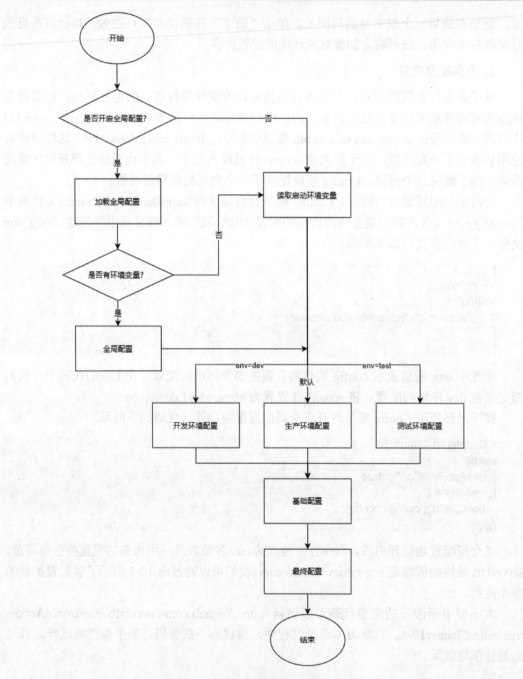

图 10-2　Config 模块加载配置的流程

10.2　进程间通信

Electron 框架本身提供了 IpcMain 和 IpcRenderer 模块来实现主进程与渲染进程、渲染进程与渲染进程之间的通信,这部分的内容我们在第 3 章进行过详细的讲解。但是,由于它们提供的 API 仅能支持一对一的通信,且必须指定消息发送的目的地(例如主进程、渲染进程 ID),因此在实现多进程之间复杂通信需求的时候有一定的局限性,开发人员需要编写额外的代码来实现需求。

对于大部分多窗口场景的应用来说,进程间的通信关系一般是复杂的。因此,Sugar-Electron 的 Ipc 模块对原有的 IpcMain 和 IpcRenderer 模块进行了封装,并配合 BaseWindow 模块为开发人员提供了在多窗口场景下更便捷的进程间通信方式。Ipc 模块主要提供两种通信模式:请求响应模式和发布订阅模式。

在正式讲解这两个模式之前,我们还得先简单讲解一下 Sugar-Electron 框架中的 BaseWindow 模块,因为后续进程间的通信将依赖于在 BaseWindow 中设置的进程 ID。BaseWindow 模块基于 BrowserWindow 进行了二次封装,其不仅包含了 BrowserWindow 原有的特性,还会对创建出来的窗口进程进行标识和管理。下面的代码将使用 BaseWindow 创建一个标识为 winA 的窗口。

```
// 主进程
const { BaseWindow } = require('sugar-electron');
const win = new BaseWindow('winA', {
  url: 'https://demo.com'
  width: 800, ght: 600, show: false
});
win.on('ready-to-show', () => {})
const browserWindowInstance = winA.open();
```

此处与 BrowserWindow 不同的是,在使用 BaseWindow 创建窗口时必须通过第一个参数指定窗口的唯一 ID。在上面的代码中,我们指定窗口的唯一 ID 为 winA,该 ID 后续将被用于进程间通信和互相调用。

10.2.1　请求响应模式

请求响应模式是一种比较简单的通信模式,其本质是一个数据请求方和一个数据提供方之间的数据传输行为。一个完整的数据交互流程为数据请求方向数据提供方发送数据请求，接着数据提供方将响应该请求，如图 10-3 所示。

图 10-3　请求响应模式示意图

　　接下来我们通过一个示例来展示如何使用 Ipc 模块的请求响应模式来实现进程间通信，代码如下所示。

```
// Chapter10-2/demo1/index.js
const { BaseWindow, start } = require('sugar-electron');

start().then(() => {
  const winA = new BaseWindow('winA', {
    url: `file://${__dirname}/winA/index.html`,
    width: 800,
    height: 600
  });

  const winB = new BaseWindow('winB', {
    url: `file://${__dirname}/winB/index.html`,
    width: 800,
    height: 600,
    show: false
  });

  const winBIntance = winB.open();

  winB.subscribe('ready-to-show', () => {
    winBIntance.show();
    winA.open();
  });
});
```

　　在上面的代码中，我们使用 BaseWindow 创建了两个窗口，并分别标识为 winA 和 winB。winA 为数据请求方，它向数据提供方 winB 请求 name 数据。

　　接下来我们在 winB 的脚本中引入 Ipc 模块，通过 ipc.response 方法注册一个消息监听器，代码如下所示。

```
// Chapter10-2/demo1/winB/window.js
const { ipc } = require('sugar-electron');
```

```
// 注册响应事件
ipc.response('get/name', (json, cb) => {
  // winA 发送过来的数据
  console.log(json);     // { name: '我是 winA' }
  cb({ name: '我是 winB' });
});
```

response 方法接收如下两个参数。

❏　eventName：字符串类型，表示消息的名称。

❏　callback：函数类型。它将在收到消息时被调用，开发人员可以在其中处理业务
逻辑。该回调会默认传入两个参数：第一个参数为请求方发送过来的数据，第
二个参数为将数据发送给请求方的方法。

在代码中，我们监听了消息名为"get/name"的消息，并在回调中将数据{ name: '我
是 winB' }发送回请求方。

接下来，我们在 winA 的渲染进程代码中引入 Ipc 模块，然后通过 ipc.request 方法向
winB 请求数据，代码如下所示。

```
// Chapter10-2/demo1/winA/window.js
const { ipc } = require('sugar-electron');
// 向 winB 发起请求
const res = await ipc.request('winB', 'get/name', { name: '我是 winA' });
console.log(res);     // { name: '我是 winB' }
```

request 方法接收如下 4 个参数。

❏　toId：字符串类型。该 ID 为调用 BaseWindow 创建窗口时传入的唯一 ID，如 winA。
此处表示要向哪个窗口发送数据。

❏　eventName：字符串类型，指定向目标窗口获取什么样的数据，类似于 Http API
中的 URL，对应于 response 方法的第一个参数值。

❏　data：对象类型，指定发送的数据内容。

❏　timeout：数字类型，指定请求的超时时间，默认为 20 s。

这里我们通过 request 指定向 winB 窗口请求名为"get/name"的消息，并将"{ name:
'我是 winA' }"数据发送过去。request 方法被调用后将返回一个 promise 对象，开发人员
可以通过 await 来获取 resolve 后的值。

通过 npm run start 命令运行示例，可以看到在 winB 窗口的调试控制台中输出了 winA
窗口发送过来的数据"{ name: '我是 winA' }"，而在 winA 窗口的调试控制台中输出了
winB 窗口回复的"{ name: '我是 winB' }"数据。

如果请求发生异常，会在 catch 中返回如下格式的数据。

```
{ code: 1, msg: 'xxx'}
```

数据中的 code 为异常状态码，它代表着不同类型的异常，可以在表 10-1 中查看不同
code 值表示的含义。

表 10-1　不同 code 值表示的含义

code	说　　明
1	找不到进程
2	找不到注册的消息类型
3	超时

10.2.2　发布订阅模式

在发布订阅模式中，消息发布者不会直接指定要将消息发布给谁，而仅仅是发送某
一类别的消息，消息订阅者需要订阅自己感兴趣的消息。当消息发布者发布某一类消息
时，所有订阅这类消息的订阅者都将收到该消息，如图 10-4 所示。

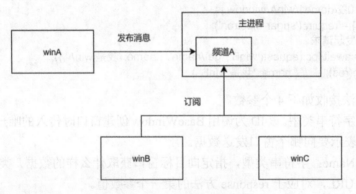

图 10-4　发布订阅模式示意图

在多窗口应用的场景中，往往会存在从一个窗口中发布消息，在其他窗口订阅消息
的情况。因此，下面我们将通过一个示例来展示如何使用 Ipc 模块的发布订阅模式来实现
窗口间的通信。在该示例中，我们将分别创建 3 个窗口：winA、winB 和 winC。其中 winA
是消息发布者，winB 和 winC 为消息订阅者，代码如下所示。

```
// Chapter10-2/demo2/index.js
const { BaseWindow } = require('sugar-electron');

start().then(() => {
```

```
const winA = new BaseWindow('winA', {
  url: `file://${__dirname}/winA/index.html`,
  width: 800,
  height: 600
});

const winB = new BaseWindow('winB', {
  url: `file://${__dirname}/winB/index.html`,
  width: 800,
  height: 600
})

const winC = new BaseWindow('winC', {
  url: `file://${__dirname}/winC/index.html`,
  width: 800,
  height: 600
});

winA.open();
winB.open();
winC.open();
})
```

由于订阅者的逻辑是相似的，所以接下来我们以订阅者 winB 为例，展示如何使用 Ipc 模块实现消息订阅功能，代码如下所示。

```
// Chapter10-2/demo2/winB/index.js
const { ipc } = require('sugar-electron');

const unsubscribe = ipc.subscribe('greet', (json) => {
  console.log(json);
});
// unsubscribe();   取消订阅
```

subscribe 方法接收如下 3 个参数。

❑ toId: 字符串类型。该 id 为调用 BaseWindow 创建窗口时传入的唯一 id，如 winA。当 toId 有值时，将只订阅 toId 指定的窗口所发布的消息。

❑ eventName：字符串类型，指定订阅的消息频道。

❑ callback：函数类型。当收到消息时被调用，函数的参数为消息内容。

在上面 winB 的脚本中，我们通过调用 ipc.subscribe 方法订阅名为"greet"的消息频道，并在收到消息时将消息内容输出到调试控制台。subscribe 方法调用后将会返回一个函数，该函数用于取消订阅该频道的消息。

下面我们来实现消息发布者 winA 的逻辑，代码如下所示。

```
// Chapter10-2/demo2/winA/index.js
const { ipc } = require('sugar-electron');
// 每隔 5s 发布事件 greet
setInterval(() => {
  ipc.publisher('greet', { message: 'Hello eveybody' });
}, 5000);
```

publisher 方法接收如下两个参数。

❑　eventName：字符串类型，指定发布的消息频道。

❑　param：对象类型，指定发布的消息内容。

在 winA 的代码中，由于我们通过 setInterval 定时器每隔 5 s 调用一次 publisher 方法发布 greet 频道的消息，因此 greet 频道的消息订阅者将会每隔 5 s 收到一次消息。

现在通过 npm run start 命令启动应用，我们可以在 winB 或 winC 窗口的调试控制台中看到定时输出收到的消息。

10.2.3　向主进程发送消息

前面的示例都是在渲染进程之间发送消息，那么如何使用 Ipc 模块实现渲染进程向主进程发送消息呢？实际上，Sugar-Electron 框架默认给主进程设置了一个 id——main。我们在渲染进程中调用 ipc.request 方法时，将 main 传入该方法的参数中，就可以指定向主进程发送消息，代码如下所示。

```
const { ipc } = require('sugar-electron');
// 向 winB 发起请求
const res = await ipc.request('main', 'get/name', { name: '我是 winA' });
console.log(res); // { name: '我是 main' }
```

如果上面的代码是运行在主进程中的，那么意味着主进程既是数据请求方，又是数据提供方。虽然这样可以正常运行，但我们不推荐这么使用。

本小节中所涉及的完整代码可以访问 https://github.com/ForeverPx/ElectronInAction/tree/main/Chapter10-2。在学习本章的过程中，建议你下载源码，亲手构建并运行，以达到最佳学习效果。

10.3　窗　口　管　理

在 Electron 框架中，开发人员无法从一个窗口直接获取到另一个窗口的引用并调用它提供的方法。在实现这样的功能时，开发人员往往需要在主进程中编写额外的代码来使得两个窗口之间可以彼此调用。因此，SugarElectorn 提供了 WindowCenter 模块来管理窗口并简化窗口之间的调用。

WindowCenter 模块会管理所有使用 BaseWindow 模块创建的窗口，其内部通过窗口的唯一 id 来映射窗口的引用。使用 WindowCenter 模块，开发人员可以通过唯一 id 找到对应的窗口引用，直接调用其方法来实现功能。我们通过下面的例子来展示如何使用 WindowCenter 模块，首先是主进程部分，代码如下所示。

```
// Chapter10-3/index.js
const { start, BaseWindow } = require('sugar-electron');
const url = require('url');
const path = require('path');

start().then(() => {
  const winAUrls = url.format({
    protocol: 'file',
    pathname: path.join(__dirname, 'winA/index.html')
  })

  const winA = new BaseWindow('winA', {
    url: winAUrls,
  });

  const winBUrls = url.format({
    protocol: 'file',
    pathname: path.join(__dirname, 'winB/index.html')
  })

  const winB = new BaseWindow('winB', {
    url: winBUrls
  });

  winA.open();
});
```

　　在主进程的代码中，我们首先调用 BaseWindow 模块创建 winA 和 winB 两个窗口，然后立刻打开窗口 winA。

　　接下来是 winA 窗口渲染进程的逻辑，代码如下所示。

```
// Chapter10-3/winA/window.js
const { windowCenter } = require('sugar-electron');
const winB = windowCenter.winB;
// 创建 winB 窗口实例
winB.open();
// 订阅窗口创建完成"ready-to-show"
const unsubscribe = winB.subscribe('ready-to-show', async () => {
    // 解绑订阅
    unsubscribe();
    // 设置 winB size[400, 400]
    const r1 = await winB.setSize(400, 400);
    // 获取 winB size[400, 400]
    const r2 = await winB.getSize();
    console.log(r1, r2);
});
```

　　在窗口 winA 的渲染进程逻辑中，我们引入 WindowCenter 模块并通过 windowCenter 对象获取到窗口 winB 的引用后打开窗口 winB，等待响应窗口 winB 的 ready-to-show 事件。在该事件回调中，我们直接通过窗口 winB 的引用来设置它的窗口大小以及获取设置后的窗口大小。

　　通过 npm run start 启动应用，我们可以看到窗口 winB 的大小被设置为了 400×400。无论是在主进程中还是在渲染进程中，开发人员都可以通过 WindowCenter 模块获取指定 id 的窗口引用然后直接调用窗口提供的方法。

　　当然，从 windowCenter 中获取的 BaseWindow 实例也支持使用 Ipc 模块提供的请求响应和发布订阅模式，使用方法参考如下所示代码。

```
const r1 = await windowCenter.winB.request('get/name', { name: 'winA' });
// 等同于
const r2 = await ipc.request('winB', 'get/name', { name: 'winA' });

const unsubscribe = windowCenter.winA.subscribe('get/name', () => {}});
// 等同于
const unsubscribe = ipc.subscribe('winA', get/name', () => {}
});
```

　　本小节中所涉及的完整代码可以访问 https://github.com/ForeverPx/ElectronInAction/

tree/main/Chapter10-3。在学习本章的过程中，建议你下载源码，亲手构建并运行，以达到最佳学习效果。

10.4　数 据 共 享

在多窗口需要共享数据的场景下，开发人员往往会优先想到将需要共享的数据挂载到主进程 global 对象的方式。配合 remote 模块，各个渲染进程可以很方便地拿到 global 对象上的数据。这种方式类似于在 Web 系统中将全局变量挂载到 window 对象上的方式。但这种方式有如下不足之处。

（1）随着应用的发展，功能越来越复杂，参与开发的人员也越来越多，这种粗犷的管理方式很容易造成数据冲突，经常发生全局变量因命名相同而导致被覆盖的情况。

（2）当共享的数据有变化时，无法及时地通知到使用该变量的使用方。

为了解决这些问题，SugarElectorn 框架为应用开发人员提供了 Store 模块来更好地管理全局状态。Store 模块主要有两大特性：提供嵌套式的数据划分功能、在数据变动时提供通知功能。

我们考虑下面这个场景：当应用启动并登录成功后，我们在登录窗口的渲染进程中将登录后获取的用户信息共享到全局，其他窗口的渲染进程可以获得共享的用户信息来展示或执行相应的逻辑。现在我们使用 Store 模块来实现这个场景，首先是主进程的逻辑，代码如下所示。

```js
// Chapter10-4/index.js
const { start, BaseWindow, store} = require('sugar-electron');
const url = require('url');
const path = require('path');
start().then(() => {
  store.createStore({
    state: {
      name: '我是根 store'
    },
    modules: {
      user: {
        state: {
          name: ''
        }
      }
    }
```

```
});

  const loginWinUrls = url.format({
    protocol: 'file',
    pathname: path.join(__dirname, 'loginWin/index.html')
  })

  const loginWin = new BaseWindow('loginWin', {
    url: loginWinUrls,
    width: 800,
    height: 600
  });

  const personalWinUrls = url.format({
    protocol: 'file',
    pathname: path.join(__dirname, 'personalWin/index.html')
  })

  const personalWin = new BaseWindow('personalWin', {
    url: personalWinUrls,
    width: 800,
    height: 600
  });

  loginWin.open();
  loginWin.on('ready-to-show', () => {
    personalWin.open();
  });
});
```

在主进程的代码中，我们通过 Store 模块提供的 createStore 方法初始化了一个全局的数据结构。这个数据结构由一个根 state 以及各个子模块中的 state 组成。这里我们在初始化时，创建了一个名为 user 的子模块，它维护着自己的 state（SugarElectorn 推荐大家在使用 Store 时，将状态以业务模块来进行划分从而避免模块间的状态冲突）。

接下来我们分别实现登录窗口 loginWin 和个人信息窗口 personalWin，首先是 loginWin 的实现，代码如下所示。

```
// Chapter10-4/loginWin/window.js
const { store } = require('sugar-electron');

const userModule = store.getModule('user');
userModule.setState({
```

```
    name: '张三'
});
```

在上面的代码中，我们通过 getModule 方法获取 user 模块的状态对象 userModule。与 React 改变状态的方法类似,通过 userModule 提供的 setState 方法可以改变 user 模块内的状态值。

然后是 personalWin 的实现，代码如下所示。

```
// Chapter10-4/personalWin/window.js
const { store } = require('sugar-electron');
const userModule = store.getModule('user');

console.log(userModule.state.name); // 张三

// 监听 user 改变
const unsubscribe = userModule.subscribe((data) => {
  console.log(user.state.name); // 李四
});

userModule.setState({
  name: '李四'
});
```

在上面的代码中，我们通过 getModule 方法获取 user 模块的状态对象 userModule，并输出了 userModule.state.name 的值，可以在窗口的调试控制台中看到该值为 loginWin 中设置"张三"。这表示我们在另一个窗口中获取在 loginWin 中设置的共享状态。另外，我们还可以通过 userModule.subscribe 方法去订阅 user 模块的状态改变并指定回调函数，当user 模块的状态通过userModule.setState 方法进行了变更时,将会触发回调函数的执行。

通过 npm run start 命令启动应用，可以在窗口 personalWin 的调试控制台中看到先后输出了 user 模块更改前和更改后的状态值，分别为"张三"和"李四"。

本小节中所涉及的完整代码可以访问 https://github.com/ForeverPx/ElectronInAction/tree/main/Chapter10-4。在学习本章的过程中，建议你下载源码，亲手构建并运行，以达到最佳学习效果。

10.5　插件扩展

插件化可以让框架本身在保持专注、稳定和高效的同时，尽可能为开发人员提供根据实际业务需求来扩展框架的能力。在 Sugar-Electron 框架中，提供了比较完善的支持插件化的模块——Plugins。

要制作和使用一个 Sugar-Electron 插件，需要经过以下 3 个步骤：实现自定义插件、安装插件到框架、在代码中使用插件。

下面我们按照这 3 个步骤来实现一个自定义日志插件，向大家展示如何使用 Plugins 模块。

10.5.1　实现自定义插件

首先，我们在项目根目录的 plugins 文件夹中创建插件脚本 console.js（为了便于管理和维护，我们推荐将自定义的插件集中存放在项目根目录下的 plugins 目录中），代码如下所示。

```
// Chapter10-5/plugins/console.js
module.exports = {
  /**
   * @ctx [object] 框架上下文对象{ config, ipc, store, windowCenter, plugins }
   * @params [object] 配置参数
   */
  install(ctx, params = {}) {
    return {
      log(text) {
        switch(params.level){
          case 0:
            console.log('INFO:',text);
            break;
          case 1:
            console.log('ERROR:',text);
            break;
          default:
            console.log('INFO:',text);
        }
      },
    };
  },
};
```

插件脚本的内部需要返回一个包含 install 函数的对象。在插件安装时，框架会调用 install 函数，并传入 ctx 和 params 两个参数。ctx 参数为框架的上下文对象，其中包含了如 config、Ipc 以及 store 等框架的核心模块。params 参数为插件安装时传入的配置，它的值为安装配置中 params 字段的值。开发人员可以在插件代码中通过这两个参数分别来调用框架核心模块和使用配置数据来完成插件功能。在上面的代码中，console 插件内部将读取配置中的 level 值来给每一次打印的 log 信息加上前缀。

10.5.2　安装插件到框架

要对自定义插件进行安装，我们需要在 config 目录中新建一个 plugin.js 文件，代码如下所示。

```
// Chapter10-5/config/plugin.js
const path = require("path");
exports.console = {
  // 如果根路径 plugins 目录有对应的插件名，则不需要配置 path 或 package
  path: path.join(__dirname, "./plugins/console"),    // 插件绝对路径
  package: "console",    // 插件包名
  enable: true,          // 是否启动插件
  env: ["main"],
  include: ["winA"],     // 插件在渲染进程的使用范围，如果为空，则所有渲染进程安装
  params: { level: 0 },  // 传入插件参数
};
```

在上面的代码中，我们通过 exports 导出了一个 console 插件对象，console 对象提供了如下几项配置。

❑ path：字符串类型，指定插件的绝对路径。如果在项目根路径的 plugins 目录中有对应名称的插件文件，则不需要配置 path 或 package，框架会如同 config 模块一样自动从目录中读取插件内容。

❑ package：字符串类型，可以重新指定插件文件名。例如，当插件文件名为 console1.js 时，此处填写 console1 可让框架从 plugins 文件夹中寻找 console1.js 插件并加载。如果 package 与 path 同时存在，则 package 的优先级更高。

❑ enable：布尔类型，表示是否启用插件。

❑ env：字符串数组类型，用于指定插件运行的环境是主进程还是渲染进程，main 表示主进程，renderer 表示渲染进程。当数组中仅有 main 时，表示该插件只用于主进程，include 配置将被忽略。当数组中没有任何值时，该插件默认用于所有渲染进程。

❑ include：字符串数组类型。当 env 中包含 renderer 时生效，表示插件在渲染进程中的使用范围，可以在其中使用 id 指定该插件在哪些渲染进程中有效。如果为

空，则会在所有渲染进程安装。

- params：对象类型，指定插件需要使用的参数，该参数将传入 install 方法的第二个参数（params）。

在 console 插件安装时，我们限定了它仅在 id 为 winA 的进程中安装，并传入参数"{ level: 0 }"。

10.5.3　在代码中使用插件

使用插件的方式非常简单，只需要引入 Plugins 模块即可，代码如下所示。

```
// Chapter10-5/index.js
const { plugins, start} = require('sugar-electron');

start().then(()=>{
  plugins.console.log('hello world');
});
```

通过 npm run start 运行示例，我们可以在命令行中看到输出的"hello world"字符串。

10.6　服 务 进 程

Electron 框架的主进程在控制整个应用生命周期的同时，也管理着由它创建出来的各个窗口。应用在运行时，如果主进程的代码一旦出现问题，就很有可能会导致我们在本章节开头所提到的情况。

（1）主进程出现未捕获的异常崩溃，直接导致应用退出。

（2）主进程出现阻塞，直接导致全部渲染进程阻塞，UI 处于阻塞无响应状态。

这其实给整个应用的稳定性埋下了隐患。如果主进程中的代码越多、逻辑越复杂，那么出现这些问题的概率就越高。因此，Sugar-Electron 引入了服务（Service）进程的概念，期望将业务中原来在主进程中实现的逻辑尽量迁移到服务进程中，使得问题被隔离在服务进程。同时，主进程充当守护进程的角色，它可以在服务进程崩溃退出时，重新创建该服务进程并恢复崩溃前的状态，从而提高整个应用的稳定性。

服务进程的本质是一个渲染进程，使用者需要在创建服务进程时指定运行的脚本文件。另外，服务进程和 BaseWindow 一样，聚合了框架所有的核心模块，在进程运行的脚本内可以使用 Sugar-Electron 提供的各个模块。

下面我们通过实现一个可以在进程崩溃退出后继续计数的计数器示例来展示如何使

用服务进程。首先是主进程的逻辑，代码如下所示。

```
// Chapter10-5/index.js
const { start } = require('repl');
const { Service, start } = require('sugar-electron');

start().then(()=>{
    const service = new Service('service-demo', path.join(__dirname, 'service-demo.js'), true);
    service.on('success', function () {
        console.log('service 进程启动成功');
    });
    service.on('fail', function () {
        console.log('service 进程启动异常');
    });
    service.on('crashed', function () {
        console.log('service 进程崩溃');
        service.start();
    });
    service.on('closed', function () {
        console.log('service 进程关闭');
    });

    service.start();
});
```

Service 构造函数支持如下参数。

❑　name：字符串类型，表示服务进程的名称，用于标识服务进程。

❑　path：字符串类型，表示服务进程运行的脚本路径。

❑　openDevTool：布尔类型，表示是否开启调试工具。

在主进程的代码中，我们首先引入了 Service 模块，然后通过 Service 构造函数创建一个名为"service-demo"的服务进程并指定运行的脚本为项目根路径下的 service-demo.js。接着我们给服务进程注册了四个事件，它们分别为 success、fail、crashed 以及 closed。success 和 fail 为 Sugar-Electron 框架自定义的事件，它们会在创建服务进程成功或失败的情况下触发。crashed 和 closed 为 Electron 中定义的事件，分别对应 webContents 的 crashed 事件和 browserWindow 的 close 事件。为了能在 service-demo 服务进程崩溃时重新启动该进程，我们在 crashed 事件的回调函数中调用 service.start 方法重新开启 service-demo 服务进程。

接着我们来实现 service-demo.js 的逻辑，代码如下所示。

```
// Chapter10-5/service-demo.js
const result = parseInt(window.localStorage.getItem('result')) || 0;

function add(){
  let _result = result + 1;
  window.localStorage.setItem('result', _result)
}

setInterval(()=>{
  add();
}, 2000);

setTimeout(()=>{
  process.crash();
}, 10000);
```

在上面的代码中，result 变量在初始化时先尝试获取 localStorage 中的值，如果不存在，则赋值为 0。add 方法每次调用时都会将 result 的值加 1，并将计算后_result 的值更新到 localStorage 中。我们利用定时器每隔 2 s 调用一次 add 方法，让 result 的值不断增加。在第 10 s 的时候，通过 process.crash 方法制造崩溃使得进程退出。

由于我们在主进程中监听了该进程的崩溃事件并重新启动，按照我们的预期，此时整个应用不会因为服务进程崩溃而退出，并且在服务进程重启后计数器仍然会在 localStorage 中 result 值的基础上进行累加。

通过 npm run start 运行示例，可以在服务进程的调试控制台中看到从 0 开始不断输出的 result 值。在 10 s 之后服务进程将崩溃退出，接着又重新启动。此时可以在调试控制台中看到，result 值不再是从 0 开始，而是在服务进程崩溃前的基础上进行累加的。

10.7　总　　结

- Sugar-Electron 框架是一个基于 Electron 框架进行开发的上层应用框架，目标是提升大型多窗口应用的开发效率和稳定性。其内部包含七大核心模块，分别为 BaseWindow、Config、Ipc、WindowCenter、Store、Plugins 以及 Service。
- BaseWindow 模块对 BrowserWindow 进行了封装。使用 BaseWindow 创建的窗口不仅包含 BrowserWindow 原有的方法，同时还会对这些窗口进行标识和管理。
- Config 模块为开发人员提供了一个规范化管理应用配置的方式。Config 模块会在初始化时，根据环境变量自动加载对应的配置文件，这个过程无须开发人员手动引入配置或指定配置路径。

❑ Ipc 模块对 Electron 提供的 IpcMain 和 IpcRenderer 模块进行了封装，并配合 BaseWindow 模块为开发人员提供了在多窗口场景下更便捷的进程间通信方式。Ipc 模块支持请求响应和发布订阅两种通信模式。

❑ WindowCenter 模块负责管理通过 BaseWindow 模块创建的窗口。开发人员可以在使用时通过窗口 id 在 WindowCenter 中找到对应的窗口引用，调用窗口的方法来实现功能。

❑ Store 模块给开发人员提供在主进程和渲染进程中实现数据共享的能力。它不仅支持嵌套式的数据划分，还提供在共享数据变更时通知订阅者的能力。

❑ Plugins 模块给开发人员提供对框架进行扩展的能力，通过简单的三个步骤就可以实现一个自定义插件并集成到框架中。

❑ Service 模块负责创建一个服务进程，开发人员可以将业务中原来在主进程中实现的逻辑迁移到服务进程中，使得问题被隔离在服务进程。根据业务情况，可以在服务进程崩溃事件触发时，在回调中决定是否将服务进程重新启动并恢复原有状态。